高职高专“工作过程导向”新理念教材 计算机系列

SQL Server 2012 数据库系统设计与项目实践

范蘙　潘永惠　主编

清华大学出版社
北京

内 容 简 介

本书全面介绍了 Microsoft SQL Server 2012 数据库设计与项目实践的相关知识和应用技能。全书分为 3 篇，主要内容包括数据库设计、数据库应用与开发和数据库安全管理与维护三部分。

本书采用了基于工作过程系统化的教学情境设计，通过新生入学管理系统、高校课务管理系统、权限管理系统等多个项目，由浅入深，从简到繁，细致完整地介绍了数据库设计方法，SQL Server 2012 数据库环境的安装，数据库创建，数据查询，Transact-SQL 语言，存储过程，触发器，事务，SQL Server 安全机制，SQL Server 2012 配置，数据的导入导出，数据库的备份与恢复。本书以实现学生在课务管理系统中的选课功能为例，介绍 SQL Server 2012 数据库在 WinForm 窗体程序中的应用，以拓展和提高读者的数据库项目开发能力，从而加强对数据库理论的理解。

本书可作为高职高专、中职、成人教育院校和计算机培训学校数据库相关课程的教材，同时，也可作为数据库设计与应用人员的参考用书。

图书在版编目(CIP)数据

SQL Server 2012 数据库系统设计与项目实践/范蕤，潘永惠主编. —北京：清华大学出版社，2017
(高职高专“工作过程导向”新理念教材. 计算机系列)
ISBN 978-7-302-47373-2

Ⅰ. ①S…　Ⅱ. ①范…　②潘…　Ⅲ. ①关系数据库系统－高等职业教育－教材　Ⅳ. ①TP311.138

中国版本图书馆 CIP 数据核字(2017)第 124185 号

责任编辑：孟毅新
封面设计：傅瑞学
责任校对：李　梅
责任印制：刘海龙

出版发行：清华大学出版社
网　　址：http://www.tup.com.cn，http://www.wqbook.com
地　　址：北京清华大学学研大厦 A 座　　**邮　　编**：100084
社 总 机：010-62770175　　**邮　　购**：010-62786544
投稿与读者服务：010-62776969，c-service@tup.tsinghua.edu.cn
质量反馈：010-62772015，zhiliang@tup.tsinghua.edu.cn
课件下载：http://www.tup.com.cn，010-62770175-4278
印 装 者：北京泽宇印刷有限公司
经　　销：全国新华书店
开　　本：185mm×260mm　　**印　　张**：16.25　　**字　　数**：373 千字
版　　次：2017 年 8 月第 1 版　　**印　　次**：2017 年 8 月第 1 次印刷
印　　数：1～2500
定　　价：39.00 元

产品编号：073575-01

前　言

在进入大数据时代的今天，数据库得到了广泛的应用。与专业的数据库设计师相比，没有项目实践经验的读者往往会遇到以下问题：

网页界面都设计好了，怎么连接数据库？

用户要登录网站，如何保存和管理登录信息？

存储过程如何使用？

如何提高数据检索的速度？

……

是否进入项目组后才能解决以上问题呢？答案是不尽然的。实际上，对于真正的数据库设计师来讲，这些都不会是问题。读者们会遇到这些问题，主要是因为没有一个真正“项目实践”环境。

本书内容

本书依托 SQL Server 2012 中文版软件，围绕“数据库系统设计与项目实践”这个主题，将与之相关的知识和技能融入学习情境，深入浅出地加以讲解，确保读者能将理论和实践相结合，从而做到融会贯通。

情境 1：以新生入学管理系统数据库设计为例，介绍数据库设计的基本原理。内容包括范式理论、实体—关系模型及数据库系统设计步骤等，重点突出数据库逻辑设计和规范化方面的应用。

情境 2：以高校课务管理系统数据库设计为例，进一步掌握数据流图等工具在数据库设计过程中的应用，介绍多对多实体关系的逻辑设计方法。

情境 3：介绍权限管理系统中数据库的用户需求分析、概念设计和逻辑设计的方法。

情境 4：介绍安装和配置 SQL Server 2012 数据库的方法，及新生入学管理系统数据库的创建方法。

情境 5：主要介绍创建、维护数据库表对象的方法，添加表记录和创建索引的方法，重点突出了数据完整性的实现和维护。

情境 6：布置图书管理系统数据库设计拓展项目练习，综合运用数据库设计的方法完成从用户需求分析到数据库物理实现的各个阶段的任务。

情境 7：以高校课务管理系统数据库为例主要介绍简单数据查询、分类汇总查询、多表连接查询、子查询和创建视图的方法。

情境 8：以高校课务管理系统为例主要介绍 T-SQL 数据操纵语言，完成数据添加、更新和删除操作。

情境 9：以高校课务管理系统中完成学生选课为例介绍存储过程的创建、维护和管理，同时介绍 T-SQL 语言中的变量、运算符、函数、流程控制和注释等元素。

情境 10：以触发器在学生选课中的应用为例，介绍 DDL 和 DML 两种类型触发器在实际项目开发中的使用和维护。

情境 11：介绍数据库中并发处理的概念和事务与锁机制的应用。

情境 12：以课务管理系统中学生登录界面、学生选课功能实现为例介绍基于 C# 的 WinForm 技术与 SQL Server 2012 数据库的连接、访问和操作的实现方法。

情境 13：介绍 Windows 身份登录用户访问 SQL Server 服务器和数据库的方法，数据库对象授权的方法。

情境 14：介绍 SQL Server 身份登录用户访问 SQL Server 服务器和数据库的方法，架构在数据库安全性中的应用，及数据库角色的创建和使用。

情境 15：介绍 SQL Server 2012 的备份与恢复的方法，同时介绍 SQL Server 2012 之间、SQL Server 2012 与 Excel 之间的数据导入与导出方法。

本书定位与特色

(1) 工作过程系统化情境设计

本书内容以数据库岗位职业能力培养为目标，按照数据库项目开发的基本工作过程，将数据库设计、数据库应用、数据库管理与维护相关内容组成一个完整的知识链。通过导入新生入学管理系统、课务管理系统等多个不同功能的数据库设计实践，使学习过程由简入繁，利于学生融会贯通。

(2) 应用为主、能力为本

本书自始至终紧扣“应用为主旨、能力为本位”的现代教育理念，通过综合项目新生入学管理系统和高校课务管理系统，按照“必需、够用”的原则对 SQL Server 2012 数据库系统设计与项目应用所需的各种知识进行了整合，重点培养学生的数据库项目综合设计与应用能力。

(3) 多项目引导、任务驱动

本书以新生入学管理系统、高校课务管理系统和权限管理系统为教学项目，贯穿整本书的知识内容。在整体项目引入的基础上，每个知识点由相应的任务模块来支撑，处处体现“项目引导、任务驱动”的教学思想。

(4) 理实一体、兼顾考证

依托新生入学管理系统和高校课务管理系统等项目，理论教学与实践教学齐头并进，每个任务中都有机融合了知识点的讲解和技能的训练，融“教、学、做”于一体。同时，本书在知识点的编排和课后作业的设计上还兼顾了微软 MCTS 数据库开发认证的考证需要。

本书读者对象

本书可作为 SQL Server 2012 数据库职业认证教材和各类院校 SQL Server 2012 数据库系统设计与综合项目应用的教材，也非常适合作为 SQL Server 2012 数据库自学用书和参考书。

参与本书编写的还有周建林、陈士川，感谢吴懋刚对全书做了详细的审稿。由于编者水平所限，书中不足之处在所难免，敬请广大读者朋友批评指正。

编　者

2017 年 6 月

目　录

第1篇　数据库设计

第 2 篇　数据库应用与开发

第 3 篇　数据库安全管理与维护

第1篇

数据库设计

数据库设计是数据库应用和开发的基础，一个优秀的数据库设计方案将决定数据在使用过程中的可用性和高效性。本篇介绍数据库系统设计的基本过程，并结合数据库在高校学生和教学管理中的典型应用，以3个不同的项目案例说明数据库设计的一般方法与基本步骤，为初学数据库设计的人员提供帮助。

【学习情境】

情境1　新生入学管理系统数据库设计
情境2　高校课务管理系统数据库设计
情境3　权限管理系统数据库设计
情境4　创建新生入学管理系统数据库
情境5　创建数据表
情境6　拓展练习：图书管理系统的数据库设计

【学习目标】

(1) 理解关系型数据库的基本概念。
(2) 掌握数据库设计的基本方法和步骤。
(3) 熟练掌握概念设计阶段E-R图的使用。
(4) 熟练掌握E-R图转换为关系逻辑表的方法。
(5) 理解数据库设计规范化。
(6) 学习SQL Server 2012数据库环境的安装与启用。
(7) 掌握SQL Server 2012数据库和表的创建。

情境1　新生入学管理系统数据库设计

随着计算机技术的普及应用,越来越多高校采用信息化手段对学生的个人信息进行采集和管理。目前项目团队接到一个研发任务,要求完成某高校的新生入学信息的管理与维护工作。通过该系统可以完成对新生入学后个人基本信息、所在班级信息、所属系部信息等数据的计算机录入、查询与维护。接受任务后,项目团队成员开始着手进行系统数据库设计阶段的工作。

数据库系统的分析与设计分为需求分析、概念设计、逻辑设计、物理设计4个阶段。

任务1.1　新生入学管理系统数据库需求分析

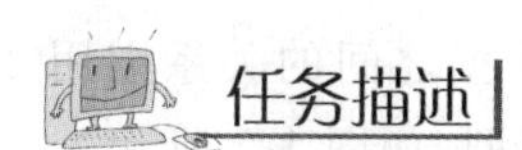

项目开发团队所有成员利用座谈会、调研问卷、用户走访等方式充分调研系统用户,对用户提出的系统功能需求进行详细的分析与整理,明确本系统开发环境和功能要求,收集系统所需的数据信息。

相关知识

1.1.1　什么是数据库

数据库(Database)是按照数据结构来组织、存储和管理数据的仓库。计算机中的数据可以通过数据库管理系统(Database Management System,DBMS)进行管理。

数据库管理系统是指数据库系统中对数据进行管理的软件系统,它是数据库系统的核心组成部分,用户对数据库的一切操作,包括定义、查询、更新以及各种控制,都是通过数据库管理系统进行的。

负责数据的规划、设计、协调、维护和管理的人员称为数据库管理员(Database Administrator,DBA)。在不引起混淆的情况下,人们常常将数据库管理系统称为数据库。常见的Access、SQL Server、Oracle和MySQL等都属于数据库管理系统。

由 Microsoft 发布的 SQL Server 产品是一个典型的关系型数据库管理系统，该系统以其功能强大、操作简便、安全可靠的优点，得到很多用户的认可，应用也越来越广泛。

1.1.2 数据模型

根据数据存储方式的不同，数据库可以使用多种类型的系统模型(模型是指数据库管理系统中数据的存储结构)，其中较为常见的有层次模型(Hierarchical Model)、网状模型(Network Model)和关系模型(Relation Model)3 种。

1. 层次模型

层次数据库使用层次模型作为自己的存储结构。这是一种树状结构，它由节点和连线组成，其中节点表示实体，连线表示实体之间的关系。在这种存储结构中，数据将根据需要分门别类地存储于不同的层次下，如图 1-1 所示。

从图 1-1 所示的例子中可以看出，层次模型的优点是数据结构类似金字塔，不同层次之间的关联性直接而且简单；缺点是由于数据纵向发展，横向关系难以建立，数据可能会重复出现，造成管理维护的不便。

2. 网状模型

网状模型存储结构中数据记录将用网中的节点表示，数据与数据之间的关系则用网中各个节点的连线表示，从而构成一个节点与连线的复杂网状模型，如图 1-2 所示。

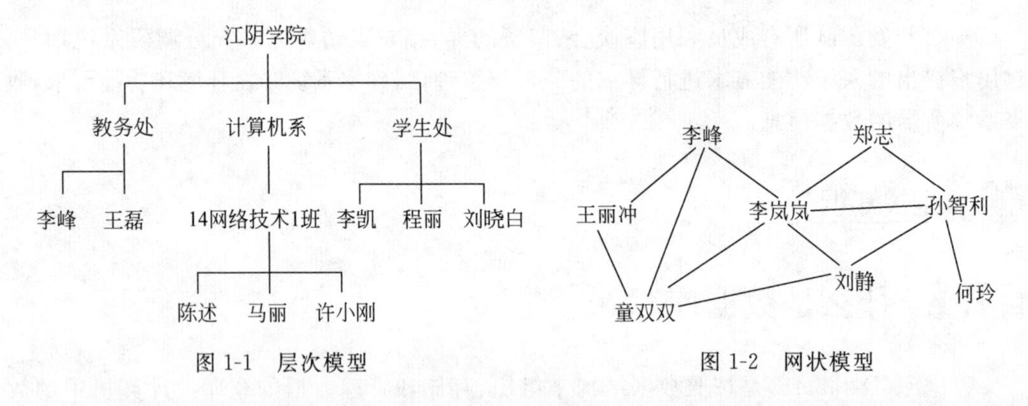

图 1-1　层次模型　　　　图 1-2　网状模型

网状模型存储结构的数据库的优点是，它很容易反映节点间的关系，避免了数据的重复存储；缺点是这种关联错综复杂，尤其当数据库变得越来越大时，需要维护的关系也越来越复杂，不利于数据库的维护。

3. 关系模型

关系数据库是基于关系模型的数据库，它使用的存储结构是二维表格。在一个二维表格中，每一行称为一条记录，用来存储一个具体对象的信息；每一列称为一个字段，用来存储对象的一个属性。数据表与数据表之间存在相应的关联，例如，可以通过表 1-1 和表 1-2 中班级编码得到学生所在班级信息和班主任信息。

表 1-1　班级信息表

班级编码	班级名称	班主任
040801	04 网络(1)班	T08003
040802	04 网络(2)班	T08015
050805	05 软件(1)班	T08002
040201	04 数控(1)班	T02001

表 1-2　学生信息表

学号	姓名	性别	入学年份	班级编码
04020101	周灵灵	女	2008	040201
04020102	余红燕	男	2008	040201
04020103	左秋霞	女	2008	040201
04080101	孙行路	女	2008	040801
04080102	郑志	男	2008	040801

从表 1-1 和表 1-2 可以看出，使用关系模型的数据库的优点是结构简单，格式唯一，数据表之间数据相对独立，它们可以在不影响其他数据表的情况下进行数据的增加、修改和删除。在进行查询时，还可以根据数据表之间的关联性，从多个数据表中查询抽取相关的信息。这种存储结构的数据模型是目前使用最广泛的数据模型，很多数据库管理系统使用这种存储结构，微软推出的 Microsoft SQL Server 2012 数据库系统就是采用这种关系型数据模型存储和管理数据的。

1.1.3　关系数据库

1. 关系数据库管理系统的基本特性

(1) 将数据系统、有效地集成到具有关系的数据行和数据列中。

(2) 数据库系统采用数据分类表格式的结构存储，表格与表格间可以有关系，故称为关系数据库。

2. 关系数据库要素

(1) 数据表。数据表(Table)是关于特定主题的数据集合，例如，学生与课程成绩，产品与供应商。数据表表示用户对指定主题的数据仅需存储一次，这样可以提高数据库的使用效率，降低存储成本。数据表为一个含有数据行和数据列的二维对象。

(2) 数据行。数据行(Row)形成平行的项目集合。每一个数据行代表由数据表所塑造的单一对象，以及存储所有该对象属性的值。例如，在学生信息数据库中，学生表存放学校每一位学生的基本信息，每一条学生信息占用数据表的一行。数据表中的一行也称为一条“记录”。

(3) 数据列。数据列(Column)分别代表对象的属性，是数据表中数据行的某个区域，用来存储数据表要表示对象的部分属性数据值。

(4) 数据关系。数据关系根据实际情况可分为一对一关系、一对多关系、多对多关系。

1.1.4 数据库设计

在给定的DBMS、操作系统和硬件环境下，如何表达用户的需求，并将其转换为有效的数据库结构，构成较好的数据库模式，这个过程称为数据库设计。要设计一个好的数据库必须用系统的观点分析和处理问题。数据库及其应用系统开发的全过程可分为两大阶段：数据库系统的分析与设计阶段；数据库系统的实施、运行与维护阶段。

数据库系统的分析与设计阶段一般分为需求分析、概念设计、逻辑设计、物理设计 4 个阶段。在数据库系统设计的整个过程中，需求分析和概念设计可以独立于任何的数据库管理系统，而逻辑设计和物理设计则与具体的数据库管理系统密切相关。图 1-3 反映了数据库系统设计过程中需求分析阶段、概念设计阶段独立于计算机系统(软件、硬件)，而逻辑设计阶段、物理设计阶段应根据应用的要求和计算机软硬件的资源(操作系统、数据库管理系统、内存的容量、CPU 的速度等)进行设计。

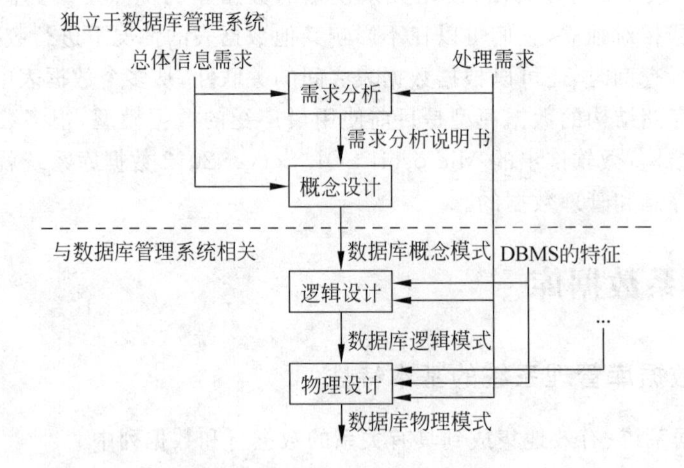

图 1-3　数据库系统设计 4 个阶段

下面分别介绍数据库系统设计的每个步骤。

(1) 需求分析。需求分析是指分析用户的要求。需求分析是数据库系统设计的基础，通过调查和分析，了解用户的信息需求和处理需求，并以数据流图、数据字典等形式加以描述。

(2) 概念设计。概念设计是指把需求分析阶段得到的用户需求抽象化为概念模型。概念设计是数据库系统设计的关键，本书使用 E-R 模型作为概念设计的工具。

(3) 逻辑设计。逻辑设计是指将概念设计阶段产生的概念模式转换为逻辑模式。因为逻辑设计与数据库管理系统密切相关，本书以关系模型和关系数据库管理系统为基础讨论逻辑设计。

(4) 物理设计。物理设计是指为关系模型选择合适的数据存取方法和存储结构，如采用 Microsoft SQL Server 2012 数据库管理系统对数据逻辑阶段的设计进行物理实现，创建数据库、数据表等数据库对象。

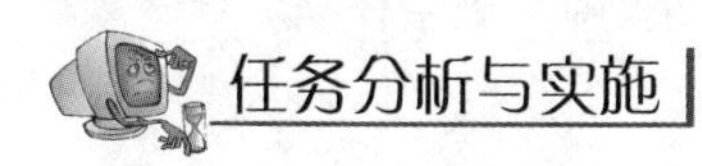

1. 新生入学管理系统的开发环境

微软开发平台具有功能强大、容易使用、应用广泛、资源丰富等特点，本系统可以采用 Microsoft SQL Server 2012 和 Visual Studio 2010 的 WinForm 或 ASP. NET 技术进行开发。其中 SQL Server 2012 用于数据库系统设计与实施。

2. 新生入学管理系统的用户需求分析

学校指派专门的管理人员负责学生入学信息的管理。管理员登录系统后可以完成对学生所在系部、班级、班主任等信息的添加、删除和修改。同时，管理员可以完成对学生姓名、性别、籍贯等基本信息的管理与维护。班主任通过账号和密码登录后可以查看本班学生信息。系统功能如图 1-4 所示。

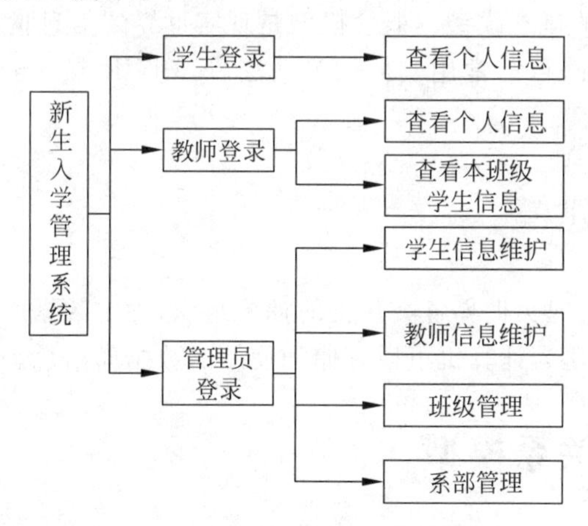

图 1-4　新生入学管理系统功能模块

(1) 系统登录。管理员输入账号和密码后可以有权限对系统中的系部信息、专业信息、班级信息、学生信息进行添加、删除和修改。教师输入工号和密码后可以查看本班级学生信息。学生输入学号和密码后可以登录系统查看自己的个人信息。

(2) 系部管理。由于学生入学是根据录取专业进行报到登记的，每个专业都归属不同的系部，所以系统必须能够完成对所有系部信息的管理与维护。

(3) 专业管理。一个系部可以包含多个不同的专业，不同专业的学生进行不同课程的学习，因此，系统必须对专业信息进行管理与维护。

(4) 班级管理。班级是学校各级各类工作管理的最基层单位，一个专业可以开设多个班级，一个系部可以拥有多个班级，但一个班级只能属于一个专业、一个系部。

(5) 学生管理。管理员登录系统后，可以完成对学生姓名、性别、籍贯、所在班级等基本信息的添加、删除和修改。学校永久保存学生在校活动信息。

(6) 教师管理。教师基本信息可以由管理员进行维护。教师登录系统后可以查看本班级学生信息。一名教师应该归属于一个指定系部，有一部分教师是班主任。

任务 1.2 新生入学管理系统数据库概念设计

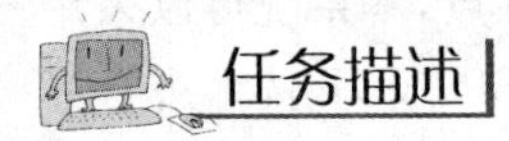

项目开发团队根据任务 1.1 中确认的用户需求及系统功能描述开展本数据库系统的概念设计，概念设计阶段采用实体—关系模型对系统数据对象进行分析与抽取。

相关知识

在概念设计阶段，设计人员从用户需求的角度出发对数据进行建模，产生一个独立于计算机硬件和 DBMS 的概念模型。概念模型是现实世界到信息世界的第一级抽象，概念模型的表示方法有多种，目前常用实体—关系法(Entity-Relationship Approach)来表示数据的概念模型。

1.2.1 数据库建模

数据库建模是指对现实世界各类数据的抽象组织，确定数据库需要管辖的范围、数据的组织形式等，直到转化为计算机可以存储和使用的数据库信息。

1.2.2 实体—关系模型

实体是现实世界中描述客观事物的概念，可以是具体的事物，例如，一个店铺、一间房、一辆车等；也可以是抽象的事物，例如，一个小品、一种颜色等。同一类实体的所有实例就构成该对象的实体集。实体集是实体的集合，由该集合中实体的结构或形式表示，而实例则是实体集合中的某个特例，通过其属性值表示。通常实体集中有多个具体实例。例如，表 1-2 中存储的每条学生记录都是“学生”实体集中的一个实例对象。

实体—关系(E-R)模型用简单的图形反映了现实世界中存在的事物或数据及它们之间的关系，是指以实体、关系、属性 3 个基本概念体现数据的基本结构，是描述静态数据结构的概念模式。

实体(Entity)用矩形表示，矩形框内写明实体名；比如学生张三、李欢欢都是实体。

属性(Attribute)用椭圆形表示,并用无向边将其与相应的实体连接起来；比如学生的姓名、学号、性别、所在班级都是属性。表 1-1 和表 1-2 中的班级、学生实体属性描述如图 1-5 所示。

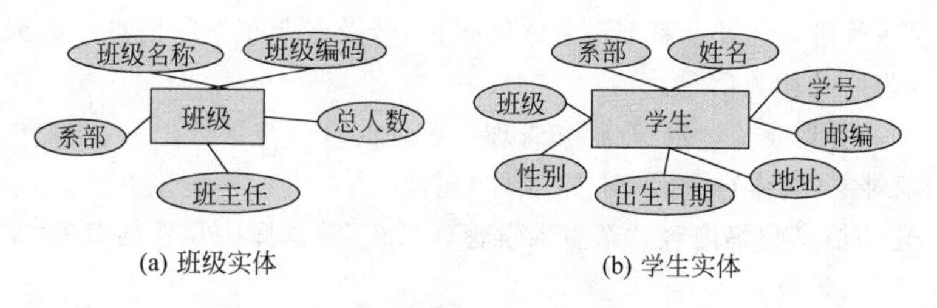

(a) 班级实体　　(b) 学生实体

图 1-5　班级和学生实体

关系(Relationship)用菱形表示,菱形框内写明关系名,并用无向边分别与有关实体连接起来,同时在无向边旁标上关系的类型(1∶1、1∶n 或 m∶n)就是指存在的 3 种关系(一对一、一对多、多对多)。

(1) 一对一关系(1∶1)。如果实体 A 中的每个实例至多和实体 B 中的一个实例有关,反之亦然,那么就称实体 A 和实体 B 的关系为一对一关系。例如,丈夫和妻子之间是一对一关系,表示一个丈夫只可以拥有一个妻子,一个妻子只能拥有一个丈夫。一对一关系 E-R 图如图 1-6 所示。

(2) 一对多关系(1∶n)。如果实体 A 中的每个实例与实体 B 中的任意(零个或多个)实例有关,而实体 B 中的每个实例最多与实体 A 中的一个实例有关,那么就称实体 A 和实体 B 的关系为一对多关系。例如,父母和子女之间是一对多关系,表示一对父母可以拥有多个子女。一对多关系 E-R 图如图 1-7 所示。

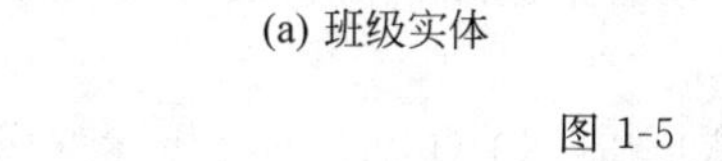

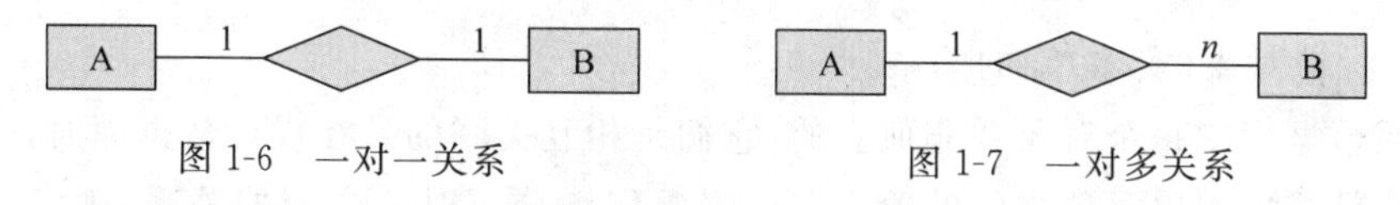

图 1-6　一对一关系 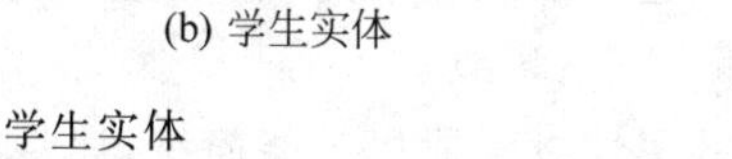　　图 1-7　一对多关系

(3) 多对多关系(m∶n)。如果实体 A 中的每个实例与实体 B 中的任意(零个或多个)实例有关,并且实体 B 中的每个实例与实体 A 中的任意(零个或多个)实例有关,就称实体 A 和实体 B 的关系为多对多关系。例如,朋友之间是多对多关系,表示一个人可以拥有多个朋友,而某个朋友也可以拥有多个朋友。多对多关系 E-R 图如图 1-8 所示。

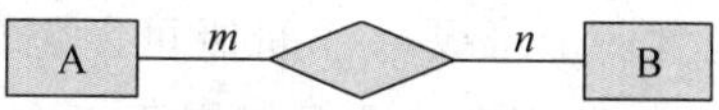

A　m　n　B

图 1-8　多对多关系

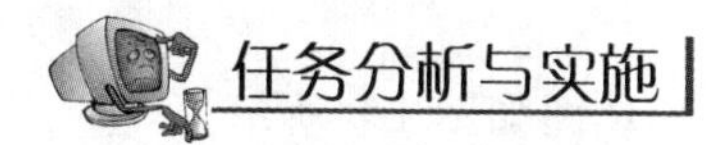

任务分析与实施

1. 构建 E-R 模型

(1) 信息收集

创建数据库之前,必须充分理解和分析系统需要实现的功能,以及系统实现相关功能的具体要求。在此基础上,考虑系统需要存储哪些对象,这些对象又分别要存放哪些

信息。

系统登录：学生、教师和管理员。数据库需要存放学生、教师和管理员的账号、密码等相关信息。

系部、班级管理：班级是系部最基本的单位，涉及专业和系部信息。数据库需要存放系部、专业和班级的相关信息。

人员管理：主要涉及学生、教师和管理员信息的管理与维护。

(2) 明确对象(实体)并标识对象(实体)属性

根据上述的信息收集内容，“新生入学管理系统”数据库中需要的对象(实体)为学生、教师、系部、专业、班级。

实体的属性设置要尽可能简练，属性设置满足以下 3 点：①直接描述标识对象的基本特征；②唯一标识一个对象；③指向另一个实体。

不要引入任何不必要的属性，如果有一些实体拥有公共属性，则合并这些属性。做到属性设计最小化，形成带最少个数属性的数据表结构，避免数据冗余。

为实现系统功能，每个对象的基本属性设置如下。

学生：学号、姓名、入学及毕业年份、系部、专业、班级、性别、年龄、出生日期、联系地址、邮政编码、密码。

教师：教工号、姓名、所在系部、性别、年龄、出生日期、职称、密码、角色。

系部：系部编码、系部名称、专业名称、系部简介。

班级：班级编码、班级名称、系部、专业、专业开设时间、班主任。

专业：专业编码、专业名称、所属系部。

(3) 标识对象(实体)间的关系

关系数据库中每个对象并非孤立的，它们是相互关联的。在设计数据库时，一个很重要的工作就是标识出对象之间的关系。这需要仔细分析对象之间的关系，确定对象之间在逻辑上是如何关联的，然后建立对象之间的连接。

学生与班级、系部有从属关系，即学生从属于班级，班级从属于系部，1 个系部可以包含多个班级，1 个班级可以包含多个学生。专业从属于系部，1 个系部可以包含多个专业，但 1 个专业只能属于 1 个系部。同理，教师与系部也有从属关系，即教师从属于系部。

2. 绘制 E-R 图

根据对象(实体)间的关系，新生入学管理系统数据库的 E-R 图如图 1-9 所示。

需要指出的是，不同数据库设计人员对系统功能的理解和考虑不同，设计的 E-R 图方案也会有所不同。概念设计阶段的 E-R 图方案至关重要，它是后续设计的基础，为减少不必要的浪费，在进行后续工作之前，整个开发团队和用户必须对 E-R 图进行审核确认。

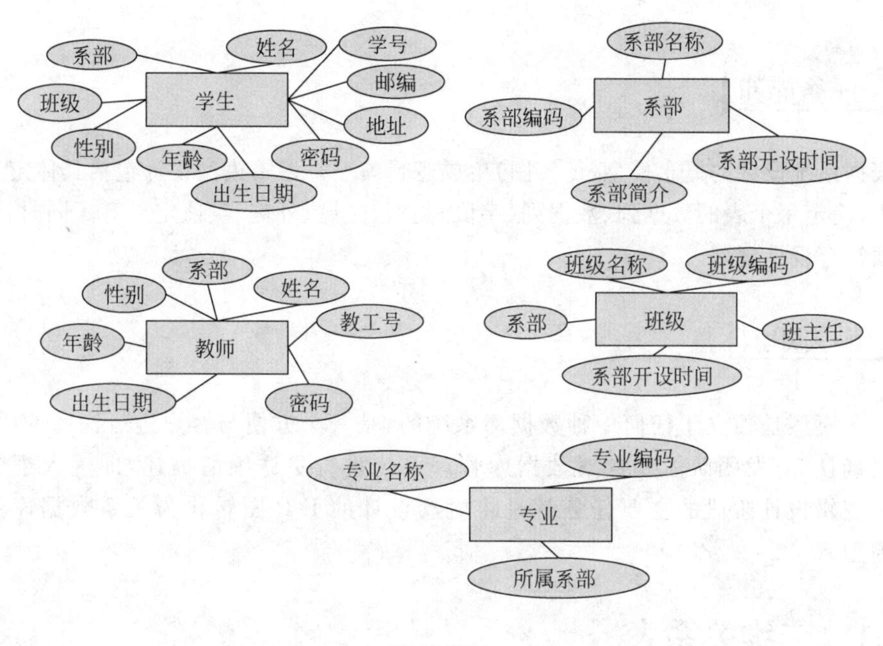

(a) 实体图

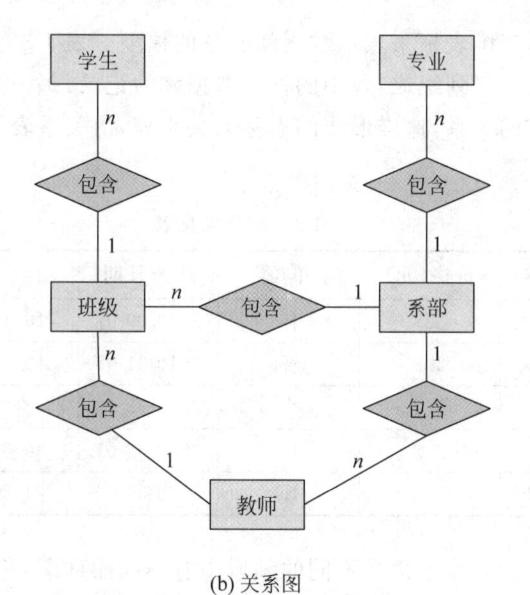

(b) 关系图

图 1-9　新生入学管理系统数据库 E-R 图

任务 1.3　新生入学管理系统数据库逻辑设计

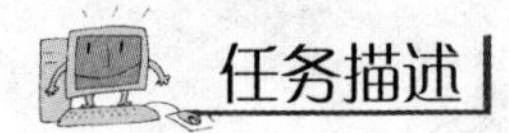

任务描述

根据系统设计的概念模型(E-R 图)生成逻辑模型。逻辑模型设计包括具体定义二维关系表,确定每个表的数据列、数据列(字段)类型、主键、外键、空值定义等。同时,所有命名必须符合设计规范。

相关知识

概念模型是独立于任何一种数据库系统的,是一个方便与客户进行沟通的模型,客户一旦确认,开发团队需要针对数据库管理系统进行更详细的描述,即进入逻辑设计阶段。逻辑设计阶段的主要任务就是将概念设计的 E-R 图转化为关系数据库系统的关系模型。

1.3.1　二维关系表

关系模型是指用二维表格来表示数据间联系的模型。表 1-3 所示的模型就是关系模型。关系模型(表)由行与列组成,表中的每行数据称为记录,每一列的属性称为字段。行和列的数据存在一定的关系,这样形成的表称为关系表,由关系表组成的数据库为关系模型数据库。

表 1-3　商品信息表

商品编号	商品名称	价格(元)	单位	生产日期	保质期	供应商
S0001	奶茶	3.7	杯	2009-09-07	18 个月	上海东苑食品
S0002	奶茶	2.9	杯	2010-01-08	12 个月	山东宏达公司
S0003	茶杯	1.2	个	2006-03-23		江西瓷器有限公司
S0004	大米	2.2	斤	2009-02-01	36 个月	北大荒有限公司
S0005	红枣	7.8	斤	2009-06-06	24 个月	山西枣业公司

关系模型数据库的几个术语在不同的领域中有不同的称谓:行、列、二维表属于日常用语;元组、属性、关系是数学领域中的术语;记录、字段、表是数据库领域的术语。

1. 关系模型中的表的特点

(1) 表中每一个字段的名字必须是唯一的。

(2) 表中每一个字段必须是基本数据项,具有原子性,即不可再分解。

(3) 表中同一列(字段)的数据必须具有相同的数据类型。

(4) 表中不应有内容完全相同的行。

(5) 表中行的顺序与列的顺序不影响表的定义。

2. 记录(数据行)

数据库表格中的每一行称为一条记录,记录由若干个对象的相关属性组成。多个记录构成一个表的内容。表1-3中共有5条记录,每个记录都由7个属性来描述。

3. 字段(数据列)

数据库表格中的每一列称为一个字段,每个字段标识对象的一个具体属性,字段名称就是表格中的标题栏中的标题名称。表1-3为商品定义了7个属性(字段):商品编号、商品名称、价格、单位、生产日期、保质期及供应商。

1.3.2 表的键

键(Key)是关系模型数据库中一个非常重要的概念,它对维护表的数据完整性及维护表之间的关系相当重要。

1. 主键

主键(Primary Key)是指表中的某个字段,对应这个字段的属性值能唯一地标识一行记录,具有唯一性。表1-3中的"商品编号"字段就是主键,唯一地标识了每条商品记录,主键字段的值不能重复。

2. 外键

外键(Foreign Key)是指表中的某个字段,是引用的另一个表中的主键作为自己的一个字段,通过外键可以建立两个表间的联系。一个表只能有一个主键,但可以有多个外键。

3. 候选键

唯一标识表中一行记录的一个或多个最小属性组称为候选键(Candidate Key)。一个表中可以有多个候选键,往往指定其中一个候选键作为主键。例如,学生表包含序号、学号、姓名、性别等字段。假设每个学生的学号是唯一的,序号和姓名字段组也能唯一标识一条记录,那么,(学号)和(序号,姓名)就是表的两个键,其中,(序号,姓名)属性组中去掉任何一个属性都不再是表的键。

1.3.3 E-R图转化为二维表

将E-R图转换为二维关系表的步骤如下。

1. 实体映射成表

E-R 图中的每一个实体映射到关系数据库中的一个表，一般用实体的名称来命名这个表。

2. 标识主键字段

标识每张表的主键。实体的主标识属性对应为主键，唯一地标识每条记录。需要注意的是，对于由多个字段构成的复合主键可以添加一个“编码”字段作为新的主键，但没有实际意义，仅作为主键。

3. 确定外键字段

(1) 1 : n 关系

外键关系体现了实体之间的“1 对多”关系，构成了主从表关系，主外键关系主要是用来维护两个表之间的数据一致性，是一种约束关系。可以通过在从表中增加一个字段(对应主表中的主键)作为外键。

(2) m : n 关系

这时应该将多对多关系映射成一张新表，这张表应包括两个多对多关联实体表的所有主键字段，这两个主键的所有字段成为新表的主键。

4. 确定普通字段

根据 E-R 图中实体的属性，以及该属性在系统中信息表达的具体要求，映射成实体所对应数据表的字段，并明确字段的名称、数据类型、长度、是否为空、默认值等。

(1) 字段的数据类型

在设计表时，需要根据字段所存储值的长度或大小明确每个字段的数据类型，而每一种数据类型都有自己的定义和特点。表 1-4 就是一些常用字段的简单使用介绍，详细的使用说明可以选择 Microsoft SQL Server 2012 系统中“帮助”菜单的“索引”项，然后在出现的“索引”子窗口的“查找”栏内输入“数据类型”，即可查看所有 SQL Server 2012 的数据类型。

字符(char)数据类型是 SQL Server 2012 中最常用的数据类型之一，它可以用来存储各种字母、数字符号、特殊符号(1 个字节存储)和汉字(2 个字节存储)。在使用字符数据类型时，需要在其前后加上英文单引号或者双引号。

字符类型用于存储固定长度的字符，用来定义表的字段或变量时，应该根据字段或变量的实际情况给定最大的长度。如果实际数据的字符长度短于给定的最大长度，则空余字节的存储空间系统会自动用“空格”填充上；如果实际数据的字符长度超过了给定的最大长度，则超过部分字符将会被系统自动截断。而 varchar 数据类型的存储空间随着要存储的每个数据的字符长度不同而变化。varchar (n)还可以定义为 varchar (max)形式，可以像 text 数据类型一样存储数量巨大的变长字符串数据，最大长度可达 $2^{31}-1$ 个字符，微软公司建议用 varchar (max)代替 varchar (n)数据类型。

表1-4 SQL Server 2012常用数据类型

数据类型	类型名称	定义或特点
数字类型	int	数据长度为4个字节,可以存储-2^{31}~$2^{31}-1$的整数
	smallint	数据长度为2个字节,可以存储-2^{15}~$2^{15}-1$的整数
	tinyint	数据长度为1个字节,可以存储0~255的整数
	real	数据长度为4个字节,可以存储±3.40E-38~±3.40E+38的实数
	float	数据长度为4个或8个字节,可以存储±1.79E-308~±1.79E+308的实数
	decimal(p,s)	长度不确定,随精度变化而变化,可以存储$\pm10^{38}+1$~$\pm10^{38}-1$的实数
字符类型	char(n)	用于存储固定长度的字符,最多存储8000个字符,每个字符占1个字节
	varchar(n)	用于存储可变长度的字符,最多存储8000个字符,每个字符占1个字节
	text	用于存储数量巨大的字符,最多存储$2^{31}-1$个字符,也可用varchar(max)
	nchar(n)	用于存储固定长度的字符,最多存储4000个字符,每个字符占2个字节
	nvarchar(n)	用于存储可变长度的字符,最多存储4000个字符,每个字符占2个字节
	varbinary(max)	用于存储可变长度的字符,最多存储$2^{31}-1$个字符,每个字符占1个字节
	ntext	用于存储数量巨大的字符,最多存储$2^{30}-1$个字符,也可用nvarchar(max)
日期类型	date	日期范围为1年1月1日~9999年12月31日,占3个字节
	datetime	日期范围为1753年1月1日~9999年12月31日,精度为3.33ms
	datetime2(n)	日期范围为1年1月1日~9999年12月31日,n为0~7的取值,n指定小数秒,占6~8个字节
	datetimeoffset(n)	日期范围为1年1月1日~9999年12月31日,n为0~7的取值,n指定小数秒+/-偏移量,占8~10个字节
	smalldatetime	日期范围为1900年1月1日~2079年12月31日,精度为1分钟
货币类型	money	数据长度为8个字节,可以存储-2^{63}~$2^{63}-1$的实数,精确到万分之一
	smallmoney	数据长度为4个字节,可以存储-2^{31}~$2^{31}-1$的实数,精确到万分之一
位类型	bit	可以存储1、0或者NULL的数据类型,主要用于逻辑判断
二进制类型	binary(n)	用于存储固定长度的二进制数据
	varbinary(n)	用于存储可变长度的二进制数据
	image	用于存储图像二进制文件和二进制对象
其他类型	cursor	游标变量,用于存储与游标相关的语句
	table	用于类型为table的局部变量,存储记录集,类似于临时表

通常情况下，在选择使用 char(n)或者 varchar(n)数据类型时，可以按照以下原则来进行判断：如果某个字段存储的数据长度都相同，这时应该使用 char(n)数据类型，如果该字段中存储的数据的长度相差比较大，则应该考虑使用 varchar(n)数据类型；如果存储的数据长度虽然不是完全相同，但是长度相差不是太大，且希望提高查询的执行效率，可以考虑使用 char(n)数据类型，如果希望降低数据的存储成本，则可以考虑使用 varchar(n)数据类型。

Unicode 是一种在计算机上使用的字符编码。它为每种语言中的每个字符设定了统一并且唯一的二进制编码，以满足跨语言、跨平台进行文本转换、处理的要求。SQL Server 2012 中 unicode 字符数据类型包括 nchar、nvarchar、ntext 3 种，用 2 个字节作为一个存储单位，不管字符和汉字，都用一个存储单位(2 个字节)来存放，所以存储范围长度为对应 char、varchar、text 类型的一半。由于一个存储单位(2 个字节)的容纳量大大增加了，可以将全世界的语言文字都囊括在内，因此在一个字段存储的数据中就可以同时出现中文、英文、法文等。

(2) 字段的其他属性

前面讲解了字段的数据类型及长度，但是对于一个数据库设计者来讲，仅仅知道这些是远远不够的。要设计好字段，就需要考虑哪些字段不能重复，哪些字段不能为空，哪些字段需要默认值等情况。

在数据表中存储数据时，不希望有些字段出现为"空"的情况，如"学生"表中的"姓名""性别"等字段，这是一个学生的基本信息，不可缺少。而有些字段可以出现空的情况，如"成绩"表中的"补考成绩"字段，大部分学生没有补考成绩。在 SQL Server 2012 中，用 NULL、NOT NULL 关键字来说明字段是否允许为"空"。

默认值是当某个字段在每条记录中的大部分的值保持不变时定义的，当每次输入记录时，如果不给这个字段输入值，系统会自动给这个字段赋予默认值。如在"学生"表中的"性别"字段，只有"男""女"两种情况，这时可以给"性别"字段定义一个默认值"男"。

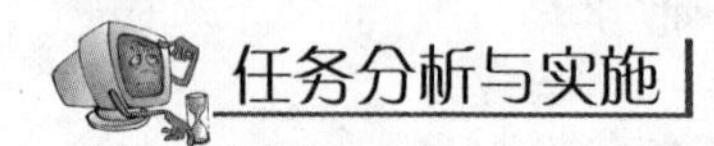

1. 系统设计命名规范

所谓命名规范，就是大家要共同遵循的、通用的、具有强制性的命名规则。从项目一开始就要明确数据库对象的命名规范，有助于提高系统设计与开发的效率和成功率。对象命名尽可能做到见名知意，规范化的命名习惯可以使开发的应用程序可读性好，更容易维护。表 1-5 中的命名规范，除了对象名称的前缀是大写字母表示外，其余部分的英文单词的首字母大写。

2. 构建逻辑模型

(1) 实体映射成数据表。根据新生入学管理系统的 E-R 图，系统构建的数据表如表 1-6 所示。

表 1-5　数据库设计命名规范

对象类型	命名规则	前缀	范　例	备　注
数据库名	DB_英文名	DB_	DB_TeachingSystem	有意义的英文
表名	TB_英文名	TB_	TB_Student	单词连接在一起
字段名	英文名(帕斯卡法)		CourseName	
视图名	VW_英文名	VW_	VW_Student	首字母大写
主键	PK_表名_列名	PK_	PK_Course_CourseId	多列用_隔开
外键	FK_表名_列名	FK_	FK_Course_CourseId	
检查约束	CK_表名_列名	CK_	CK_CourseId	
唯一约束	UK_表名_列名	UK_	UK_CourseName	
默认值	DEF_表名_列名	DEF_	DEF_CourseGrade	
索引	IX_表名_列名	IX_	IX_CourseName	
存储过程	Proc_英文名	Proc_	Proc_GradeProcess	有意义的英文 多个单词一起 首字母大写

(2) 确定表主键。主键字段是表中唯一标识一条记录的字段,为减少表记录冗余,提高数据存储效率,主键字段必不可少。数据表及主键设计如表 1-7 所示。

表 1-6　实体转化为数据表

实体	数　据　表
系部	系部表 TB_Dept
专业	专业表 TB_Spec
班级	班级表 TB_Class
教师	教师表 TB_Teacher
学生	学生表 TB_Student

表 1-7　数据表及主键设计

数　据　表	主键	说　明
系部表 TB_Dept	DeptId	系部表/系部编号
专业表 TB_Spec	SpecId	专业表/专业编号
班级表 TB_Class	ClassId	班级表/班级编号
教师表 TB_Teacher	TeacherId	教师表/教师编号
学生表 TB_Student	StuId	学生表/学号

(3) 确定外键字段。外键字段是建立表与表之间的逻辑联系而存在的字段。下面根据新生入学管理系统 E-R 图(图 1-9(b))进行逻辑设计。

系部表和班级表之间是典型的 1∶n 关系,它表示一个系部可以由多个班级组成。其中一方表称为主表,多方表称为子表。为确立两表间的逻辑关系,子表将主表中的主键字段设为自己的外键字段。一般来说,为防止主外键不匹配现象出现,主表和子表中的主外键字段命名和类型定义保持一致。因此,班级表中应设置系部编码字段作为其与主键表系部表之间的联系。表中各字段设计如表 1-8 所示。

(4) 确定各表字段类型。根据系统 E-R 图设计,将实体属性转化为表字段后进行数据类型定义和逻辑设计。各表的逻辑设计结果如表 1-8～表 1-12 所示。

表 1-8 系部信息表

PK	字段名称	字段类型	NOT NULL	默认值	约束	字段说明
●	DeptId	char(2)	○		主键	系部编码
	DeptName	char(20)	○			系部名称
	DeptStartTime	datetime	○			系部开设时间
	DeptScript	text	○			系部描述

表 1-9 专业信息表

PK	字段名称	字段类型	NOT NULL	默认值	约束	字段说明
●	SpecId	char(4)	○		主键	专业编码
	SpecName	char(20)	○			专业名称
	DeptId	char(2)	○		外键	专业所属系部编码,关联系部信息表

表 1-10 教师信息表

PK	字段名称	字段类型	NOT NULL	默认值	约束	字段说明
●	TeacherId	char(6)	○		主键	教工编号,T+2 位系部编码+3 位流水号,T[0-9]...[0-9]
	TeacherName	char(6)	○			教师姓名
	DeptId	char(2)	○		外键	系部编码,TB _ Dept (DeptId)
	Sex	char(1)	○	M		性别,M:男 F:女
	Birthday	datetime	○			出生日期
	TPassword	varchar(10)	○	123456		密码,不得少于 6 位的数字或字符

表 1-11 班级信息表

PK	字段名称	字段类型	NOT NULL	默认值	约束	字段说明
●	ClassId	char(6)	○		主键	班级编码,学号前 6 位
	ClassName	char(20)	○			班级名称
	DeptId	char(2)	○		外键	系部编码,TB _ Dept (DeptId)
	TeacherId	char(6)	○		外键	班主任,TB _ Teacher (TeacherId)

表 1-12　学生信息表

PK	字段名称	字段类型	NOT NULL	默认值	约束	字段说明
●	StuId	char(8)	○		主键	学号,2 位入学年份+2 位系部编码+2 位班级编码+2 位流水号,[0-9]…[0-9]
	StuName	char(6)	○			学生姓名
	DeptId	char(2)	○		外键	系部编码,TB_Dept(DeptId)
	ClassId	char(6)	○		外键	班级编码,TB_Class(ClassId)
	Sex	char(1)	○	M		性别,M:男 F:女
	Birthday	datetime	○			出生日期
	SPassword	varchar(10)	○	123456		密码,不得少于 6 位的数字或字符
	Address	varchar(64)	○			联系地址
	ZipCode	char(6)	○			邮政编码,6 位数字

数据库设计没有一个唯一的标准答案,不同人员设计的方案可能也会不同,大家也可以自行尝试做出自己的逻辑设计方案。但是无论哪种方案,都必须满足用户的系统需求和数据库设计的规范,使数据库设计更加合理和规范。

任务 1.4　数据库设计规范化

任务描述

针对给出的数据库逻辑设计方案进行规范化处理,使数据库更趋于规范和合理,并对数据库优化后进行发布。

相关知识

规范化是一种科学的方法,通过某些规则把复杂的表结构分解为简单的表结构。这种方法可以降低表的数据冗余,消除数据不一致性,提高系统空间利用的效率。

为了建立冗余较小、结构合理的数据库,实现构造数据库时必须遵循的规则,范式理论可以帮助完成数据库的优化。满足最低要求的范式是第一范式(1NF),在第一范式的基础上进一步满足更多要求的范式称为第二范式(2NF),其余范式以此类推,一般来说,数据库只需满足第三范式(3NF)就可以。

1. 第一范式

第一范式是最基本的范式。如果数据表中的所有字段的值都是不可再分解的原子值,那么就称这种关系模式为第一范式的关系模式。简单地说,第一范式包括下列指导原则。

(1) 数据表中记录的每个字段只包含一个值。

(2) 数据表中的每个记录必须包括相同数量的值。

(3) 数据表中的每个记录一定不能重复。

在任何一个关系型数据库管理系统中,任何数据表至少都应该符合第一范式,否则该系统不能称为关系型数据库管理系统。

2. 第二范式

第二范式是在第一范式的基础上建立起来的,即满足第二范式必须先满足第一范式。如果一个数据表已经满足第一范式,而且该数据表中的任何一个非主键字段的数值都依赖于该数据表的主键字段,那么该数据表满足第二范式。为实现区分通常需要为表加上一个列,以存储各个实例的唯一标识。

3. 第三范式

如果一个数据表已经满足第二范式,而且该数据表中的任何两个非主键字段的数值之间不存在函数依赖关系,那么该数据表满足第三范式。例如,在商品销售数据表中,"售出金额"字段的数值是"商品单价"和"销售数量"字段的乘积,因此,这两个字段之间存在函数依赖关系,所以该数据表不满足第三范式。可以将"售出金额"字段从该数据表中去掉,以满足第三范式。

实际上,第三范式就是要求不要在数据库中存储可以通过简单计算得出的数据。这样不但可以节省存储空间,而且在拥有函数依赖的一方发生变动时,避免了修改成倍数据的麻烦,同时也避免了在这种修改过程中可能造成的人为错误。

4. BCNF 范式

BCNF 范式可以看成第三范式的加强约束。要求在候选键中任何一个真子集都不能取决于非主属性。假设表中存在候选键 A,若 A 中的任何一个真子集 X 都不能取决于非主属性 Y,则该设计满足 BCNF 范式。例如,在关系 R 中,U 为主码,A 属性是主码中的一个属性,若存在 A→Y,Y 为非主属性,则该关系不属于 BCNF。

通常情况下,满足第三范式的数据库结构是比较合理规范的。

任务分析与实施

数据库设计没有一个标准答案,不同人员设计的方案可能会有所不同。表 1-13～表 1-16 是项目开发团队提出的一个数据库逻辑设计方案。请对该数据库逻辑设计方案进行检查，直到其满足数据库设计的第三范式。

表 1-13　系部信息表

PK	字段名称	字段类型	NOT NULL	默认值	约束	字段说明
●	DeptId	char(2)	○		主键	系部编码
	DeptName	char(20)	○			系部名称
	SpecName	varchar(20)	○			专业名称
	DeptScript	text	○			系部描述

表 1-14　教师信息表

PK	字段名称	字段类型	NOT NULL	默认值	约束	字段说明
●	TeacherId	char(6)	○		主键	教工编号，T+2 位系部编码 + 3 位流水号，T[0-9]…[0-9]
	TeacherName	char(6)	○			教师姓名
	DeptId	char(2)	○		外键	系部编码，TB _ Dept (DeptId)
	Sex	char(1)	○	M		性别，M:男 F:女
	Age	tinyint	○			年龄
	Birthday	datetime	○			出生日期
	TPassword	varchar(10)	○	123456		密码，不得少于 6 位的数字或字符
	TitleId	char(2)	○		外键	职称编码，TB _ Title (TitleId)
	SysRole	varchar(16)	○			系统角色

表 1-15　班级信息表

PK	字段名称	字段类型	NOT NULL	默认值	约束	字段说明
●	ClassId	char(6)	○		主键	班级编码，学号前 6 位
	ClassName	char(20)	○			班级名称
	DeptId	char(2)	○		外键	系部编码，TB _ Dept (DeptId)
	TeacherId	char(6)	○		外键	班主任，TB _ Teacher (TeacherId)
	DeptSetDate	smalldatetime	○			系部设立时间

表 1-16　学生信息表

PK	字段名称	字段类型	NOT NULL	默认值	约束	字段说明
●	StuId	char(8)	○		主键	学号，2 位入学年份+2 位系部编码 + 2 位班级编码 + 2 位流水号，[0-9]…[0-9]

续表

PK	字段名称	字段类型	NOT NULL	默认值	约束	字段说明
	StuName	char(6)	○			学生姓名
	DeptId	char(2)	○		外键	系部编码，TB_Dept(DeptId)
	ClassId	char(6)	○		外键	班级编码，TB_Class(ClassId)
	Sex	char(1)	○	M		性别，M：男；F：女
	Age	tinyint	○			年龄
	Birthday	datetime	○			出生日期
	SPassword	varchar(10)	○	123456		密码，不得少于 6 位的数字或字符
	Address	varchar(64)	○			联系地址
	ZipCode	char(6)	○			邮政编码，6 位数字

很明显，系部信息表的 SpecName 字段存在规范化设计问题。首先，系部信息表的逻辑设计和部分相关记录情况如表 1-17 和表 1-18 所示。

表 1-17　系部信息表逻辑设计

PK	字 段 名 称	字 段 类 型	字 段 说 明
●	DeptId	char(2)	系部编码
	DeptName	char(20)	系部名称
	SpecName	varchar(20)	专业名称
	DeptScript	text	系部描述

表 1-18　系部信息表记录

DeptId	DeptName	SpecName	DeptScript
02	机电工程系	数控技术；机械制造与自动化；模具设计；机电一体化	略
03	外语系	商务英语	略
08	计算机系	软件技术；网络技术；动漫设计	略

根据第一范式的要求，数据表的每个字段只能包含一个不可被分解的原子值。表 1-18 所示的系部信息表的 SpecName 字段确实存在着明显的问题：每个系部包含的专业个数不确定，表中的字段包含多值。SpecName 字段的设计违反了第一范式。为了修正上面的设计，可以将表结构转换成如表 1-19 所示的结构。

新增加一个专业实体对应专业表 TB_Spec 逻辑设计，符合一表一实体的设计要求，同时满足第一范式设计要求。

班级信息表也存在问题。如表 1-20 所示，将 DeptSetDate 字段放在班级信息表中，而 DeptSetDate 字段却不依赖于班级信息表的主键 ClassId，因为 DeptSetDate 字段(系部设立时间)是关于系部实体的属性，而不是关于班级实体的属性，因此违反了第二范式。

表 1-19　系部信息表的 SpecName 字段规范设计

PK	字段名称	字段类型	字段说明
●	DeptId	char(2)	系部编码
	DeptName	char(20)	系部名称
	SpecName	varchar(20)	专业名称
	DeptScript	text	系部描述

TB_Dept

PK	字段名称	字段类型	字段说明
●	DeptId	char(2)	系部编码
	DeptName	char(20)	系部名称
	DeptScript	text	系部描述

TB_Spec

PK	字段名称	字段类型	字段说明
●	SpecId	char(4)	专业编码
	SpecName	char(20)	专业名称
	DeptId	char(2)	系部编码(外键)

表 1-20　系部信息表与班级信息表结构规范化设计

PK	字段名称	字段类型	字段说明
●	DeptId	char(2)	系部编码
	DeptName	char(20)	系部名称
	DeptScript	text	系部描述

PK	字段名称	字段类型	字段说明
●	ClassId	char(8)	班级编码
	ClassName	char(20)	班级名称
	DeptId	char(2)	系部编码(外键)
	TeacherId	char(6)	班主任
	DeptSetDate	smalldatetime	系部设立时间

PK	字段名称	字段类型	字段说明
●	DeptId	char(2)	系部编码
	DeptName	char(20)	系部名称
	DeptSetDate	smalldatetime	系部设立时间
	DeptScript	text	系部描述

解决的方法是把 DeptSetDate 字段放回到系部信息表中，保证它至少符合第二范式。

如表 1-21 和表 1-22 所示，教师信息表中的 Age 和 Birthday 字段存在重复记录年龄信息的现象。Age 字段函数依赖于 Birthday 字段，即通过 Birthday 字段和系统日期可以导出 Age 字段的值，所以 Age 字段的存在违反了第三范式，必须去掉。

表 1-21　教师信息表结构规范化

PK	字 段 名 称	字 段 类 型	字 段 说 明
●	TeacherId	char(6)	教工编号
	TeacherName	char(6)	教师姓名
	DeptId	char(2)	系部编码(外键)
	Sex	char(1)	性别
	Age	tinyint	年龄
	Birthday	smalldatetime	出生日期

表 1-22　教师信息表记录

TeacherId	TeacherName	DeptId	Sex	Age	Birthday
T02001	程靖	02	女	36	1974-08-27
T02002	沈天一	02	女	40	1970-11-16
T03001	曾远	03	男	24	1986-06-03
T08001	陈玲	08	女	42	1968-12-02

同样地,学生信息表中的 Age 字段也应该去掉,使之符合第三范式的要求。

情境2　高校课务管理系统数据库设计

一直以来,高校课务管理工作都是一个烦琐复杂的过程,以往采用人工进行课务管理存在工作效率低,人工操作易出错等无法避免的问题。现在,学院决定采用现代化的手段开发一套完整的课务管理软件以提高管理效率,降低管理成本。本项目开发团队负责整个系统数据库的设计与开发。

任务2.1　高校课务管理系统数据库需求分析

任务描述

课务管理系统用户角色多,工作流程复杂,项目开发团队必须充分调研学校教务部门相关教师和负责人,本系统在采用常规座谈会、调查问卷等需求分析方法的基础上,进一步通过绘制数据流图的方法分析课务管理业务数据流程,确认系统用户的功能需求。

相关知识

系统设计过程中会涉及很多信息,那么哪些信息要存储到数据库中?这是用户需求阶段要解决的问题,它是定义数据需求的过程,这个过程的成果将为下一阶段概念模型设计奠定基础。那么,如何确定数据需求呢?

2.1.1　需求分析

(1) 调查组织机构的整体情况。

(2) 熟悉业务活动。

(3) 明确用户需求。

(4) 确定系统功能边界。

其中,数据流图(顺序图或协作图或活动图)可用在明确用户需求和确定系统功能边界两个步骤中，帮助数据库设计者分析数据流动情况和发现数据存储的对象。

2.1.2 需求功能分析工具——数据流图

数据流图(Data Flow Diagram，DFD)就是对系统中数据信息流动的抽象，是用一种图形和与此相关的注释来表示系统逻辑功能的方法。它表明所开发的系统在信息处理方面要做哪些工作。

数据流图由 4 种基本符号组成，如图 2-1 所示。

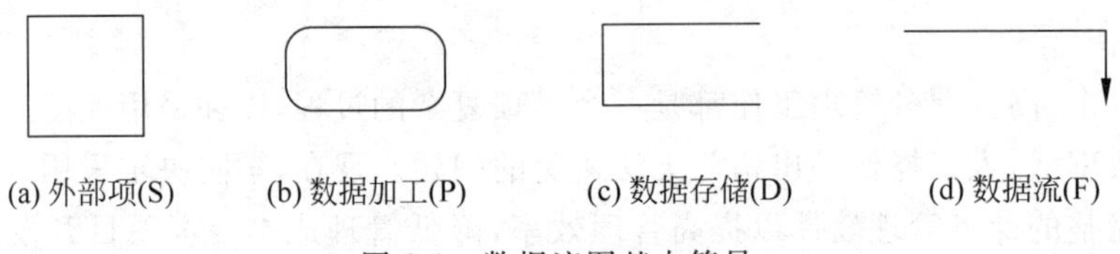

(a) 外部项(S)　(b) 数据加工(P)　(c) 数据存储(D)　(d) 数据流(F)

图 2-1　数据流图基本符号

(1) 外部项：本系统以外与系统有联系的人或单位。外部项表达了该系统数据的外部来源或去处。

(2) 数据加工：即对数据的变换功能，数据加工的名称可以用来直接表达这个系统的逻辑功能。

(3) 数据存储：是指数据保存的地方和数据存储的逻辑描述。

(4) 数据流：是指处理功能的输入或输出，箭头指明了数据的流动方向。数据流可以是一项数据，也可以是一组数据。

任务分析与实施

高校课务管理系统业务流程图如图 2-2 所示。

图 2-2 所示的系统功能包括以下几个部分。

(1) 教务员根据教学计划完成每学期课程开设：确定课程的上课时间、地点、授课教师、课程的选课人数、课程的学时、学分、课程考核评价标准。

(2) 学生登录系统，完成课程的选择。

(3) 每门课程选课人数不能超过选课人数上限。

(4) 学生上课完毕，由教师给出课程考核成绩，并登录教务系统后录入课程成绩。

(5) 学生可以通过系统查询各门课程成绩。

根据对系统的需求分析，运用 Visio 2010 数据库绘图工具可以得到如图 2-3 所示的数据流图。

高校课务管理系统中，需要存储的对象包括课程超市信息(课程信息)、教师基本信息、学生基本信息、学年学期信息、课程安排表、选修课程表。

教学管理人员是教师中的一员，他们是具有课程管理权限的特殊教师成员。课程超市是由若干门专业课程的教学大纲做成的一个集合。课程超市记录课程的名称、课程性

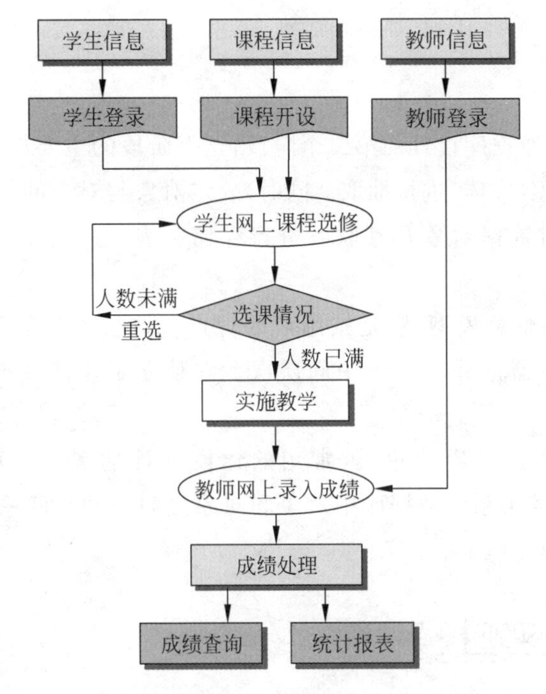

图 2-2　高校课务管理系统业务流程图

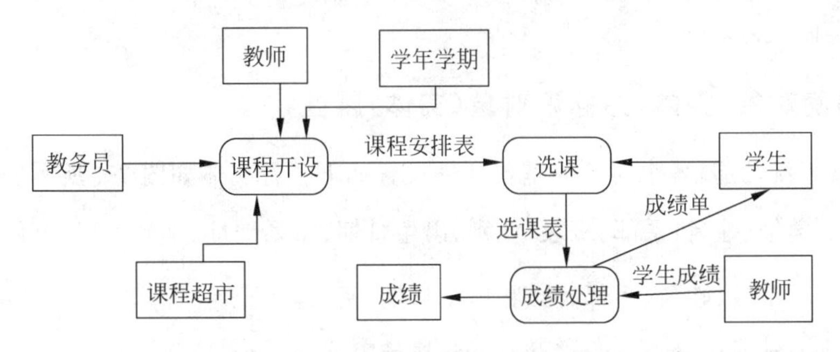

图 2-3　高校课务管理系统数据流图

质、课程学分、课程简介等信息。课程安排表也就是课程开设的结果，它明确指出课程、任课教师、上课时间地点、选课人数上限等信息。选课信息记录学生根据课程安排完成选修的结果。

任务 2.2　高校课务管理系统数据库概念设计

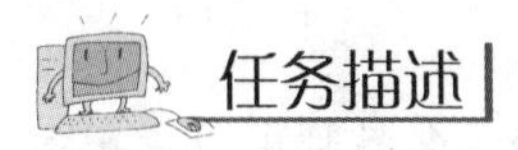

任务描述

根据高校课务管理系统用户需求分析，完成对高校课务管理系统数据库的概念设计。

相关知识

概念设计阶段是数据库设计的第二个阶段，这个阶段的主要任务是根据用户需求分析的结果，对系统对象（实体）进行抽取。同时，确定对象与对象间的相互联系，以便在数据库逻辑设计阶段对数据对象及其联系进行存储和表示。这个过程也是概念建模的过程。

概念模型也称为信息模型，它是按用户的观点来对数据和信息建立的模型。概念模型是现实世界到机器世界的一个中间层次。它独立于任何数据库管理系统软件和硬件。

概念模型用于信息世界的建模，常用的建模工具是实体—关系图。实体—关系(E-R)图是分析和描述关系型数据库中对象和对象之间属性与联系的最简单、最清晰的方法。

任务分析与实施

在高校课务管理系统用户需求分析的基础上，对系统进行实体和关系的分析和抽取，绘制系统实体—关系图。

1. 明确对象（实体）并标识对象（实体）属性

为实现系统功能，各个对象的基本属性设置如下。各实体如图 2-4 所示。

学生：学号、姓名、系部、班级、性别、出生日期、联系地址、邮政编码、密码。

教师：教工号、姓名、系部、性别、出生日期、密码。

课程：课程名称、课程编码、学分、课时、所在系部、课程描述。

学年：学年编号、学年名称。

学期：学期编号、学期名称。

成绩：成绩编号、课程编号、学生学号、平时成绩、期中成绩、期末成绩。

2. 绘制 E-R 图

高校课务管理系统数据库实体图如图 2-4 所示。高校课务管理系统 E-R 图设计如图 2-5 所示。

教师和课程实体，学生和课程实体之间均为多对多关系，意味着一名教师可以承担多门课程的教学任务，同时一门课程也可以由多名教师讲授；一名学生可以选修多门课程，一门课程也可以同时被多名学生选修。

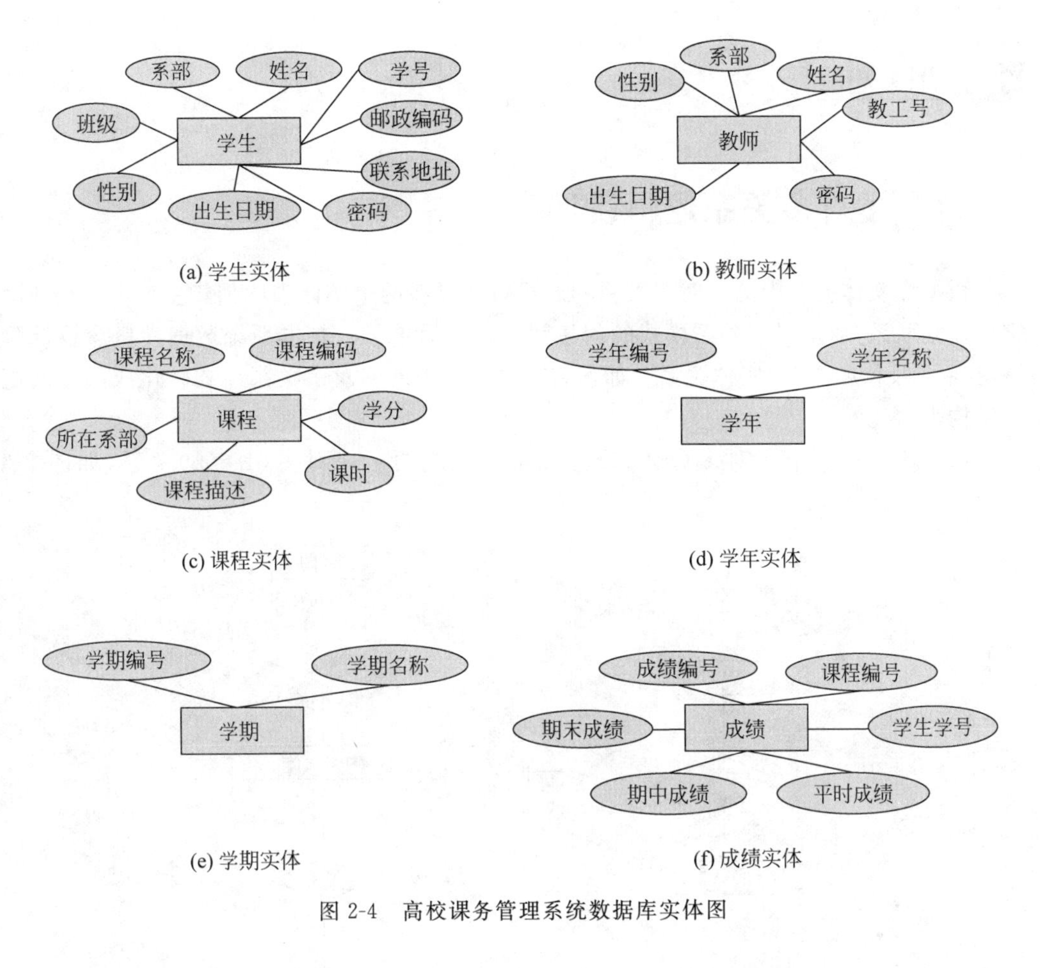

图 2-4　高校课务管理系统数据库实体图

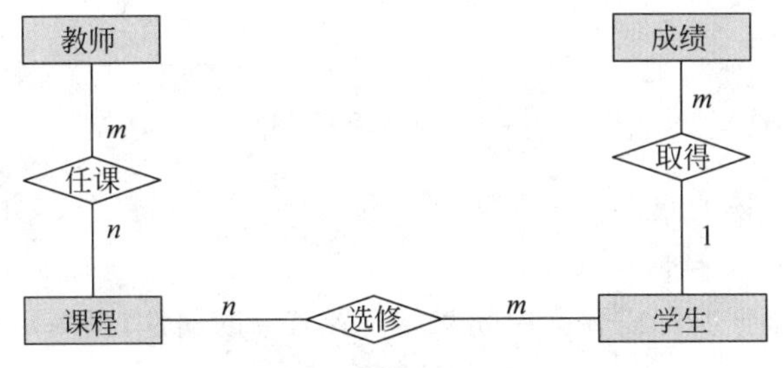

图 2-5　高校课务管理系统 E-R 图设计

任务 2.3　高校课务管理系统数据库逻辑设计

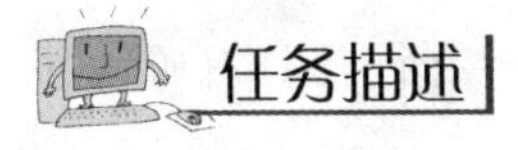

根据前面进行的高校课务管理系统数据库概念设计，完成对系统的逻辑分析与设计。

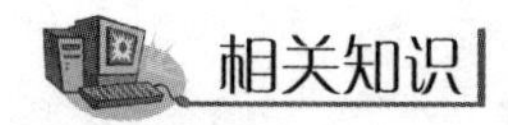

相关知识

2.3.1 多对多关系逻辑设计

数据库实体关系中的一对多关系模式可以通过在两个实体表中创建主键字段和外键字段建立联系,而多对多关系模式的创建就不那么简单了。在本系统数据库概念设计阶段出现了两个 $n:m$ 的实体关系。如何将概念模型中的多对多关系模式转化成相应的逻辑结构表示呢?

第一步:将一个多对多($n:m$)的关系转化成两个一对多($1:m$)关系,如图 2-6 所示。

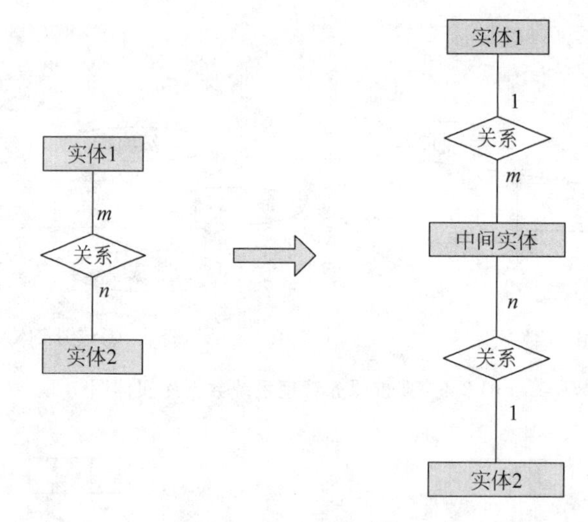

图 2-6 多对多关系转化

第二步:中间实体的属性应包含实体 1 和实体 2 的主键字段,并将其设置为中间实体的外键。

第三步:可以根据实际需要为中间实体设置其余的属性,以满足系统需求。

2.3.2 数据库完整性设计

关系数据库的完整性是指存储在数据库中的数据应该保持一致性和可靠性。在 SQL Server 2012 中可以通过规则和默认等数据库对象及各种约束来保证数据的完整性。完整性分为以下 4 类。

(1) 实体完整性:表的每一行在表中都是唯一的实体。要求所有行都具有唯一标识,可以通过给表加主键、候选键、唯一性索引等方式实现。

(2) 域完整性:指列的完整性,要求域中指定的列(字段)的数据具有正确的数据类型、格式和有效的数据范围。可以通过设置表字段的默认值、规则和检查约束来实现。

(3) 参照完整性：是指两个表的主关键字和外关键字的数据应保持逻辑上的一致性。避免对数据进行添加和删除时出现不符合逻辑的现象。

(4) 用户完整性定义：允许用户定义不属于其他任何一类完整性的特定规则，包括规则(Rule)、默认值(Default)、约束(Constraint)和触发器(Trigger)。

为了保证数据库的一致性和完整性，往往通过表间关联的方式尽可能地降低数据的冗余。表间关联是一种强制性措施，建立后，对主表(Parent Table)和子表(Child Table)的插入、更新、删除操作均要占用系统的开销。如果数据冗余低，数据的完整性容易得到保证，但增加了表间连接查询的操作，为了提高系统的响应时间，合理的数据冗余也是必要的。使用规则和约束来防止系统操作人员误输入造成数据的错误是设计人员的另一种常用手段，但是，不必要的规则和约束也会占用系统的不必要开销，需要注意的是，约束对数据的有效性验证要比规则快。所有这些，需要在设计阶段根据系统操作的类型、频度加以均衡考虑。

2.3.3 标识字段设计

用 Identity 关键字定义的字段又叫标识字段，一个标识字段是唯一标识表中每条记录的特殊字段，标识字段的值是整数类型。当一条新记录添加到这个表中时，系统就给这个字段自动递增赋给一个新值，默认情况下是加 1 递增。每个表只可以有一个标识字段。

2.3.4 复合主键设计

当表中的一个字段无法独立确定表记录的唯一性时，需要其他字段一起来形成唯一性约束，这样，由多个表字段组合在一起形成复合主键。复合主键也是表的候选键。

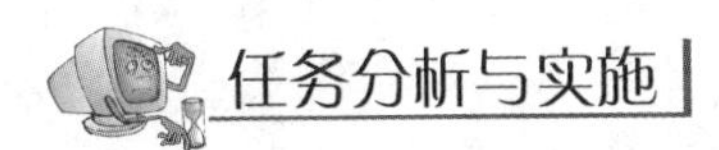

1. 将多对多关系转化为一对多关系

首先将每个多对多关系的实体转化成两个一对多关系的实体。转化以后得到的新的 E-R 图如图 2-7 所示。

其中，虚线框中的“开课安排”和“选课表”实体可以看成多对多关系转化得到的中间虚实体。课程安排实体属性必须包含课程表和教师表的主键字段。同样，选课表也是转化后新产生的一个中间实体，选课表属性应包含学生表和开课安排表的主键字段。

经过这种转化后，系统又多增加两个表，分别是开课安排表和选课表。开课安排表和选课表的记录如表 2-1 和表 2-2 所示。

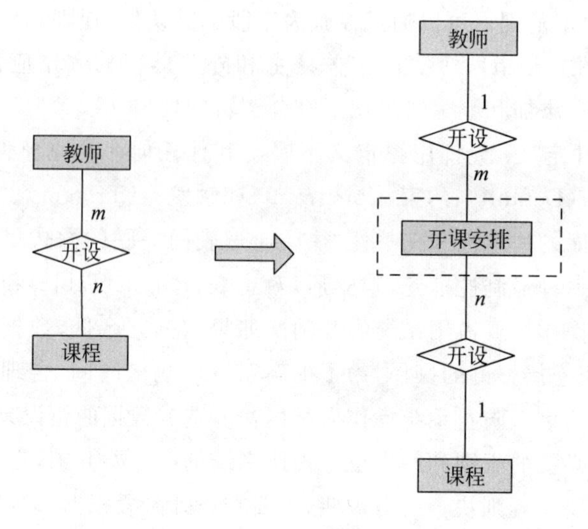

(a) 教师实体

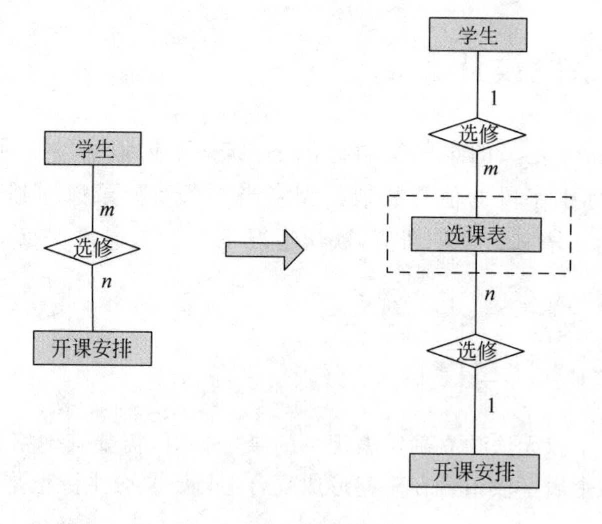

(b) 学生实体

图 2-7　多对多关系转化

表 2-1　开课安排表

课程班编码	任课教师	课程	教学时间	教学地点	最大选修人数	已经选修人数
0001	黄丽	C 语言	周一/1～4	4＃209 多媒体	40	0
0002	黄丽	Flash 动画制作	周三晚/9～11	计算中心 301	30	0
0003	黄丽	计算机应用基础	周一/7～8	计算中心 309	80	0
0004	李娜	C 语言	周四/5～8	4＃209 多媒体	40	0
0005	郑庆达	C 语言	周一/1～4	4＃201 多媒体	40	0
0006	郑庆达	C 语言	周三/1～4	4＃201 多媒体	40	0
0007	李娜	计算机应用基础	周三/5～6	计算中心 309	80	0

表 2-2　选课表

学号	课程班编码	选课时间
04080101	0001	2006-04-26
04080108	0001	2006-04-27
04080101	0002	2006-04-26
04060203	0003	2006-04-27
04080101	0005	2006-04-27

2. 将转化后的实体映射为对应的数据表

实体对应数据表如表 2-3 所示。

表 2-3　实体对应数据表

实　体	数　据　表	实　体	数　据　表
系部	系部表 TB_Dept	开课安排	开课安排表 TB_CourseClass
班级	班级表 TB_Class	选课	选课表 TB_SelectCourse
教师	教师表 TB_Teacher	成绩	成绩表 TB_Grade
学生	学生表 TB_Student	学年	学年表 TB_Year
课程	课程表 TB_Course	学期	学期表 TB_Term

其中,由于教师表和学生表中要引用到所属班级和系部信息,因此,系统中增添系部表和班级表。

3. 在定义表字段的过程中要遵循的原则

(1) 字段的命名要符合数据库标识符号的命名规范。例如,开课安排表 TB_CourseClass 中的 MaxNumber 字段表示课程最大的选课人数,班级表 TB_Class 中的 DeptSetDate 字段表示系部开设时间。这些字段的命名都能够做到见名知意。

(2) 合理设置字段类型,减少不必要的系统开销。字段类型的确定以能表示该字段数据取值范围为宜,不能随意选取。例如,学生学号 StuId 字段设计为 char(8)字符类型,占 8 个字节的存储长度。前 2 位表示入学年份,后 2 位表示系部编码,再后 2 位表示班级编码,最后 2 位表示该生在班级中的流水号。教师表中的出生日期 Birthday 字段设计为 smalldatetime 类型,占用系统 4 个字节宽度,它能够表示从 1900 年 1 月 1 日到 2079 年 12 月 31 日出生的人,满足系统需要。如将 Birthday 字段设计成为 datetime 类型,则其可以表示的取值范围是 1753～9999 年的出生日期,每个字段占用系统 8 个字节存储单元,这样的设计也未尝不可,但会造成不必要的系统存储空间上的浪费。

(3) 字段类型的定义要符合数据的实际应用。例如,学生表 TB_Student 中的学号字段 StuId 的取值形如 S150801101,在定义字段类型时将其定义为 float 类型还是 char 类型呢? 定义成哪种数据类型就可以实现相应数据类型的操作,如果将学号定义为 float 数值类型就可以完成数值类型的所有数学运算,但是,让学号字段的值进行数学运算没有任何意义,同时,也违反了设计逻辑。

4. 确定各表主键

主键字段是表中唯一标识一条记录的字段,为减少表记录冗余,提高数据存储效率,主键字段必不可少。系统各表主键设计如表 2-4 所示。

表 2-4 数据表及主键设计

数 据 表	主 键	说 明
系部表 TB_Dept	DeptId	系部表/系部编码
班级表 TB_Class	ClassId	班级表/班级编号
教师表 TB_Teacher	TeacherId	教师表/教工编号
学生表 TB_Student	StuId	学生表/学号
课程表 TB_Course	CourseId	课程表/课程编号
开课安排表 TB_CourseClass	CourseClassId	开课安排表/课程班级编号
选课表 TB_SelectCourse	SelectCourseId＋StuId	选课表/课程班级编号＋学号
成绩表 TB_Grade	GradeId	成绩表/成绩编号
学年表 TB_Year	YearId	学年表/学年编号
学期表 TB_Term	TermId	学期表/学期编号

5. 确定各表外键

外键字段是实现两个表之间联系的唯一方法,准确定义外键将是逻辑设计阶段十分重要的一个环节。

所有的实体关系都可以转化成一对多关系,而存在一对多关系的两个实体可以通过在一方表中创建主键字段,在多方表中创建外键字段来完成。主键和外键字段分别位于两个不同的且有关联的表中,为避免不必要的麻烦,设计的主外键的名称和字段类型必须一致。

学年表 TB_Year 中的 YearId 字段定义为主键,该表与开课安排表 TB_CourseClass 有 1∶n 关系,所以在多方表 TB_CourseClass 中必须包含一个外键字段 YearId,外键字段的命名和定义与主键字段一致。选课表 TB_SelectCourse 中的 StuId 和 CourseClassId 字段做联合主键,分别引用学生表和开课安排表的主键字段,通过这种方法实现两个一对多关系的逻辑设计。

6. 完整性设计

为保证数据库设计的有效性和一致性,必须对数据表结构进行完整性设计与检查。通过设计表主键可以实现记录实体的唯一性约束。通过设计表外键可以实现表数据存储的一致性。除此之外,逻辑设计阶段还可以通过给字段添加 CHECK 约束、NULL 约束和 DEFAULT 默认值约束来实现对数据字段的有效性控制。

例如，学生表 TB_Student 中的 Sex 性别字段可以添加 CHECK 检查约束，约束该字段的输入数据只能是 F 或 M，即"男"或"女"。Sex 字段上还可以添加 DEFAULT 默认值约束，设置默认值为 M。

7. 数据库逻辑设计表结构

在概念设计基础上，实现了系统各个实体及其相关属性。高校课务管理系统逻辑设计表结构如表 2-5～表 2-14 所示。

表 2-5　学年信息表

PK	字段名称	字段类型	NOT NULL	默认值	约束	字段说明
●	YearId	char(4)	○		主键	学年编码
	YearName	char(13)	○			学年名称，如"2007—2008 学年"

表 2-6　学期信息表

PK	字段名称	字段类型	NOT NULL	默认值	约束	字段说明
●	TermId	char(2)	○		主键	学期编码，T1→T6
	TermName	char(8)	○			学期名称，如"第一学期"

表 2-7　系部信息表

PK	字段名称	字段类型	NOT NULL	默认值	约束	字段说明
●	DeptId	char(2)	○		主键	系部编码
	DeptName	char(20)	○			系部名称
	SpecName	varchar(20)	○			专业名称
	DeptScript	text	○			系部描述

表 2-8　教师信息表

PK	字段名称	字段类型	NOT NULL	默认值	约束	字段说明
●	TeacherId	char(6)	○		主键	教工编号，T+2 位系部编码+3 位流水号，T[0-9]...[0-9]
	TeacherName	char(6)	○			教师姓名
	DeptId	char(2)	○		外键	系部编码，TB_Dept(DeptId)
	Sex	char(1)	○	M		性别，M：男 F：女
	Birthday	datetime	○			出生日期
	TPassword	varchar(10)	○	123456		密码，不得少于 6 位的数字或字符
	SysRole	varchar(16)	○			系统角色

表 2-9 班级信息表

PK	字段名称	字段类型	NOT NULL	默认值	约束	字段说明
●	ClassId	char(6)	○		主键	班级编码,学号前 6 位
	ClassName	char(20)	○			班级名称
	DeptId	char(2)	○		外键	系部编码,TB _ Dept (DeptId)
	TeacherId	char(6)	○		外键	班主任,TB _ Teacher (TeacherId)
	DeptSetDate	smalldatetime	○			系部设立时间

表 2-10 学生信息表

PK	字段名称	字段类型	NOT NULL	默认值	约束	字段说明
●	StuId	char(10)	○		主键	学号,S+2 位入学年份+2 位系部编码+2 位专业编码+1 位班级编码+2 位流水号,S[0-9]...[0-9]
	StuName	char(8)	○			学生姓名
	DeptId	char(2)	○		外键	系部编码,TB _ Dept (DeptId)
	ClassId	char(8)	○		外键	班级编码,TB _ Class (ClassId)
	Sex	char(1)	○	M		性别,M:男 F:女
	Birthday	datetime	○			出生日期
	SPassword	varchar(10)	○	123456		密码,不得少于 6 位的数字或字符
	Address	varchar(64)	○			联系地址
	ZipCode	char(6)	○			邮政编码,6 位数字

表 2-11 课程表

PK	字段名称	字段类型	NOT NULL	默认值	约束	字段说明
●	CourseId	char(6)	○		主键	课程编号,C+2 位系部编码+3 位流水号,C[0-9]...[0-9]
	CourseName	varchar(32)	○		唯一性	课程名称
	DeptId	char(2)	○		外键	系部编码,TB_Dept(DeptId)
	CourseGrade	real	○	0		课程学分,非负数
	LessonTime	tinyint	○	0		课程学时数,非负数
	CourseOutline	text	○			课程描述

表 2-12　开课安排表

PK	字段名称	字段类型	NOT NULL	默认值	约束	字段说明
●	CourseClassId	char(10)	○		主键	课程班级编号,T+6 位教工编号+2 位年份+2 位流水号,T[0-9]...[0-9]
	CourseId	char(6)	○		外键	课程编号,TB_Course(CourseId)
	TeacherId	char(6)	○		外键	教师编码,TB_Teacher(TeacherId)
	YearId	char(4)	○		外键	开设学年,TB_TeachingYear(TeachingYearId)
	TermId	char(2)	○		外键	学期编码,TB_Term(TermId)
	TeachingPlace	varchar(16)	○			教学地点
	TeachingTime	varchar(16)	○			教学时间
	CommonPart	tinyint	○			平时成绩占分比
	MiddlePart	tinyint	○			期中成绩占分比
	LastPart	tinyint	○			期末成绩占分比
	MaxNumber	smallint	○	60		课程最多允许选课学生数,非负数
	SelectedNumber	smallint	○	0		已经选择本门课程的学生数,非负数
	FullFlag	char(1)	○	U		课程是否选课满标志,F:满,U:未满

表 2-13　选课信息表

PK	字段名称	字段类型	NOT NULL	默认值	约束	字段说明
●	StuId	char(8)	○		主键外键	学号,TB_Stu(StuId)
	CourseClassId	char(10)	○			课程班级编码,TB_CourseClass(CourseClassId)
	SelectDate	smalldatetime	○			选课日期,取系统时间

表 2-14 学生成绩表

PK	字段名称	字段类型	NOT NULL	默认值	约束	字段说明
●	GradeSeedId	int	○		主键	成绩记录编号,标识种子
	StuId	char(10)	○		外键	学号,TB_Stu(StuId)
	ClassId	char(8)	○		外键	班级编码,TB_Class(ClassId)
	CourseClassId	char(10)	○		外键	课程班级编码,TB_CourseClass(CourseClassId)
	CourseId	char(6)	○		外键	课程编号,TB_Course(CourseId)
	CommonScore	real	○	0		平时成绩(0~100)
	MiddleScore	real	○	0		期中成绩(0~100)
	LastScore	real	○	0		期末成绩(0~100)
	TotalScore	real	○	0		总成绩
	RetestScore	real		0		补考或重修成绩(0~100)
	LockFlag	char(1)	○	U		成绩锁定标志,U：未锁定；L：锁定

情境3　权限管理系统数据库设计

任务3.1　权限管理系统数据库用户需求分析

权限系统一直以来都是应用系统不可缺少的一个部分。系统在实际应用过程中，一般都会由多种身份的用户来使用，而不同的用户又拥有不同的系统使用权限。那么，如何在数据库设计的过程中，为系统的不同用户来设计各自不同的使用权限？

若每个应用系统在数据库设计过程中都重复对系统的权限进行设计，以满足不同用户的需求，那将会浪费不少宝贵时间，所以花时间来设计一个相对通用的权限系统是很有意义的。

本系统的设计目标是通过用户管理和角色管理对应用系统的所有资源进行权限分配，例如，应用系统的各功能菜单，各个界面的按钮控件等都可以进行权限的分配。

相关知识

1. 权限

应用系统中的权限是指可以对数据执行的各种处理或操作的集合。例如，新生入学管理系统中，可以对学生基本信息进行输入、删除、更新等操作，还可以进行学生信息的浏览、打印和根据输入条件完成记录的查询等操作。能够对系统中的数据进行不同的处理和操作，就意味着拥有了相应的权限。权限可以分为授予权限和访问权限，本系统所研究的是资源的访问权限。

2. 角色

角色是权限的集合。一个角色可以拥有多个不同的权限。例如，高校课务管理系统中有教师角色、学生角色等，不同角色拥有不同权限。

3. 用户

用户是应用系统的具体操作和使用者。每个用户都可以拥有自己的权限，拥有了某一权限就意味着可以完成该权限规定的操作。本系统用户通过分配角色，得到该角色所对应的用户的权限。

4. 用户分组

有些时候，系统为了更好地管理用户，可以再对用户进行分组归类，简称为用户分组。组可以具有自己的角色信息、权限信息。例如，一个 QQ 群可以看成一个分组，它拥有多个用户，一个用户也可以加入多个群。每个群具有自己的权限信息，如查看群共享。QQ 群也可以具有自己的角色信息，例如普通群、高级群等。

任务分析与实施

根据系统用户需求分析，得到系统功能结构如图 3-1 所示。

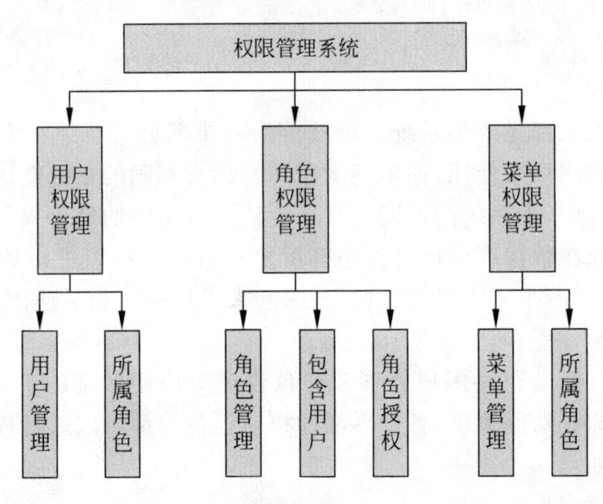

图 3-1　权限管理系统功能结构图

(1) 用户权限管理模块。负责进行系统用户的添加、删除、更新和维护。完成用户角色的指定。

(2) 角色权限管理模块。可以完成角色的创建、删除、更新和维护。为角色授予菜单使用权限，同时为角色指定用户。

(3) 菜单权限管理模块。负责对系统主菜单和子菜单项进行添加、删除、更新和维护。通过分配系统菜单的使用权限给不同角色的方式使用户拥有不同权限。对于高校课务管理系统来讲，菜单可以由学生信息管理、教师信息管理、课程选修、成绩录入等菜单项组成。对于图书管理系统来讲，菜单可以由图书入库、图书查询、图书借阅、图书归还、欠费收缴等系统菜单项组成。给不同的用户授予不同菜单项的使用权限。

任务 3.2　权限管理系统数据库概念设计

任务描述

根据权限管理系统的用户需求，完成系统数据库的概念设计。绘制系统 E-R 图，明确各实体属性和关系。

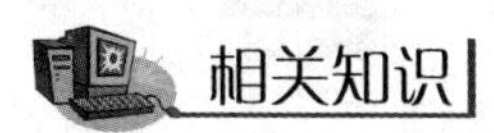

相关知识

权限管理过程中常常会出现 3 种对象，即用户对象、角色对象和权限对象。它们之间呈现出较为复杂的逻辑关系。

1. 用户对象

一个用户可以归属于 0～n 多个不同角色。一般来说，它的权限集是自身具有的权限和所属的各角色具有的权限的合集。它与权限、角色之间的关系都是 $n:m$ 的逻辑关系。

2. 角色对象

它可以包含 0～n 多个用户。角色与权限、用户之间的关系是 $n:m$ 的关系。一个角色可以拥有多个权限，一个权限也可以属于多个角色。

3. 权限对象

一个权限可以属于 0～n 多个用户，也可以属于 0～n 个角色。因此角色、权限和用户之间都是 $n:m$ 的关系。

以高校课务管理系统数据库设计为例，系统中包含系统管理员、教务员、普通教师、班主任和学生 5 种角色。其中，张老师作为一名普通教师可以拥有多种不同的权限（如浏览选课信息）；张老师可以属于多种不同角色（如张老师是教务员，同时还是任课教师）。

系统中权限可以包括学生基本信息的录入、浏览、检索、删除、更新等操作。其中，一个权限可以属于不同角色和分组。例如，浏览学生基本信息的权限可以既属于普通教师角色，又属于系统管理员角色。同理，这个权限既可以属于行政人员分组，又可以属于专业教师分组。

综上所述，在权限管理系统中，用户、权限和角色相互之间呈现的是多对多（$n:m$）的对象关系。

任务分析与实施

1. 信息收集

创建数据库之前，必须充分理解和分析系统需要实现的功能，以及系统实现相关功能的具体要求。在此基础上，考虑系统需要存储哪些对象，这些对象需要保存哪些基本信息。由图 3-1 所示的权限管理系统功能结构图分析可得系统需要保存的对象如下。

（1）用户对象。用来记录并保存系统使用者的基本信息。用户可以属于不同角色，通过角色划分得到不同权限。

(2) 权限对象。包含系统中对某一个角色指定系统资源使用权利分配的信息。在一个实际的应用系统中，权限可以理解为对一个网页浏览的授权，对一个功能菜单的使用授权，甚至是一个页面上某个按钮的使用授权。例如，高校课务管理系统的资源可以如图 3-2 所示的菜单来实现控制。

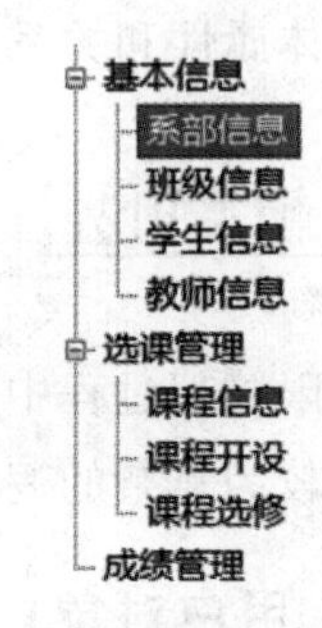

图 3-2　高校课务管理系统主菜单(部分)

(3) 角色对象。为具有相同权限的用户集合定义一个角色，系统可以通过角色来给角色中的成员统一分配权限的对象。

2. 确定实体及属性

为达到系统权限管理的功能要求，对系统对象进行分析并完成基本属性的抽取。

用户：用户编号、用户名称、登录名、登录密码、联系电话、电子邮箱、登录时间、是否为管理员、是否有效。

角色：角色编码、角色名称、角色描述、是否有效。

权限菜单：菜单编码、菜单名称、父菜单编码、菜单窗体、菜单项序号、是否有效。

3. 标识实体间关系

如前所述，系统中用户对象、权限对象和角色对象相互之间是一种较为复杂的多对多数据关系。

根据上述对象(实体)分析，权限管理系统的 E-R 图如图 3-3 所示。

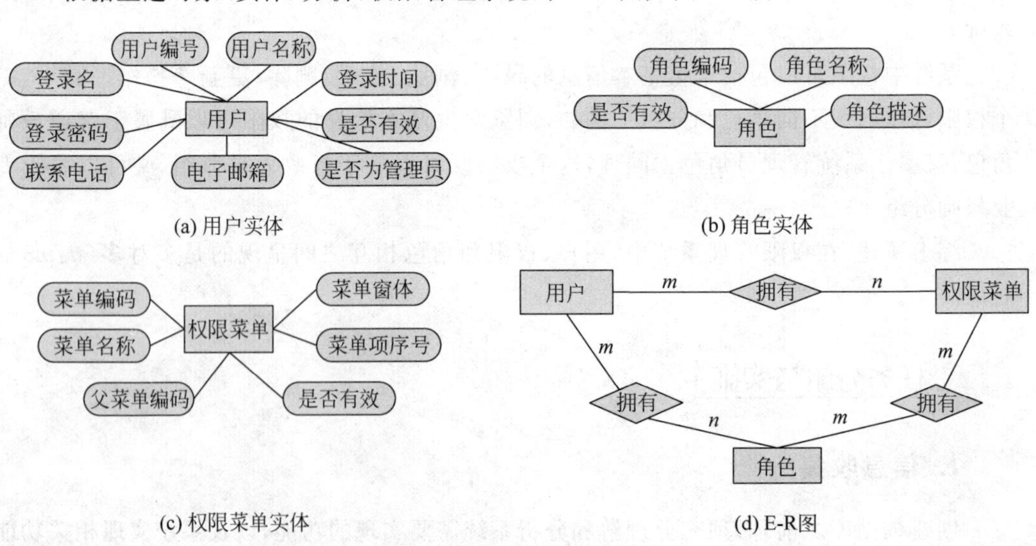

图 3-3　权限管理系统 E-R 图

任务 3.3　权限管理系统数据库逻辑设计

任务描述

根据系统概念设计完成具体逻辑设计。进一步将 E-R 图转化为二维关系表，确定表结构、字段类型和主外键联系等。

相关知识

3.3.1　Identity 标识字段应用

用 Identity 关键字定义的字段又叫标识字段，一个标识字段是唯一标识表中每条记录的特殊字段，标识字段的值是整数类型。当一条新记录添加到这个表中时，系统就给这个字段自动递增赋给一个新值，默认情况下是加 1 递增。每个表只可以有一个标识字段。

当需要在多个数据库间进行数据的复制时（SQL Server 的数据分发、订阅机制允许进行库间的数据复制操作），自动增长型字段可能造成数据合并时的主键冲突。因此，自动增长数据类型的字段不宜做表的外键字段。

3.3.2　UniqueIdentifier 标识字段应用

与 UniqueIdentifier 类似，SQL Server 还提供了另一种标识字段定义方式，即 UniqueIdentifier 数据类型，同时提供了一个生成函数 NEWID( )。使用 NEWID( )可以生成一个唯一的 UniqueIdentifier。UniqueIdentifier 在数据库中占用 16 个字节。

UniqueIdentifier 字段的使用存在一些缺陷：首先，它的长度是 16 个字节，是整数的 4 倍长，会占用大量存储空间。而且 UniqueIdentifier 的生成没有规律，要想在上面建立索引（绝大多数数据库在主键上都有索引）是一个非常耗时的操作。使用 UniqueIdentifier 型数据做主键要比使用 Integer 型数据慢，所以，出于效率考虑，尽可能避免使用 UniqueIdentifier 型数据作为主键键值。

任务分析与实施

1. 表及主键定义

根据权限管理系统概念设计，可以由实体直接转化得到的表及其主键定义，如表 3-1 所示。

表 3-1 权限管理系统实体表

实 体	数 据 表	主 键
用户	用户表 TB_User	用户编码 UserId
权限菜单	权限表 TB_PowerMenu	权限编码 PowerId
角色	角色表 TB_Role	角色编码 RoleId

由于在权限管理系统概念设计阶段，分析得到实体间存在较为复杂的多对多关系，所以需要进一步将多对多关系转化为一对多关系。转化后的结果如图 3-4 所示。

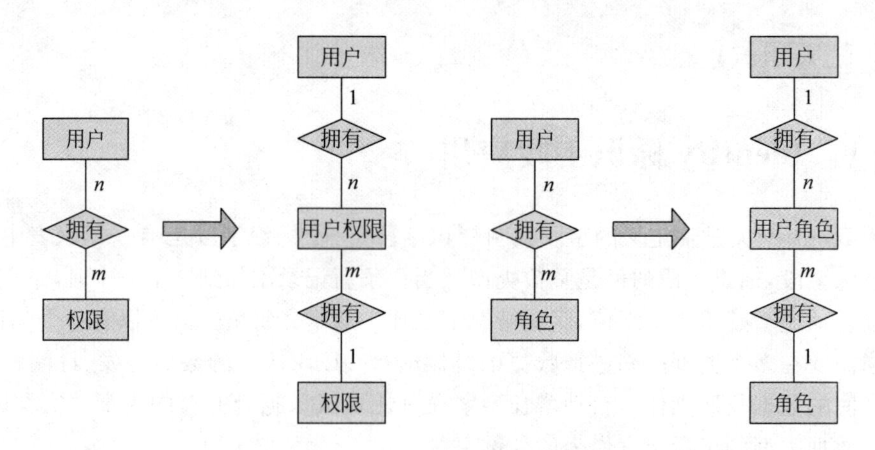

(a) 用户与权限的关系 (b) 用户与角色的关系

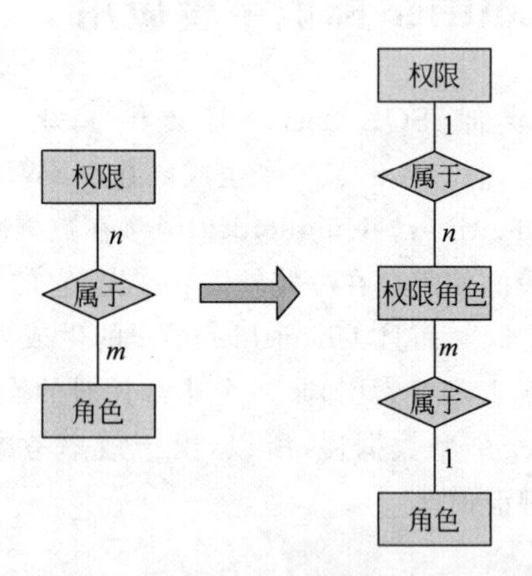

(c) 权限与角色的关系

图 3-4 多对多关系转化成 E-R 图

多对多关系转化成一对多关系后产生的新表结构如图 3-5 所示。在新增加的表中必须包含原来多对多关系表的主键字段。

新增表主键定义如表 3-2 所示。

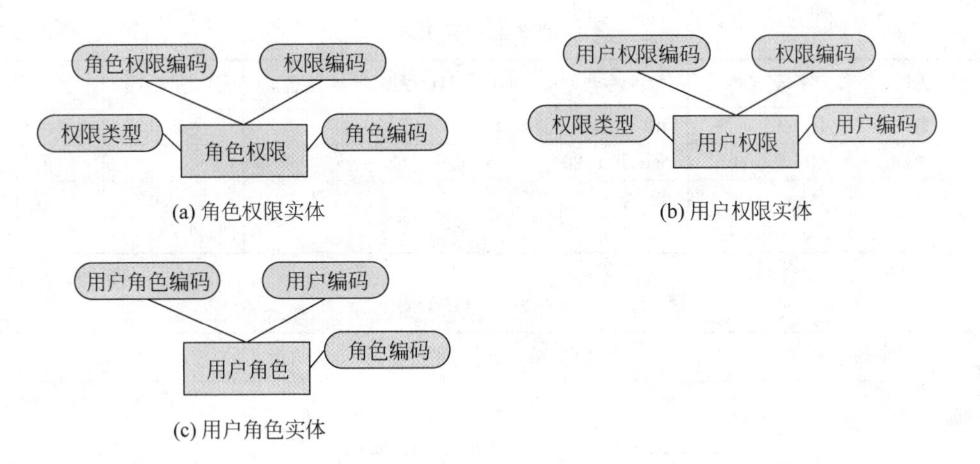

图 3-5　多对多关系转化后新增加的表

表 3-2　转化后新表及其主键

数　据　表	主　键	主键数据类型
用户权限表 TB_UserPower	UserPowerId	int,标识字段
用户角色表 TB_UserRole	UserRoleId	int,标识字段
角色权限表 TB_RolePower	RolePowerId	int,标识字段

2. 外键定义

根据概念设计得到的实体对象间存在的多对多数据联系,设计表外键。以用户权限表的外键设计为例,主键表是用户 TB_User 表和权限 TB_Power 表,主键字段分别为两个表中的 UserId 字段和 PowerId 字段。外键表是用户权限表 TB_UserPower,其中将其所关联的用户表和权限表中的主键 UserId 和 PowerId 字段设置为该表的外键字段。

3. 表字段与类型定义

合理设计表的字段类型才能够准确地存储数据和表与表之间的逻辑联系。根据权限管理系统的概念设计,对各表字段定义如表 3-3～表 3-8 所示。

表 3-3　TB_PowerMenu

PK	字段名称	字段类型	NOT NULL	默认值	约束	字段说明
●	PowerId	int	○		主键	权限编号
	PowerMenuName	varchar(20)	○			权限菜单名称
	WinforLink	varchar(30)	○			菜单窗体链接
	Sort	smallint	○			菜单排列序号
	ParentMenu	int				父菜单编号,为空表示无父菜单项
	IsValid	bit	○	1	CHECK	是否可用,0:不可用,1:可用

表 3-4 TB_Role

PK	字段名称	字段类型	NOT NULL	默认值	约束	字段说明
●	RoleId	int	○		主键	角色编号
	RoleName	varchar(20)	○			角色名称
	IsValid	bit	○	1	默认值	是否有效
	Description	varchar(30)	○			角色描述

表 3-5 TB_User

PK	字段名称	字段类型	NOT NULL	默认值	约束	字段说明
●	UserId	int	○		主键	用户编号，标识字段，流水编号
	UserName	char(8)	○			用户名称
	LoginId	varchar(20)	○			登录账号
	LogPwd	varchar(10)	○			
	LogTime	smalldatetime	○	系统时间	DEFAULT	登录时间
	Email	varchar(40)	○		CHECK	电子邮箱，@符号前后必须为有效字符
	TelePhone	char(11)	○		CHECK	联系电话
	IsAdmin	bit	○	0	DEFAULT	是否为管理员
	IsValid	bit	○	1	DEFAULT	是否有效

表 3-6 TB_UserRole

PK	字段名称	字段类型	NOT NULL	默认值	约束	字段说明
●	UserRoleId	int	○		主键	用户角色编号，标识字段 Identity
	UserId	int	○		外键	用户编号，主键表 TB_User
	RoleId	int	○		外键	角色编号，主键表 TB_Role

表 3-7 TB_UserPower

PK	字段名称	字段类型	NOT NULL	默认值	约束	字段说明
●	UserPowerId	int	○		主键	用户权限编号
	UserId	int	○		外键	用户编号
	PowerId	int	○		外键	权限编号
	PowerType	bit	○		CHECK	权限类型，0：访问；1：授权

表 3-8 TB_RolePower

PK	字段名称	字段类型	NOT NULL	默认值	约束	字段说明
●	RolePowerId	int	○		主键	角色权限编号
	RoleId	int	○		外键	角色编号
	PowerId	int	○		外键	权限编号
	PowerType	bit	○		CHECK	权限类型，0：访问；1：授权

其中,很多表的主键都设置为 int 类型,如用户表 TB_User 表的主键字段设置为 int 类型,作为 Identity(1,1)标识字段的自增数据类型处理,同时,该字段在表 TB_UserRole 中又作为外键字段出现。那么,Identity 自增类型的字段适合做外键吗?自增类型字段的值在向表中添加数据时是不需要人为输入的,系统会根据表中当前记录值生成下一条新记录的 Identity 字段值。如果使用自动增长类型的字段做外键,一旦发生数据复制、移动等操作,由于自增字段的值重新排列编号,就会出现数据合并过程中主键冲突的问题。因此,表 3-3～表 3-8 中的主键字段设计进行修改,修改后的表主外键属性设计如表 3-9 所示。

表 3-9　权限管理系统主外键设计表(优化后)

<table>
<tr><th>表</th><th>主　键</th><th>类　型</th><th>外　键</th><th>类　型</th></tr>
<tr><td>用户表 TB_User</td><td>UserId</td><td>char(6)</td><td rowspan="3"></td><td rowspan="3"></td></tr>
<tr><td>权限表 TB_Power</td><td>PowerId</td><td>char(4)</td></tr>
<tr><td>角色表 TB_Role</td><td>RoleId</td><td>char(4)</td></tr>
<tr><td rowspan="2">用户权限表 TB_UserPower</td><td rowspan="2">UserPowerId</td><td rowspan="2">int</td><td>UserId</td><td>char(6)</td></tr>
<tr><td>PowerId</td><td>char(4)</td></tr>
<tr><td rowspan="2">用户角色表 TB_UserRole</td><td rowspan="2">UserRoleId</td><td rowspan="2">int</td><td>UserId</td><td>char(6)</td></tr>
<tr><td>RoleId</td><td>char(4)</td></tr>
<tr><td rowspan="2">角色权限表 TB_RolePower</td><td rowspan="2">RolePowerId</td><td rowspan="2">int</td><td>RoleId</td><td>char(4)</td></tr>
<tr><td>PowerId</td><td>char(4)</td></tr>
</table>

其中,用户权限表的主键 UserPowerId 数据类型是 int 型,可设置为标识字段,该字段的取值没有实际含义,只是表示表记录的一个流水号。TB_UserRole 和 TB_RolePower 表主键设计同理。

情境4　创建新生入学管理系统数据库

任务4.1　安装和配置SQL Server 2012数据库服务器

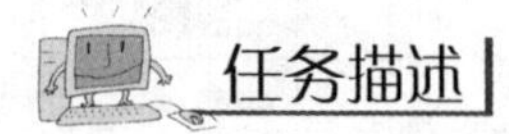

任务描述

在反复论证并完成系统逻辑设计方案之后，可以进入数据库的物理实施阶段。在物理实施阶段，选用微软的SQL Server 2012数据库系统进行新生入学管理系统数据库的创建和表的设计。

相关知识

2012年3月，Microsoft全球发布了SQL Server 2012 RTM，越来越多的人看到SQL Server 2012拥有的众多新增功能和增强特性，它不仅可以有效地执行大规模联机事务处理，完成数据库仓库和电子商务应用等许多具有挑战的工作，更为当今社会大数据时代的到来带来新的应用与挑战。

4.1.1　SQL Server 2012特性

SQL Server 2012完全重新定义了SQL Server的数据平台，不仅为小型、中型和大型的机构建立其下一代IT基础架构的应用提供了基石，而且包括许多新的和改进的功能来帮助用户更有效率地工作，这也使它成为大规模联机事务处理、数据仓库和大数据处理应用程序的优秀数据库平台。下面列举了SQL Server 2012的几个重要功能。

1. 数据库引擎

数据库引擎是SQL Server 2012系统的核心服务，它是存储和处理关系格式的数据或XML文档数据的服务，负责完成数据的存储、处理和安全管理。SQL Server 2012在数据库引擎方面引入了多项改进的核心的功能用来提高程序员的开发能力和工作效率。

2. 报表服务

SQL Server 报表服务(SSRS)是一种基于服务器的新型报表平台,使用 Reporting Services 可以从关系数据源、多维数据源和基于 XML 的数据源创建交互式、表格式、图形式或自由格式的报表。报表可以包含丰富的数据可视化内容,而且可以通过基于 Internet 的连接来查看和管理所创建的报表。

3. XML 数据类型

SQL Server 2012 中引入了一种新的标题数据类型,即 XML(eXtensible Markup Language)数据类型,可以像使用其他数据类型一样使用 XML。

4. AlwaysOn Availability Groups

这项新功能将数据库映像故障转移提升到全新的高度,利用 AlwaysOn,用户可以将多个组进行故障转移,而不是以往的只是针对单独的数据库。此外,副本是可读的,并可用于数据库备份。更大的优势是 SQL Server 2012 简化 HA 和 DR 的需求。

5. Windows Server Core Support

在 Windows Server 产品中可以像 Ubuntu Server 一样只安装核心(意味着系统不具备 GUI)。这么做所带来的优势是减少硬件的性能开销(至少 50%的内存和硬盘使用率)。同时安全性也得到提升。从 SQL Server 2012 开始将对只安装核心的 Windows Server 系统提供支持。

6. Columnstore Indexes

这是 SQL Server 之前版本都不具备的功能。特殊类型的只读索引专为数据仓库查询设计。数据进行分组并存储在平面的压缩的列索引。在大规模的查询情况下可极大地减少 I/O 和内存利用率。

7. User-Defined Server Roles

DBA 已经具备了创建自定义数据库角色的能力,但在服务器中却不能。例如,DBA 想在共享服务器上为开发团队创建每个数据库的读写权限访问,传统的途径是手动配置或使用没有经过认证的程序。显然这不是良好的解决方案。而在 SQL Server 2012 中,DBA 可以创建在服务器上具备所有数据库读写权限以及任何自定义范围的角色。

8. Big Data Support

在 2011 年的 PASS(Professional Association for SQL Server)峰会上,Microsoft 宣布与 Hadoop 供应商 Hortonworks 合作,并计划发布 Linux 版本的 Microsoft SQL Server ODBC 驱动程序。同时 Microsoft 也在构建 Hadoop 连接器,Microsoft 表示,随着新连接工具的出现,客户将能够在 Hadoop、SQL Server 和并行数据仓库环境下相互交换数据。

4.1.2 SQL Server 2012 体系结构

SQL Server 2012 功能模块众多,但是从总体来说可以将其分成两大模块：数据库模块和商务智能模块。

数据库模块除了数据库引擎以外,还包括以数据库引擎为核心的 Service Broker、复制、全文搜索等功能组件。而商务智能模块由集成服务(Integration Services)、分析服务(Analysis Services)和报表服务(Reporting Services)三大组件组成。各组件之间的关系如图 4-1 所示。从图 4-1 中可以看出,数据库引擎是整个 SQL Server 2012 的核心所在,其他所有组件都与其有着密不可分的联系。SQL Server 数据库引擎有 4 大组件：协议(Protocol)、关系引擎(Relational Engine,包括查询处理器,即 Query Compilation 和 Execution Engine)、存储引擎(Storage Engine)和 SQLOS。任何客户端提交的 SQL 命令都要和这 4 个组件进行交互。

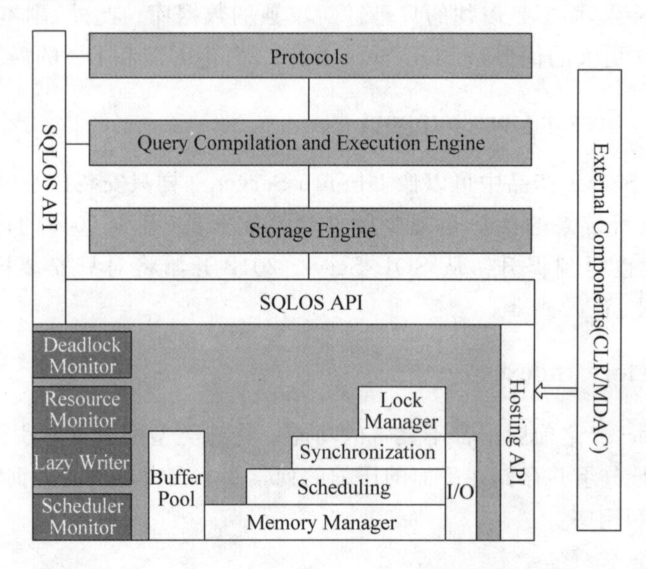

图 4-1 SQL Server 2012 体系架构

协议层接收客户端发送的请求并将其转换为关系引擎能够识别的形式。同时,它也能将查询结果、状态信息和错误信息等从关系引擎中获取出来,然后将这些结果转换为客户端能够理解的形式返回给客户端。

关系引擎负责处理协议层传来的 SQL 命令,对 SQL 命令进行解析、编译和优化。如果关系引擎检测到 SQL 命令需要数据就会向存储引擎发送数据请求命令。存储引擎在收到关系引擎的数据请求命令后负责数据的访问,包括事务、锁、文件和缓存的管理。

SQLOS 层则被认为是数据库内部的操作系统,它负责缓冲池和内存管理、线程管理、死锁检测、同步单元和计划调度等。

4.1.3 SQL Server 2012 的版本选择

根据数据库应用环境的不同,SQL Server 2012 发行了不同的版本以满足不同的需求。总的来说,SQL Server 2012 主要包括 4 种主要版本:精简版(SQL Server 2012 Express Edition)、商业智能版(SQL Server 2012 Bussiness Intelligence Edition)、标准版(SQL Server 2012 Standard Edition)和企业版(SQL Server 2012 Enterprise Edition)。每个版本的主要特点如下。

1. 精简版

免费的精简版与其前身 MSDE 相似,使用核心 SQL Server 数据库引擎。但其缺少管理工具、高级服务(如 Analysis Services)及可用性功能(如故障转移)。然而,精简版在一些关键方面对其前身进行了改进。其中最值得一提的是,微软消除了 MSDE 的"节流"限制——在数据库同时处理超过 5 个查询时性能下降。精简版限于不超过 1GB 的内存,而且只能使用单颗处理器运行(而在 MSDE 中可以访问两颗处理器和 2GB 内存)。

精简版的每个实例可支持高达 4GB 的数据库,而 MSDE 是 2GB。精简版包含 Reporting Services。此版本仅能使用 SQL Server 关系数据库作为报表数据源,并且数据库必须位于运行报表服务器的物理机器上。此外,精简版不包含 Report Builder 功能。需要说明的是,精简版是完全免费的,若用户需要使用精简版 SQL Server 可以到微软官方网站下载。

2. 商业智能版

SQL Server 2012 的商业智能版主要是应对目前数据挖掘和多维数据分析的需求应运而生的。它可以为用户提供全面的商业智能解决方案,并增强了其在数据浏览、数据分析和数据部署安全等方面的功能。

3. 标准版

标准版对与之对应的 SQL Server 2012 标准版进行了更新,保持 4 颗处理器的限制,但取消了 2GB 内存的上限。有两种针对 Itanium 和 X86、X64 处理器的版本,允许服务器访问大量内存。标准版包含 Integration Services,带有企业版中可用的数据转换功能的子集。例如,标准版包含诸如基本字符串操作功能的数据转换,但不包含数据挖掘功能。标准版还包括 Analysis Services 和 Reporting Services,但不具有在企业版中可用的高级可伸缩性和性能特性。

标准版中的 Reporting Services 可以使用关系及非关系数据源(如 OLAP 多维数据集),并可以使用不同的 SQL Server 的数据库系统。

4. 企业版

企业版位于产品系列的高端,取消了大部分可伸缩性限制。其支持任意数量的处理器,任意数据库尺寸,以及数据库分区。企业版包含所有 BI 平台组件功能齐备的版本。Integration Services 包含所有的数据转换功能。企业版中的 Analysis Services 获得改进的性能和可伸缩性功能,如主动缓存,跨多个服务器对大型多维数据库进行分区的功能。

与标准版相同,企业版中的 Reporting Services 可以使用关系及非关系数据源,并可以使用不同于 SQL Server 的数据库系统。它还具有高级可伸缩性功能,管理员可以配置 Reporting Services 群集。其中,多个报表服务器共享单个报表服务器数据库。但是这些版本由于许可证限制,一般不用于生产服务器,所以在此不做比较。

除了使用在 PC 和服务器上的版本外,SQL Server 2012 还有一个移动版(Compact Edition)。移动版是一个免费的嵌入式 SQL Server 数据库,可以用于创建移动设备、桌面端和 Web 端独立运行的和偶尔连接的应用程序。

4.1.4 SQL Server 2012 的安装环境

SQL Server 2012 各版本除了在 CPU 个数、内存使用量、数据库容量和功能模块等方面有限制外,还对操作系统、CPU 类型、应用软件等有不同的要求。

精简版 SQL Server 提供了 32 位和 64 位的版本,它可以运行在 Windows 7、Windows 8、Windows Server 2008、Windows Server 2012 和 Vista 等操作系统上。

商业智能版提供了 32 位和 64 位的版本,它只能运行在 Windows Server 2008、Windows Server 2012 操作系统上。

标准版同时提供了 32 位和 64 位版。它可以运行在 Windows 7、Windows 8、Windows Server 2008、Windows Server 2012 和 Vista 等操作系统上。

企业版与商业智能版相同,提供了 32 位和 64 位版本,而且只能运行在 Server 版的操作系统上。

另外,Reporting Service 是发布在 IIS 上的,所以安装 Reporting Service 时必须先在操作系统中安装 IIS。其他一些支持文件如.NET Framework,则会在安装 SQL Server 2012 的同时自动安装到系统中。

任务分析与实施

在获得了需要安装的 SQL Server 光盘或安装文件,并确认计算机的操作系统、硬件和相关软件满足该版本的 SQL Server 的需求后,就可以安装配置 SQL Server 2012 了。

SQL Server 2012 的具体安装步骤如下。

(1) 将 SQL Server 的安装光盘放入光驱。若使用映像文件安装则使用虚拟光驱工具将映像文件载入虚拟光驱。

(2) 双击光盘驱动器图标,安装程序将检测当前的系统环境。如果没有安装.NET Framework 3.5 SP1,则先安装该软件。

(3) 安装程序检测当前系统的补丁。如果必需的系统补丁未安装,则会安装系统补丁。

(4) 安装补丁后重启系统。再次双击光盘驱动器图标,SQL Server 2012 安装中心将启动。单击"安装"按钮,切换到安装主界面,如图4-2所示。

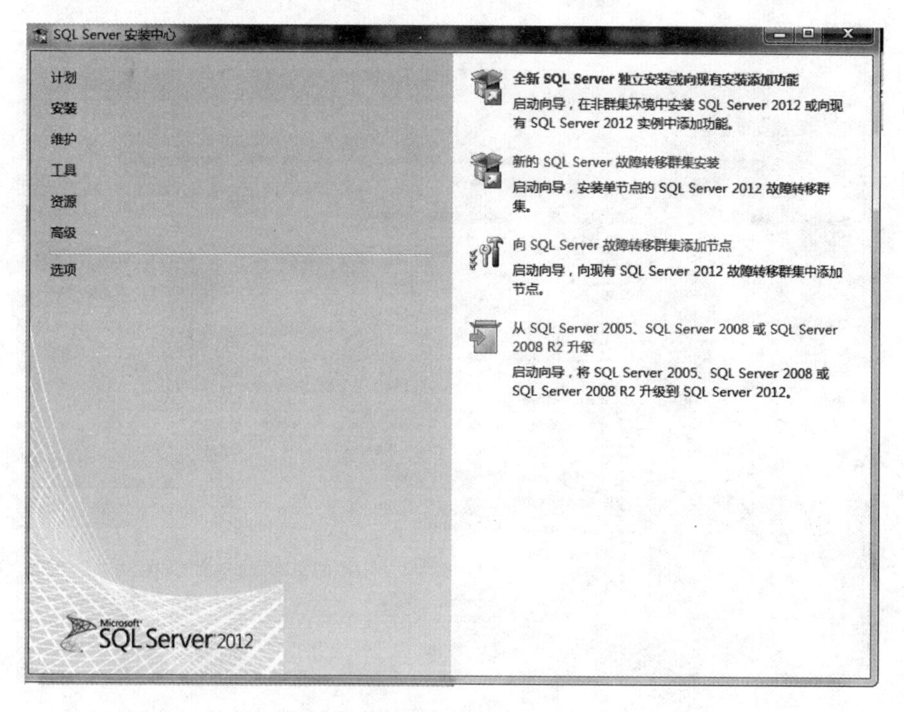

图4-2 系统安装主界面

(5) 选择"全新 SQL Server 独立安装或向现有安装添加功能"选项,系统将打开"SQL Server 2012 安装程序"窗口,并检测当前环境是否符合 SQL Server 2012 的安装条件,如图4-3所示。

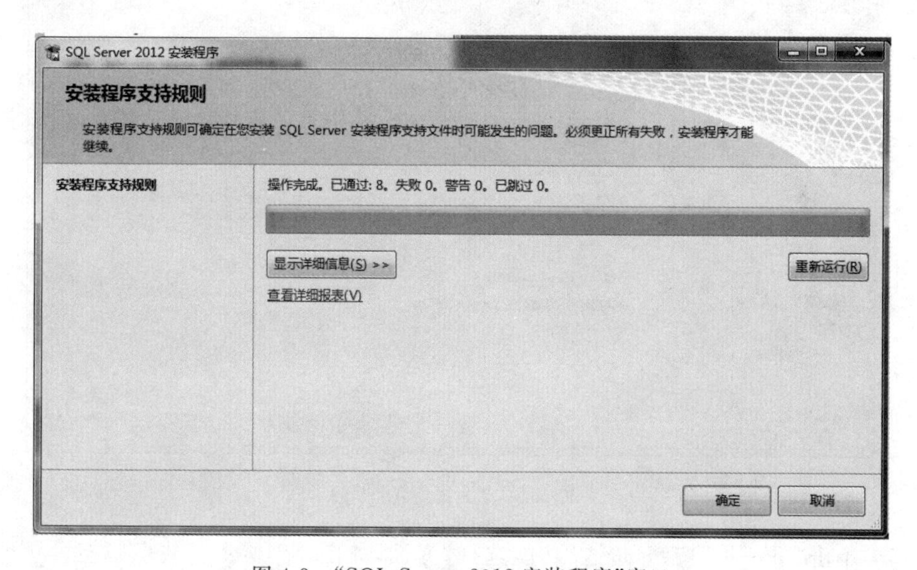

图4-3 "SQL Server 2012 安装程序"窗口

单击“确定”按钮，进入产品密钥设置界面。输入产品密钥，然后接受许可条款。单击“安装”按钮，系统将安装程序支持文件。安装完支持文件后，系统将再次检测安装程序支持规则，如图 4-4 所示。

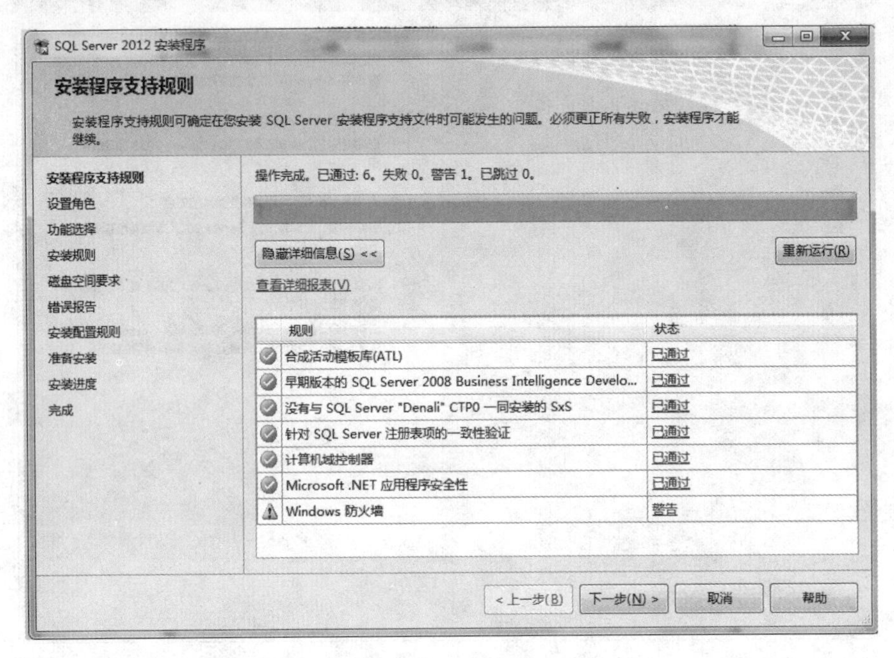

图 4-4 “安装程序支持规则”界面

(6) 单击“下一步”按钮，进入“设置角色”界面，如图 4-5 所示。

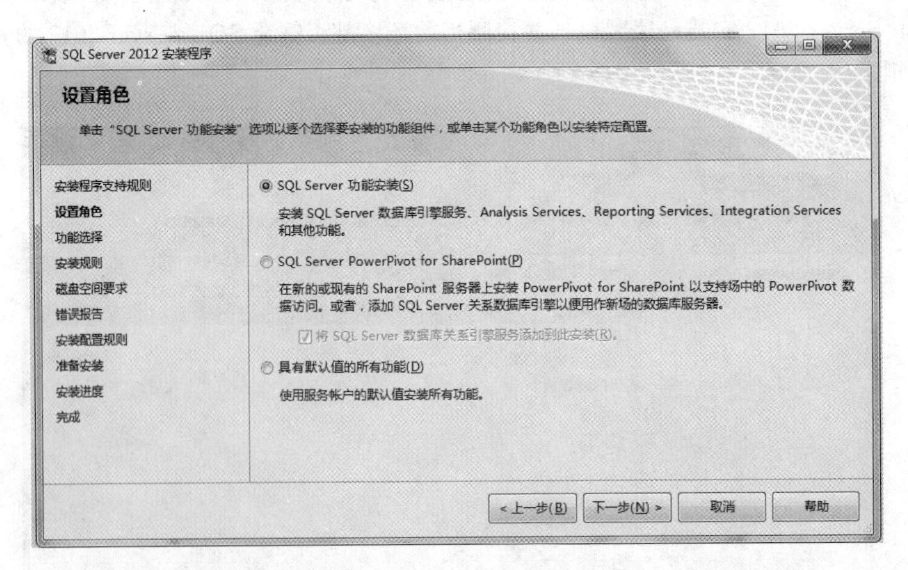

图 4-5 “设置角色”界面

(7) 单击“下一步”按钮，进入“功能选择”界面，如图 4-6 所示。共享功能目录可以安装到 D 盘，以减少系统盘 C 盘的空间占用。

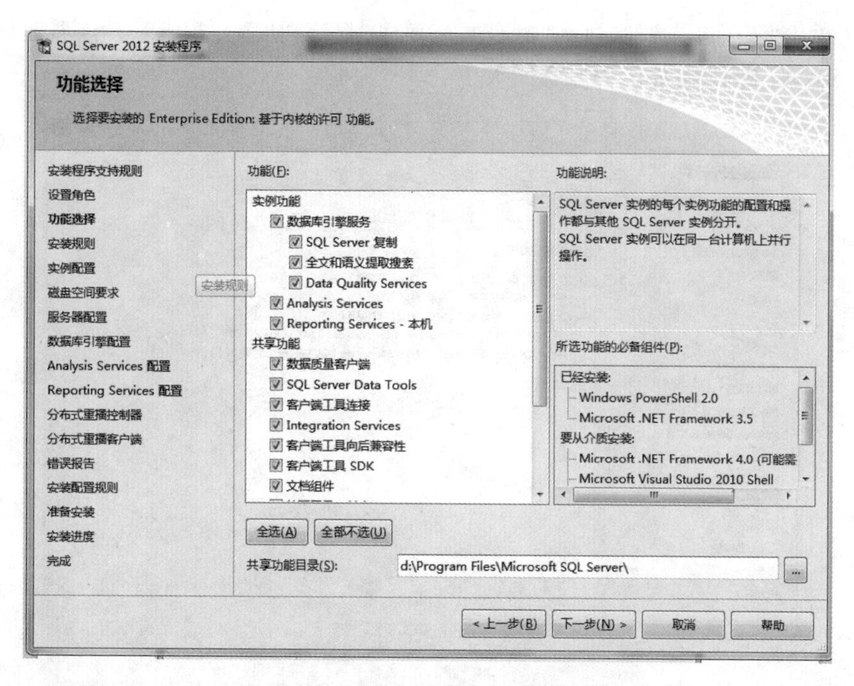

图 4-6　“功能选择”界面

(8) 单击“下一步”按钮，进入“实例配置”界面，如图 4-7 所示。如果需要安装成默认实例，则选择“默认实例”单选按钮，否则选择“命名实例”单选按钮并在文本框中输入具体的实例名。SQL Server 允许在同一台计算机上同时运行多个实例。这里安装默认实例，其他选项采用默认值即可。

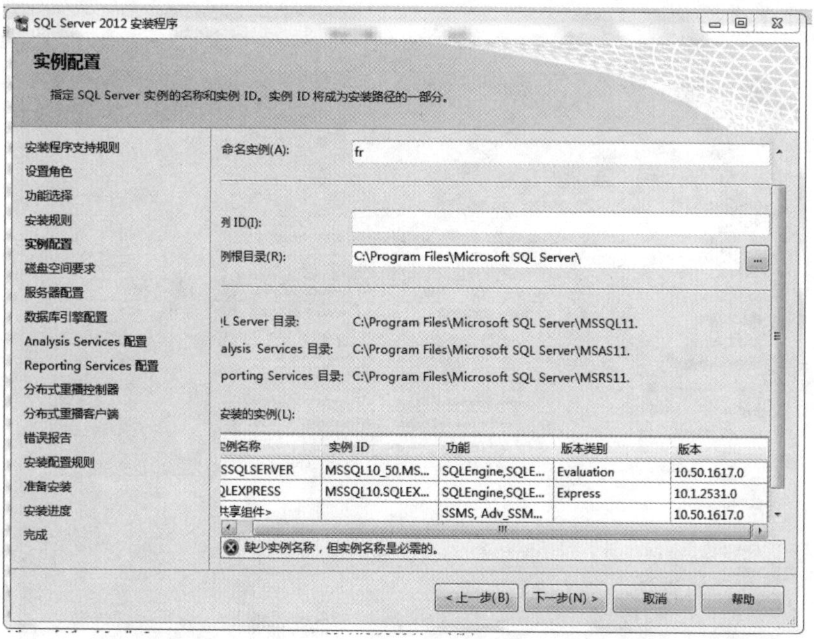

图 4-7　“实例配置”界面

(9) 单击“下一步”按钮，进入“磁盘空间要求”界面，如图 4-8 所示。该界面列出了安装 SQL Server 2012 需要的硬盘空间大小。

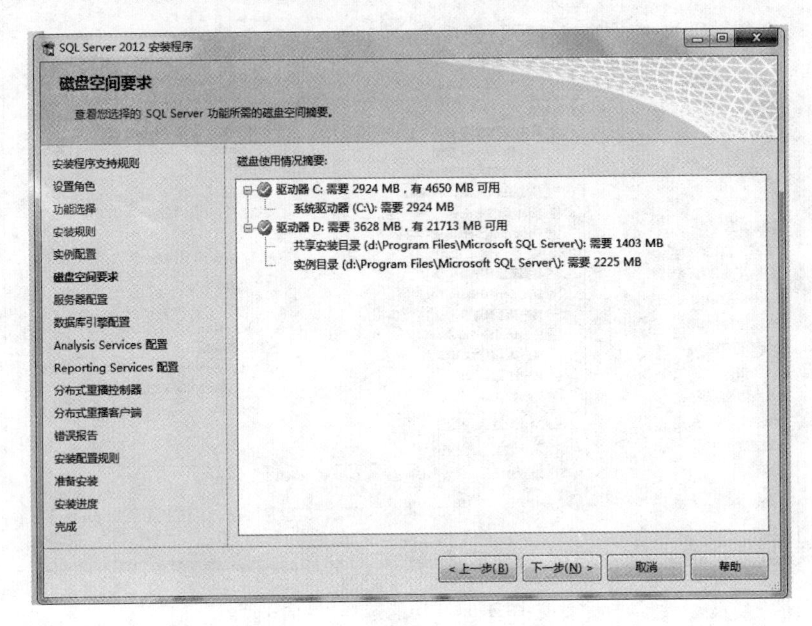

图 4-8 “磁盘空间要求”界面

(10) 单击“下一步”按钮，进入“服务器配置”界面。该界面主要配置服务账户、启动类型、排序规则等，如图 4-9 所示。这里将账户名设置为 SYSTEM。由于 SQL Server Analysis Services 和另外两个服务是商务智能中使用的，一般情况下不使用，所以将其启动类型设置为手动。SQL Server 代理设置为手动，在需要使用时启动。排序规则一般情况下采用默认值。

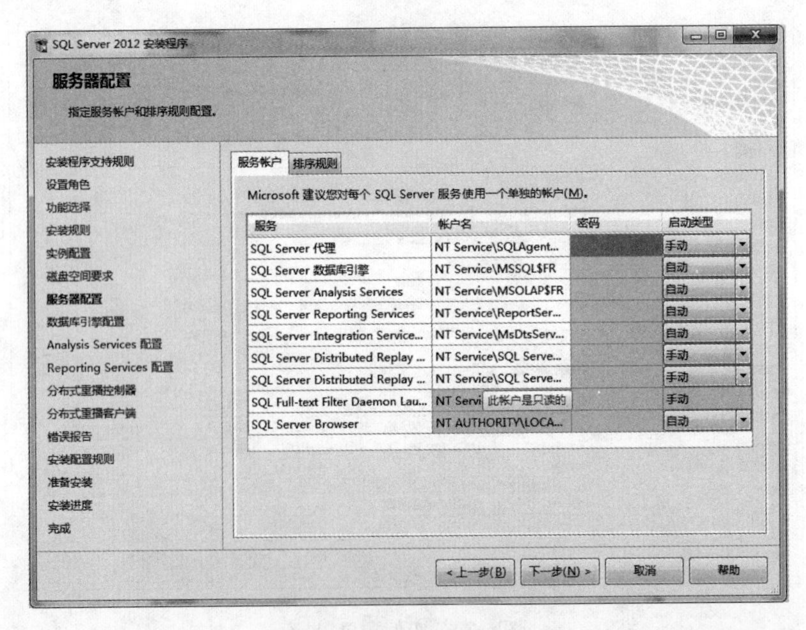

图 4-9 “服务器配置”界面

(11) 单击“下一步”按钮,进入“数据库引擎配置”界面,配置数据库引擎身份验证模式、数据目录和 FILESTREAM,如图 4-10 所示。

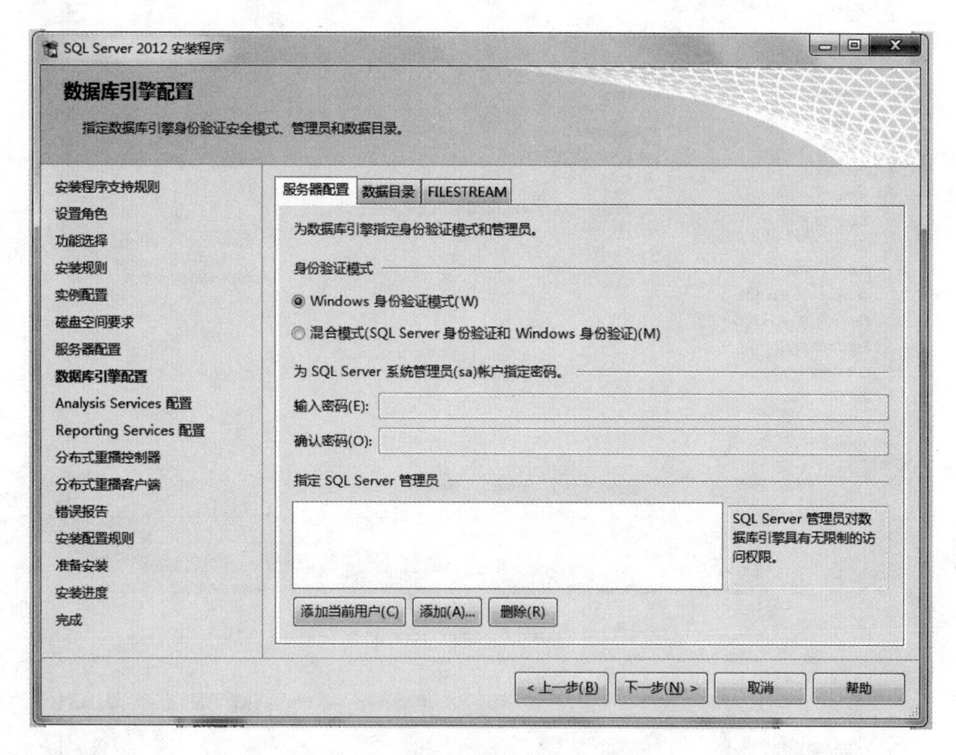

图 4-10　“数据库引擎配置”界面

在 SQL Server 2012 中有两种身份验证模式:Windows 身份验证模式和混合身份验证模式。Windows 身份验证模式只允许 Windows 中的账户和域账户访问数据库;而混合身份验证模式除了允许 Windows 账户和域账户访问数据库外,还可以使用在 SQL Server 中配置的用户名密码来访问数据库。如果使用混合模式则可以通过 sa 账户登录,在该界面中需要设置 sa 的密码。单击“添加当前用户”按钮,可以快速将当前 Windows 用户添加到 SQL Server 的 Windows 身份认证用户中。若要添加其他用户,则单击“添加”按钮。“数据目录”选项卡中可以设置数据库文件保存的默认目录。

(12) 单击“下一步”按钮,进入“Analysis Services 配置”界面,如图 4-11 所示。使用同样的方法为该服务配置用户和数据目录。

(13) 单击“下一步”按钮,进入报表访问的配置界面。该界面有 3 个单选按钮供用户选择。如果需要集成 SharePoint 的报表服务,则选择“安装 SharePoint 集成模式默认配置”选项。否则使用默认值选项即可。

(14) 单击“下一步”按钮,进入 SQL Server 2012 新增的“分布式重播控制器”界面,如图 4-12 所示。单击“添加当前用户”按钮,可以快速将当前 Windows 用户添加到 SQL Server 的 Windows 身份认证用户中。若要添加其他用户,则单击“添加”按钮。

(15) 单击“下一步”按钮,进入“分布式重播客户端”界面,如图 4-13 所示。在此界面中,输入控制器名称,这里输入的是 fr。

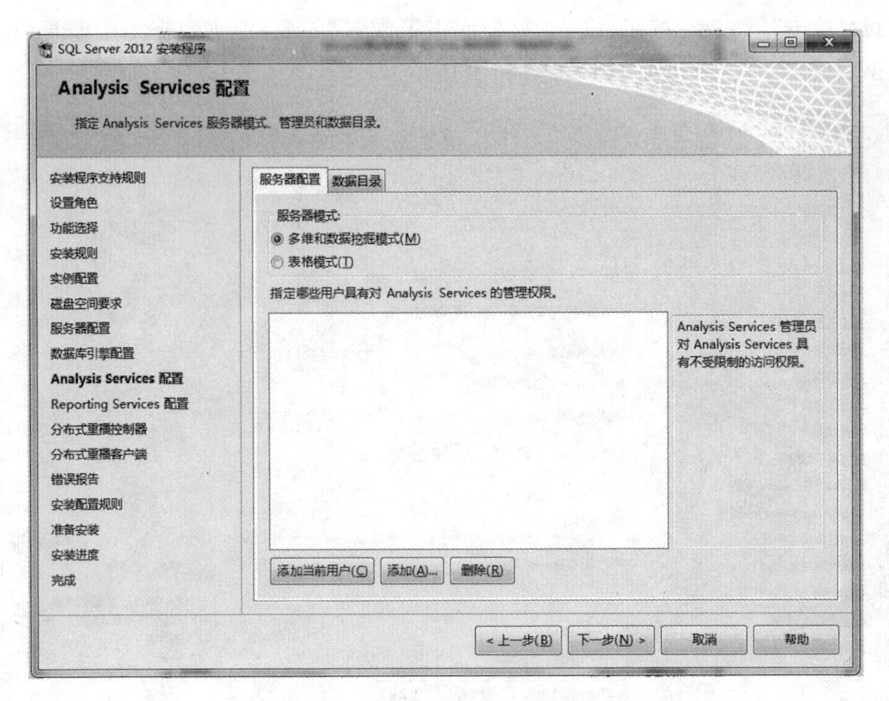

图 4-11 “Analysis Services 配置”界面

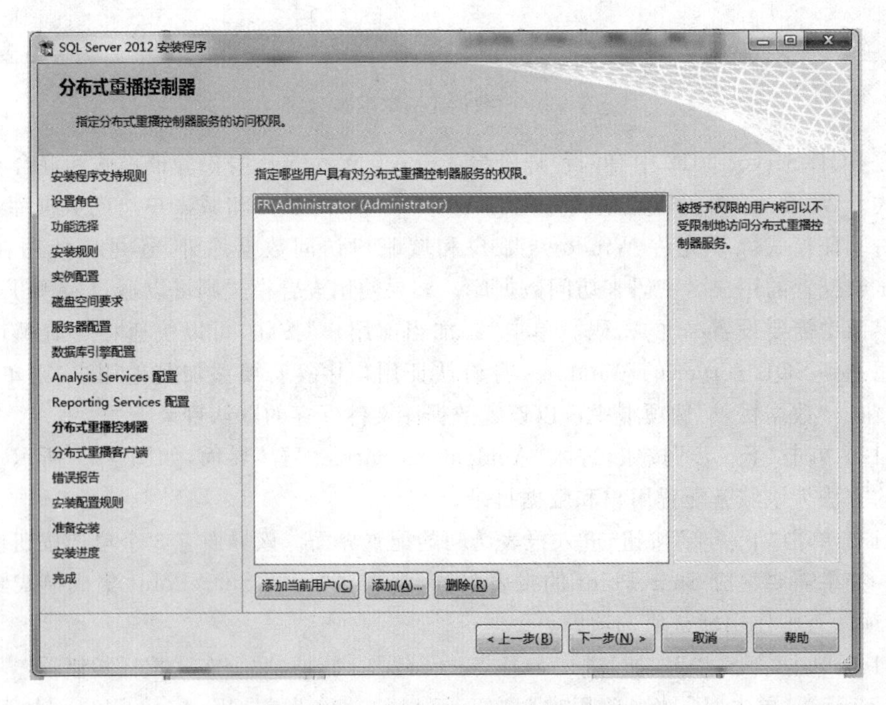

图 4-12 “分布式重播控制器”界面

(16) 单击“下一步”按钮，系统将检查前面的配置是否满足 SQL Server 的安装规则。如果规则没有全部通过，则根据提示修改数据库或服务器中的对应配置，直到全部通过。

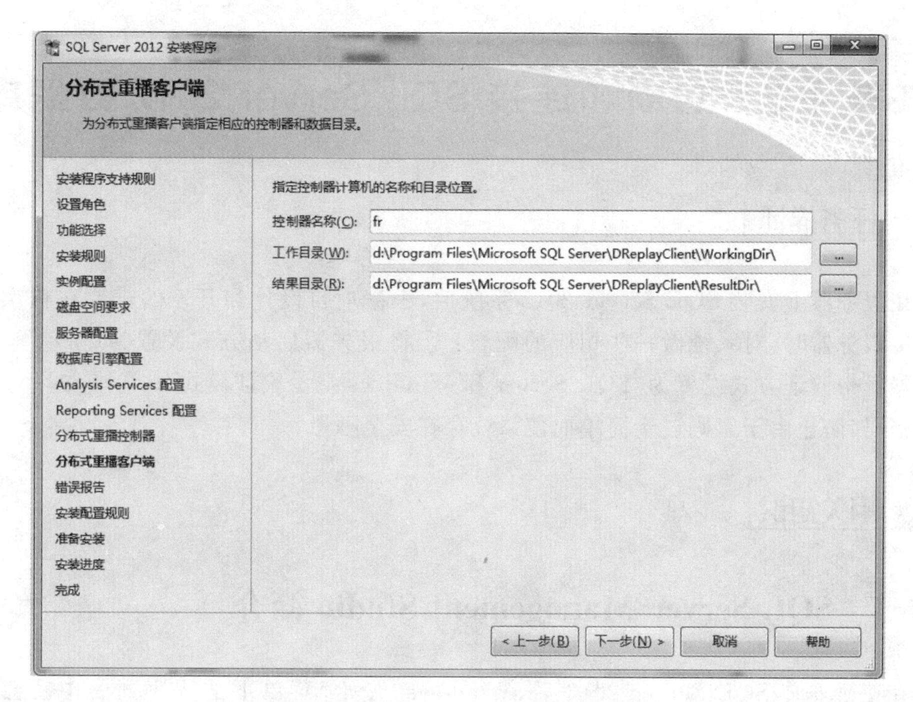

图 4-13　“分布式重播客户端”界面

(17) 继续单击“下一步”按钮直到“安装”按钮出现。然后单击“安装”按钮，SQL Server 2012 将按照向导中的配置将数据库安装到计算机中。在数据库安装完成后向导将显示“完成”界面，至此 SQL Server 2012 安装完成，如图 4-14 所示。

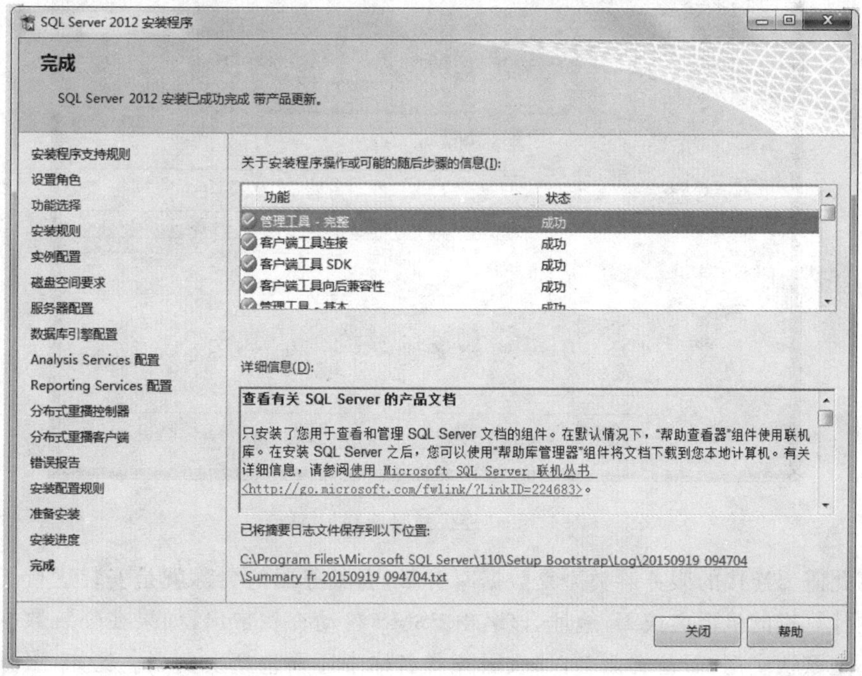

图 4-14　“完成”界面

任务 4.2　启动和连接 SQL Server 2012 数据库

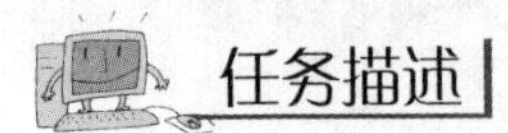

在服务器上安装 SQL Server 2012 系统后，根据项目设计和开发的需要在首次启动和连接服务器时，对系统做一些相应的配置：①将服务器启动方式设置为“手动”；②将服务器身份验证方式设置为“SQL Server 和 Windows 身份验证模式”；③修改系统 sa 账户的密码，防止由于密码过于简单而使系统存在安全隐患。

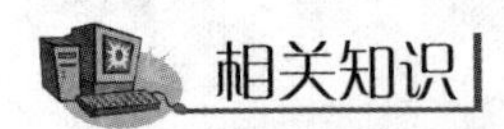

4.2.1　SQL Server Management Studio 简介

在正确安装 SQL Server 2012 后，Windows“开始”菜单下的程序列表中就会出现 Microsoft SQL Server 2012 的快捷方式，选择 SQL Server Management Studio(SSMS)命令便可启动 SSMS。

SSMS 启动后将弹出“连接到服务器”对话框，如图 4-15 所示。

图 4-15　“连接到服务器”对话框

在此需要连接的服务器类型是数据库引擎，而服务器的名称就是安装运行了数据库服务的计算机的机器名或 IP 地址，该名由 SSMS 自动查找带出，如果在安装数据库时使用的不是默认实例，而是实例名，那么服务器名称中还要包括实例名。比如，服务器名称

FR\FR 就是连接本机的 SQLEXPRESS 实例。

1. Windows 身份验证模式

适用于当数据库仅在组织内部访问时。当使用 Windows 身份验证连接到 SQL Server 时，Windows 将完全负责对客户端进行身份验证。在这种情况下，将按其 Windows 账户来识别登录的用户。当用户通过 Windows 账户进行连接时，SQL Server 使用 Windows 操作系统中的信息验证账户名和密码，这是 SQL Server 默认的身份验证模式。

2. 混合身份验证模式

适用于无法使用 Windows 操作系统进行信息验证的账户。

使用混合身份验证模式时，用户必须提供登录账户名称和密码，SQL Server 首先确定用户的连接是否使用有效的 SQL Server 账户登录。如果用户使有有效的登录账户和正确的密码，则接受用户的连接；如果密码不正确，则用户的连接被拒绝。仅当用户没有使用有效的 SQL Server 登录账户时，SQL Server 才检测 Windows 账户的信息，在这样的情况下，SQL Server 确定 Windows 账户是否有连接到服务器的权限。如果有权限，连接被接受；否则，连接被拒绝。SQL Server 混合身份验证的界面如图 4-16 所示。sa 是 SQL Server 系统管理员的账户，在默认安装 SQL Server 2012 时，sa 账户没有被指派密码。

图 4-16　SQL Server 混合身份验证界面

SSMS 采用微软统一的界面风格。窗口最上面两排是菜单栏和工具栏，左侧是对象资源管理器窗口。所有已经连接的数据库服务器及其对象将以树状结构显示在该窗口中。中间区域是 SSMS 的主区域，SQL 语句的编写、表的创建、数据表的展示和报表展示等都是在该区域完成。右侧是属性区域，主要用于查看和修改某对象的属性作用，如图 4-17 所示。属性区域可以自动隐藏到窗口最右侧，用鼠标移动到属性选项卡上则会自动显示出来。

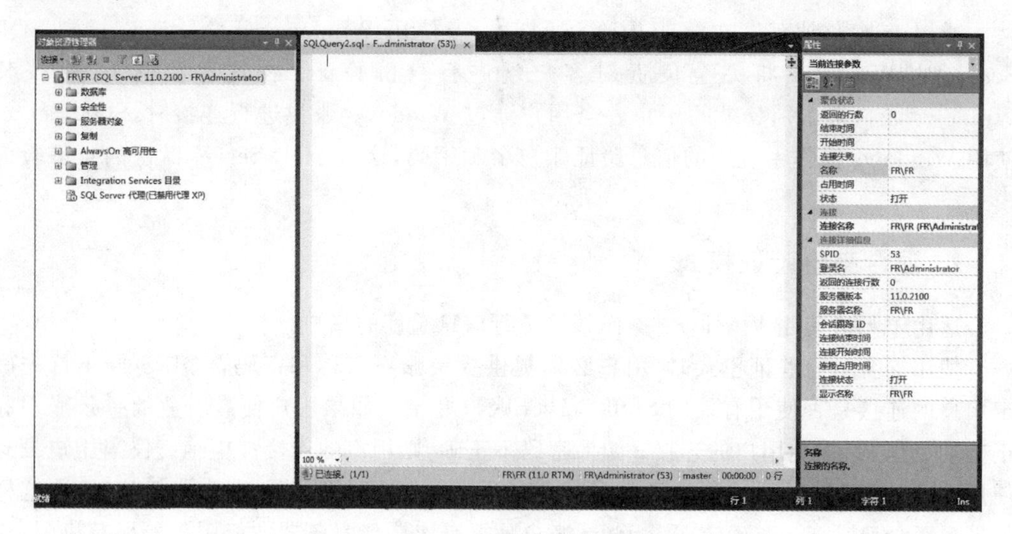

图 4-17　数据库登录成功进入 SSMS 窗口

4.2.2　使用 SQL Server Management Studio

在 SQL Server 2000 中有企业管理器、查询分析器和 OLAP 分析管理器等管理工具用来对数据库进行管理。在使用中经常要在企业管理器和查询分析器中不断切换。在 SQL Server 2008 中将所有的操作集成到一个界面中，这就是 SQL Server Management Studio(SSMS)。而 SQL Server 2012 继承了 SQL Server 2008 的操作风格，同样是使用 SSMS 来操作和管理数据库。

4.2.3　配置 SQL Server 2012

正确地安装和配置系统是确保软件安全、高效运行的基础。安装是选择系统参数并且将系统安装在生产环境中的过程，配置则是选择、设置、调整系统功能和参数的过程，安装和配置的目的都是使系统在生产环境中充分地发挥作用。

对 SQL Server 2012 进行配置，主要包括两方面的内容：配置服务和配置服务器。

(1) 配置服务主要用来管理 SQL Server 2012 服务的启动状态以及使用何种账户启动。使用 SQL Server 2012 中附带的服务配置工具 SQL Server Configuration Manager，打开后列出了与 SQL Server 2012 相关的服务。

(2) 配置服务器主要是针对安装后的 SQL Server 2012 实例进行的，是为了充分利用 SQL Server 2012 系统资源，设置 SQL Server 2012 服务器默认行为的过程。合理地配置服务器选项，可以加快服务响应请求的速度，充分利用系统资源，提高系统的工作效率。

SQL Server Configuration Manager(配置管理器)包含 SQL Server 服务、SQL

Server 网络配置和 SQL Native Client 11.0 配置 3 个工具程序，供数据库管理人员启动/停止与监控服务，配置服务器端支持的网络协议使用，供用户访问 SQL Server 的网络相关设置。配置界面如图 4-18 所示。

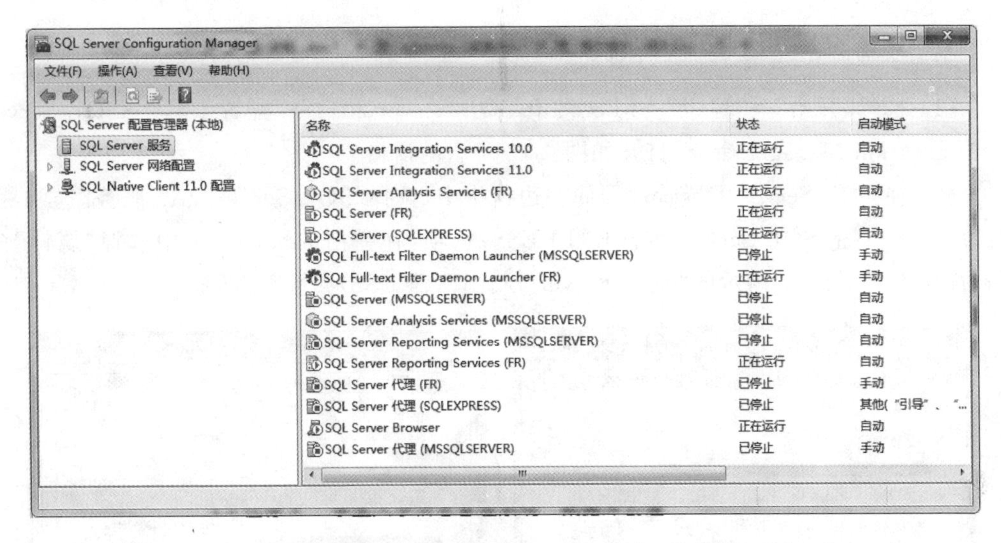

图 4-18　SQL Server Configuration Manager 窗口

4.2.4　联机丛书

SQL Server 联机丛书是 SQL Server 2012 帮助的主要来源，如图 4-19 所示。它提供了对 SQL Server 2012 文档和帮助系统所做的改进，这些文档可帮助用户了解 SQL Server 2012 以及如何实现数据管理和商业智能项目。

图 4-19　“SQL Server 2012 联机丛书”界面

任务分析与实施

1. 设置 SQL Server 2012 启动模式

(1) 选择“开始”→“程序”→Microsoft SQL Server 2012→“配置工具”→SQL Server Configuration Manager 命令，打开如图 4-18 所示的窗口。

(2) 在 SQL Server 配置管理器的左边窗格中，选择“SQL Server 2012 服务”选项，在右边窗格中右击 SQL Server(SQLEXPRESS)选项，在弹出的快捷菜单中选择“属性”命令，打开如图 4-20(a)所示的“SQL Server(SQLEXPRESS)属性”对话框。

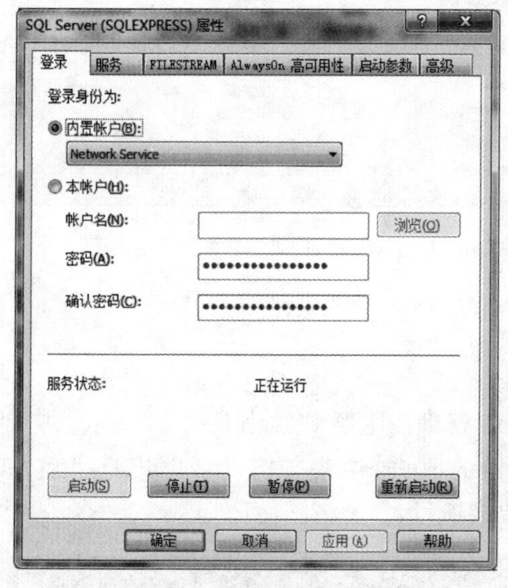

(a)“登录”选项卡

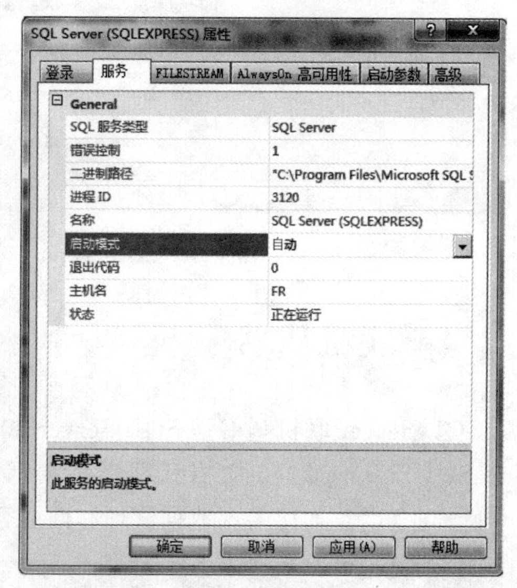

(b)“服务”选项卡

图 4-20 “SQL Server(SQLEXPRESS)属性”对话框

(3) 在图 4-20(a)所示的“SQL Server(SQLEXPRESS)属性”对话框中选择“服务”选项卡，如图 4-20(b)所示，在“启动模式”下拉列表框中，选择“手动”选项，单击“确定”按钮。

2. 启动 SQL Server 2012

右击图 4-18 中右边窗格中的 SQL Server(SQLEXPRESS)选项，选择快捷菜单中的“启动”命令，即可启动 SQL Server 2012 服务。

3. 连接 SQL Server 2012

(1) 选择“开始”→“程序”→Microsoft SQL Server 2012→SQL Server Management Studio 命令，打开如图 4-21 所示的“连接到服务器”对话框。

图 4-21　“连接到服务器”对话框

(2) 在图 4-21 所示的“服务器名称”下拉列表框中,可以选择相关的服务器,也可以选择“浏览更多”选项来查找其他服务器。

(3) 同样,在图 4-21 所示的“身份验证”下拉列表框中,还需要选择身份认证的方式:Windows 身份验证或 SQL Server 身份验证。

(4) 如果选择“SQL Server 身份验证”选项,则还要输入正确的用户名和密码。

(5) 单击图 4-21 中的“连接”按钮,即可连接到相应的服务器。如果连接成功,则将显示对象资源管理器,并将相应的服务器设置为焦点。

4. 设置服务器身份验证模式

(1) 选择“开始”→“程序”→Microsoft SQL Server 2012→SQL Server Management Studio 命令,连接到 SQL Server 2012 后,出现 SQL Server Management Studio 窗口,右击“对象资源管理器”窗格中要设置的服务器,弹出快捷菜单。

(2) 选择快捷菜单中的“属性”命令,打开“服务器属性”窗口,选择“安全性”选项,出现如图 4-22 所示的“服务器身份验证”界面。

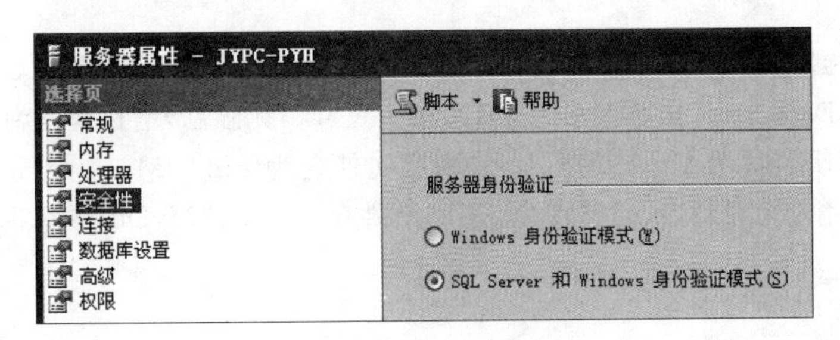

图 4-22　“服务器属性”窗口

(3) 选择“SQL Server 和 Windows 身份验证模式”单选按钮,单击“确定”按钮即可完成相应的设置。

5. 修改登录账户 sa 密码

（1）在 SQL Server Management Studio 窗口的“对象资源管理器”窗格中展开要设置的服务器，展开“安全性”目录下的“登录名”子目录，右击 sa 选项。

（2）选择快捷菜单中的“属性”命令，弹出如图 4-23 所示的窗口，在 sa 登录名的“密码”和“确认密码”文本框中输入要修改的密码，勾选“强制实施密码策略”和“强制密码过期”两个复选框。

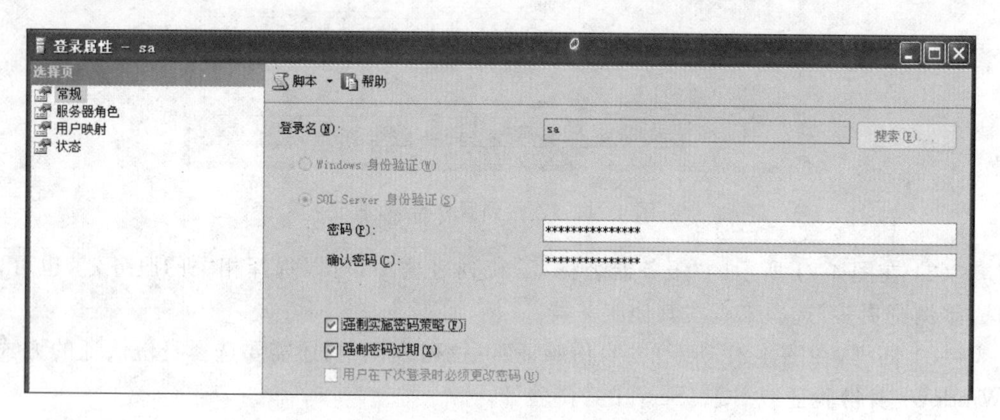

图 4-23 “登录属性-sa”窗口

（3）单击“确定”按钮，即可完成 sa 登录名的密码修改。

任务 4.3 “新生入学管理系统”数据库创建

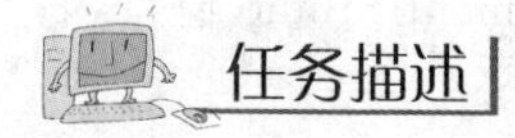

任务描述

将“新生入学管理系统”数据库逻辑设计方案通过 SQL Server 2012 进行物理实现。

要求：数据库名称为 DB_EnrollMS，主文件逻辑名称为 EnrollMS_Data，物理文件名为 EnrollMS_Data.mdf，初始大小为 5MB，最大尺寸为无限制，增长速度为 10%；数据库的日志文件逻辑名称为 EnrollMS_Log，物理文件名为 EnrollMS_Log.ldf，初始大小为 2MB，最大尺寸为无限制，增长速度为 2MB，文件存放在 D:\MyDB 路径下。

相关知识

数据库是数据库管理系统的核心，它包括系统运行所需的全部数据，使用数据库存储数据，首先要创建数据库，在一个 SQL Server 2012 数据库服务器实例中最多可以创建 32767 个数据库。一个数据库必须至少包含一个数据文件和一个事务日志文件，在创建大型数据库时，尽量把主数据文件放在和事务日志文件不同的路径下，这样能够提高数据读取的效率。

在 SQL Server 2012 中创建数据库的方法主要有两种：一是在 SQL Server Management Studio(SSMS)窗口中使用现有命令和功能，通过方便的图形化向导创建；二是通过编写 Transact-SQL(简写为 T-SQL)语句创建。下面分别介绍这两种创建数据库的方法。

向导方式是指在 SSMS 窗口中使用可视化的界面，通过提示向导来创建数据库。这是最简单的方式，比较适合于初学者。

虽然使用 SSMS 的向导方式是创建数据库的一种有效而又简易的方法，但在实际的工作和应用中却不常用这种方法创建数据库。在设计一个数据库应用系统时，开发人员一般都是用 T-SQL 语言在程序代码中创建数据库及其他数据库对象。

要熟练地理解和创建数据库，必须先对数据库的一些基本组成部分有一个清楚的认识。

4.3.1 SQL Server 2012 系统数据库

系统数据库是指随 SQL Server 2012 安装程序一起安装，用于协助 SQL Server 2012 系统共同完成管理操作的数据库，它们是 SQL Server 2012 运行的基础。在 SQL Server 2012 中，默认有 5 个系统数据库：master、model、msdb、tempdb 和 resource 数据库。

1. master 数据库

master 数据库由一些系统表组成，这些系统表负责跟踪整个数据库系统安装和随后创建的其他数据库。master 数据库中记录了数据库的磁盘空间、文件分配和使用、系统层次的配置信息、端点和登录账号等信息。

如果 master 数据库不可用，则 SQL Server 无法启动。由于 master 数据库对系统来说至关重要，所以随时都应该保存一个其当前环境的备份。对数据库进行操作，比如创建、修改或删除数据库，改变服务器配置值或者添加、修改登录账号的操作之后，都应该备份一次 master 数据库。

2. model 数据库

model 数据库是一个模板数据库。当用户创建一个新的数据库时，系统将会复制 model 数据库作为新数据库的基础。如果希望每一个新的数据库在创建时还有某对象或权限，可以将这些对象或权限放在 model 数据库中，以后创建的数据库中将会包含这些对象或权限。

3. msdb 数据库

系统数据库 msdb 为 SQL Server 提供队列和可靠消息传递。SQL Server 服务中有一项 SQL Server 代理服务，该服务主要用于数据库管理自动化，定时执行某些 SQL 脚本，定时进行数据库备份、复制任务，以及其他计划任务。SQL Server 代理服务将会使用到 msdb 数据库。msdb 为 SQL Server 提供队列和可靠消息传递。当不需要在数据库上执行备份和其他维护任务时，通常可以忽略 msdb 数据库。

在 SSMS 的对象资源管理器中可以访问 msdb 的所有信息，所以通常不需要直接访问该数据库的表。一般情况下，都不应该直接在 msdb 数据库表中添加、删除数据，除非用户对自己的操作了解得十分透彻。

4. tempdb 数据库

tempdb 被用来作为一个工作区。tempdb 相对于其他 SQL Server 数据库的一个很大的不同之处在于，每次 SQL Server 启动以后，系统将以 model 数据库为模板重新创建该数据库。tempdb 的这个特性使用户不能将数据长期保存到该数据库中。在 SQL Server 再次启动时，tempdb 中的所有数据将不复存在。

5. resource 数据库

resource 数据库为只读数据库，它包含 SQL Server 2012 的所有系统对象。SQL Server 系统对象(如 sys. objects)物理上保留在 resource 数据库中，但在逻辑上却显示在每个数据库的 sys 架构中。resource 数据库不包含用户数据或用户元数据。利用 resource 数据库可比较便捷地升级到新的 SQL Server 版本。由于 Resource 数据库文件包含所有系统对象，因此，现在仅通过将单个 resource 数据库文件复制到本地服务器便可完成升级。SQL Server 不能备份 resource 数据库。

4.3.2 数据库文件

每个 SQL Server 2012 数据库都有一个与它相关联的事务日志。事务日志是对数据库的修改的历史记录。SQL Server 2012 用它来确保数据库的完整性，对数据库的所有更新首先写到事务日志，然后应用到数据库。如果数据库更新成功，事务完成并记录为成功。如果数据库更新失败，SQL Server 2012 使用事务日志还原数据库到初始状态(称为事务回滚)。这两阶段的提交进程使 SQL Server 2012 能在进入事务时发生源故障，服务器无法使用或者其他问题的情况下自动还原数据库。

SQL Server 2012 数据库和事务日志包含在独立的数据库文件中。这意味着每个数据库至少需要两个关联的存储文件：一个数据文件和一个事务日志文件，也可以有辅助数据文件。因此，在一个 SQL Server 2012 数据库中可以使用 3 种类型的文件来存储信息。

(1) 主数据文件。主数据文件包含数据库的启动信息，并指向数据库中的其他文件。用户数据和对象存储在此文件中，也可以存储在辅助数据文件中。每个数据库只能有一个主数据文件，默认文件扩展名是. mdf，主数据文件最小起始长度为 5MB。

(2) 辅助数据文件。辅助数据文件是可选的，由用户定义并存储用户数据。辅助数据文件可用于将数据分散到多个磁盘上。另外，如果数据库超过了单个 Windows 文件的最大大小，可以使用辅助数据文件，数据库空间就能继续增长。辅助数据文件的默认文件扩展名是.ndf。

(3) 事务日志文件。事务日志文件用于保存恢复数据库的日志信息。每个数据库必须至少有一个事务日志文件，它的默认文件扩展名是.ldf。

为了便于分配和管理，可以将数据文件集合起来放到文件组中。文件组是针对数据文件而创建的，是数据库中数据文件的集合。利用文件组可以优化数据存储，并可以将不同的数据库对象存储在不同的文件组中，以提高输入/输出读写的性能。

创建与使用文件组还需要遵守下列规则。

(1) 主要数据文件必须存储在主文件组中。

(2) 与系统相关的数据库对象必须存储在主文件组中。

(3) 一个数据文件只能存储在一个文件组中，而不能同时存储在多个文件组中。

(4) 数据库的数据信息和日志信息不能放在同一个文件组中，必须分开存放。

(5) 日志文件不能存放在任何文件组中。

4.3.3　数据库对象

前面曾介绍过，数据库中存储了表、视图、索引、存储过程、触发器等数据库对象，这些数据库对象存储在系统数据库或用户数据库中，用来保存 SQL Server 数据库的基本信息及用户自定义的数据操作等。这里将对这些常见的数据库对象进行简单介绍。

1. 表

表是数据库中实际存储数据的对象。由于数据库中的其他所有对象都依赖于表，因此可以将表理解为数据库的基本组件。

2. 视图

视图与表非常相似，也是由字段与记录组成的。与表不同的是，视图不包含任何数据，它总是基于表，用来提供浏览数据的不同方式。视图的特点是其本身并不存储实际数据，因此视图可以是连接多张数据表的虚表，还可以是使用 WHERE 子句限制返回行的数据查询的结果，并且它是专用的，比数据表更直接面向用户。

3. 存储过程和触发器

存储过程和触发器是两个特殊的数据库对象。在 SQL Server 2012 中，存储过程的存在独立于表，而触发器则与表紧密结合。可以使用存储过程来完善应用程序，提高应用程序的运行效率；可以使用触发器来实现复杂的业务规则，更加有效地实施数据完整性。

4. 用户和角色

用户是对数据库有存取权限的使用者。角色是指一组数据库用户的集合，和 Windows 中的用户组类似。数据库中的用户组可以根据需要添加，用户如果被加入某一角色，则将具有该角色的所有权限。

5. 其他数据库对象

(1) 索引：索引是提供无须扫描整张表就能实现对数据快捷访问的途径，使用索引可以快速访问数据库表中的特定信息。

(2) 约束：约束是 SQL Server 实施数据一致性和完整性的方法，是数据库服务器强制的业务逻辑关系。

(3) 规则：用来限制表字段的数据范围，例如，限制性别字段只能是"男"或者"女"。

(4) 类型：除了系统给定的数据类型外，用户还可以根据自己的需要在系统类型的基础上定义自己的数据类型。

(5) 函数：除了系统提供的函数外，用户还可以根据自己的需要定义符合自己要求的函数。

上面介绍的数据库对象，在本书后面的部分都会提及并对其进行讲解。

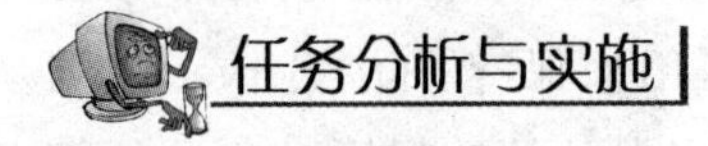

1. 向导方式

(1) 打开 SSMS 窗口，在"对象资源管理器"窗格中展开服务器，然后在"数据库"节点上右击，从弹出的快捷菜单中选择"新建数据库"命令。

(2) 此时会打开"新建数据库"窗口，如图 4-24 所示。在这个窗口中有 3 个选择页，分别是"常规""选项"和"文件组"选择页，完成对这 3 个选择页中内容的设置后，就完成了数据库的创建工作。

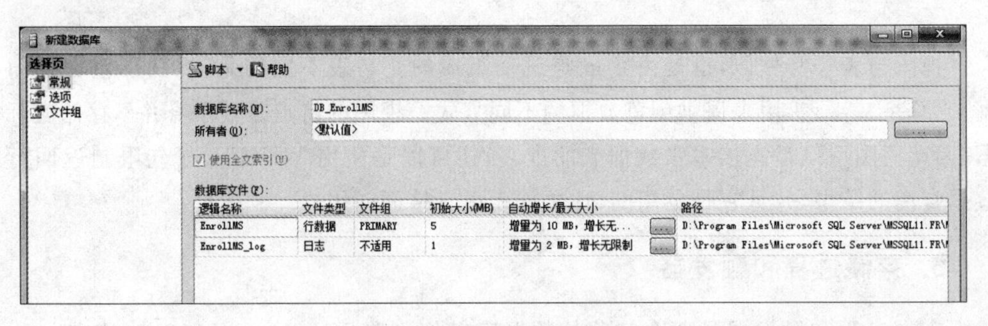

图 4-24 "新建数据库"窗口

(3) 在"常规"选择页中的"数据库名称"文本框中输入数据库的名称 DB_EnrollMS。

(4) 在"数据库文件"列表中包括两行，一行是数据文件，另一行是日志文件。该列表中各字段的含义如下。

① 逻辑名称。指定数据库文件的逻辑文件名称，此处根据要求输入 EnrollMS 逻辑文件名。

② 文件类型。用于区别当前文件是数据文件还是日志文件。

③ 文件组。显示当前数据库文件所属的文件组。一个数据库文件只能存在于一个文件组中。不同的数据文件可以存放在不同的文件组中，除主文件组外，其余文件组要提前定义才能使用。

④ 初始大小。设定文件的初始大小，数据文件的默认大小是 5MB，这样才能容纳下 model 数据库的副本，日志文件的默认大小是 1MB。

⑤ 自动增长。当设置的文件大小不够用时，系统会根据某种设定的增长方式自动增长。通过单击图 4-24 中"自动增长/最大大小"栏中的"..."按钮，打开"更改 EnrollMS 的自动增长设置"对话框进行设置，如图 4-25 所示为创建数据库 DB_EnrollMS 时对数据文件 EnrollMS.mdf 的自动增长方式进行设置的情形，同样的方法可以对数据库 DB_EnrollMS 的日志文件进行自动增长方式设置。

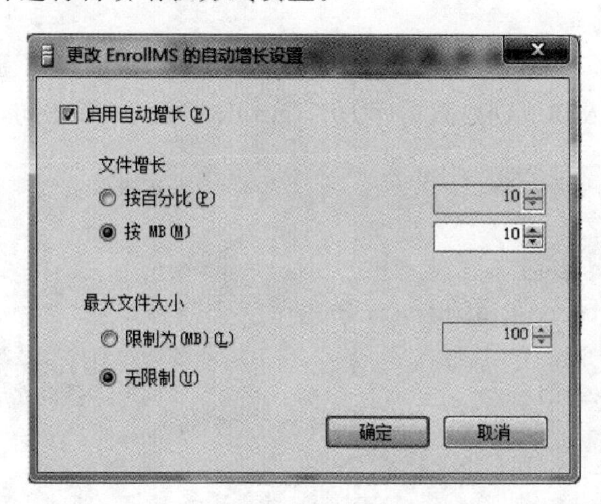

图 4-25　"更改 EnrollMS 的自动增长设置"对话框

⑥ 路径。指定存放数据库文件的路径目录。默认情况下，SQL Server 2012 将存放文件的路径设置为安装路径下的 data 文件夹中。单击图 4-24 中"路径"栏中的"..."按钮，打开"定位文件夹"对话框，更改 DB_EnrollMS 数据库文件的存储路径为 D:\MyDB。

(5) 打开"选项"选项页，在这里可以定义所创建数据库的排序规则、恢复模式、兼容级别、恢复和游标等选项，本任务均采用默认值，不做任何设置。

(6) 在"文件组"选项页中可以设置数据库文件所属的文件组，还可以通过"添加"或"删除"按钮来更改数据库文件所属的文件组，本任务均采用默认值，不做任何设置。

(7) 完成上述操作后，单击"确定"按钮，关闭"新建数据库"窗口。至此，成功创建了数据库 DB_EnrollMS，可以在"对象资源管理器"窗格中看到新建的数据库 DB_EnrollMS，如图 4-26 所示。

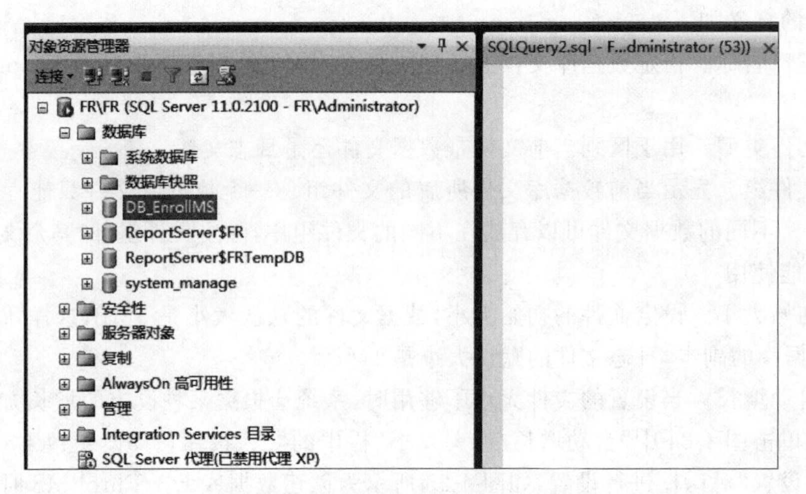

图 4-26　新建的 DB_EnrollMS 数据库

2. T-SQL 方式

(1) 在 SSMS 窗口中单击“新建查询”按钮，打开一个查询输入窗口。

(2) 在窗口中输入如下创建数据库 DB_EnrollMS 的 SQL 语句，并保存。

```
CREATE DATABASE DB_EnrollMS                    -- 数据库名
ON PRIMARY                                     -- 主文件
(  NAME = EnrollMS_Data,                       -- 数据库主文件逻辑名
   FILENAME = 'D:\MyDB\EnrollMS_Data.mdf',     -- 数据库主文件物理名称
   SIZE = 5MB,                                 -- 数据库初始容量大小
   MAXSIZE = UNLIMITED,                        -- 数据库容量最大尺寸
   FILEGROWTH = 10%                            -- 数据库容量增长率
)
LOG ON                                         -- 事务日志文件
(  NAME = EnrollMS_Log,                        -- 事务日志逻辑名
   FILENAME = 'D: \MyDB \EnrollMS_log.ldf',    -- 事务日志文件物理名称
   SIZE = 2MB,                                 -- 数据库初始容量大小
   MAXSIZE =  UNLIMITED,                       -- 数据库容量最大尺寸
   FILEGROWTH = 2MB                            -- 数据库容量增长率
)
```

(3) 单击 SSMS 窗口中的“分析”按钮☑，检查语法错误，如果通过，在结果窗格中显示“命令已成功完成”提示消息。

(4) 单击“执行”按钮执行语句，如果成功执行，在结果窗格中同样显示“命令已成功完成”提示消息。

(5) 在“对象资源管理器”窗格中刷新数据库，可以看到新建的数据库 DB_EnrollMS，如图 4-26 所示。

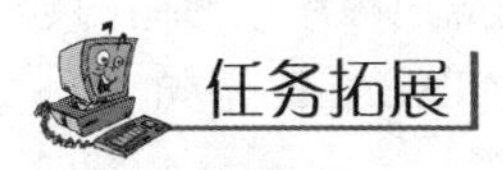

任务拓展

创建数据库以后，在使用的过程中用户可能会根据情况对数据库进行修改。SQL Server 2012 可方便地查看数据库的状态，允许修改数据库的选项设置，对数据库具体属性进行更改，以及收缩、删除、分离和附加数据库等。

1. 查看数据库状态

要查看数据库当前处于什么状态，最简单的方法是在 SSMS 窗口的“对象资源管理器”窗格中找到要查看的数据库，然后右击，在快捷菜单中选择“属性”命令，打开“数据库属性”窗口即可查看数据库的基本信息、文件信息、选项信息、文件组信息和权限信息等，如图 4-27 所示。

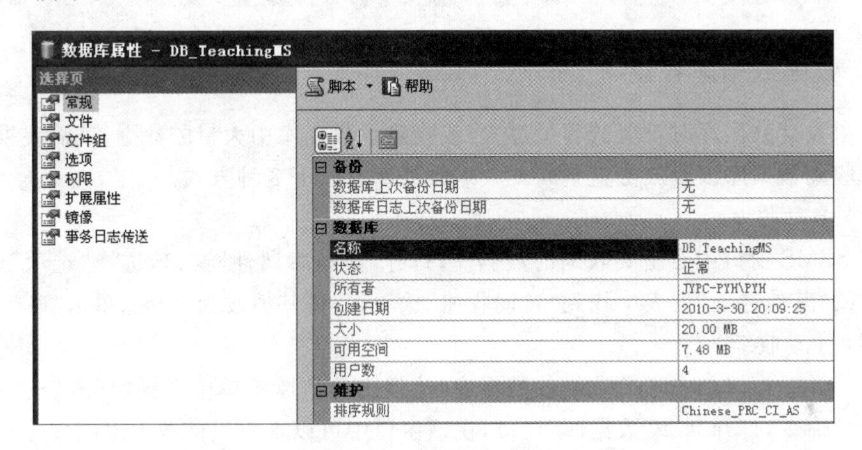

图 4-27 “数据库属性-DB-TeachingMS”窗口

运用系统存储过程 sp_helpdb 在查询窗口中也可以查看数据库的基本信息，如查看数据库 DB_TeachingMS 基本信息的 T-SQL 语句如下。

```
sp_helpdb DB_TeachingMS
```

数据库 DB_TeachingMS 查询结果如图 4-28 所示。

结果 消息

	name	db_size	owner	dbid	created	status	compatibility_level
1	DB_TeachingMS	7.00 MB	JYPC-PYH\PYH	12	03 30 2010	Status=ONLINE, Updat...	90

	name	fileid	filename	filegroup	size	maxsize	growth	usage
1	TeachingMS_Data	1	D:\MyDB\TeachingMS_Data.mdf	PRIMARY	5120 KB	Unlimited	10%	data only
2	TeachingMS_Log	2	D:\MyDB\TeachingMS_Log.ldf	NULL	2048 KB	5120 KB	2048 KB	log only

图 4-28 数据库查询结果

2. 修改数据库名称

一般情况下，不建议用户修改创建好的数据库名称。因为许多应用程序可能已经使用了该数据库的名称，在更改了数据库的名称之后，还需要修改相应的应用程序中使用的数据库名称。具体修改数据库名称的方法主要有向导方式和 ALTER DATABASE 语句。

（1）向导方式

在 SSMS 窗口的“对象资源管理器”窗格中，找到要修改的数据库名称节点（如 DB_TeachingMS），在该数据库名称上右击，弹出相应的快捷菜单，选择“重命名”命令，即可直接修改数据库名称。

（2）T-SQL 语句

ALTER DATABASE 语句修改数据库名称时只更改了数据库的逻辑名称，对于该数据库的数据文件和日志文件没有任何影响。将 DB_EnrollMS 数据库改名为 SchoolMis 的 T-SQL 语句如下。

```
ALTER DATABASE DB_EnrollMS MODIFY NAME = SchoolMis
```

3. 收缩数据库容量

如果设计数据库时设置的容量过大，或删除了数据库中大量的数据，就需要根据实际需要来收缩数据库以释放磁盘空间。收缩数据库有以下 3 种方式。

（1）自动收缩

在 SSMS 窗口中右击要收缩的数据库，打开“数据库属性”窗口，选择“选项”选择页，在右边的“其他选项”列表中找到“自动收缩”选项，并将其值改为 True，单击“确定”按钮。

（2）手动收缩

在 SSMS 窗口中右击要收缩的数据库，从弹出的快捷菜单中选择“任务”→“收缩”→“数据库”命令，打开“收缩数据库”窗口，在该窗口中可以查看当前数据库的大小及可用空间，并可以自行设置收缩后数据库的大小，设置完毕后，单击“确定”按钮。

（3）DBCC SHRINKDATABASE 语句

DBCC SHRINKDATABASE 语句是一种比前两种方式更加灵活的收缩数据库方式，可以对整个数据库进行收缩。如将 DB_EnrollMS 数据库收缩到只保留 10%的可用空间的 T-SQL 语句如下。

```
DBCC SHRINKDATABASE ('DB_EnrollMS',10)
```

4. 删除数据库

随着数据库数量的增加，系统的资源消耗越来越多，运行速度也大不如前。这时就要删除那些不再需要的数据库，以释放被占用的磁盘空间和系统消耗。SQL Server 2012 同样提供了向导方式和 DROP DATABASE 语句两种方法来删除数据库。

（1）向导方式

在 SSMS 窗口的“对象资源管理器”窗格中右击要删除的数据库，在弹出的快捷菜单中选择“删除”命令，然后在打开的“删除对象”窗口中单击“确定”按钮，即可删除相应的数据库。

(2) T-SQL 语句

使用 T-SQL 语句删除 DB_EnrollMS 数据库的语句如下。

```
DROP DATABASE DB_EnrollMS
```

如果要一次同时删除多个数据库,则用逗号将要删除的多个数据库名称隔开。

使用 DROP DATABASE 语句删除数据库不会出现确认信息,所以使用这种方法要小心谨慎。此外,不要删除系统数据库,否则会导致 SQL Server 2012 系统无法使用。

5. 数据库的分离与附加

在系统的开发过程中,由于某些特殊情况经常要将数据库从一个数据库实例中分离出来,然后再移动到其他的数据库实例中。例如,要求对学生入学信息管理系统数据库从机房计算机的本地服务器实例中分离出来,转移到宿舍计算机上继续使用该数据库进行后续的操作。

分离数据库是指将指定数据库从 SQL Server 2012 服务器实例上进行删除,但该数据库的数据文件和事务日志文件仍然保留在原路径中,不会改变。这时可以将该数据库的数据文件和事务日志文件再附加到其他任何 SQL Server 2012 的服务器实例上,完成数据库的转移。

如果要分离的数据库出现下列情况之一,都将不能分离。

(1) 已复制并发布数据库。如果进行复制,则数据库必须是未发布的。如果要分离已经发布的数据库,必须先通过系统存储过程 sp_replicationdboption 禁用发布后再分离。

(2) 数据库中存在数据库快照。此时,必须先删除所有的数据库快照,然后才能分离数据库。

(3) 数据库处于未知状态。在 SQL Server 2012 中,无法分离可疑和未知状态的数据库,此时必须将数据库设置为紧急模式,才能对其进行分离操作。

数据库的分离与附加操作实现方式有向导方式和 T-SQL 语句方式。

(1) 向导方式。

① 连接要分离数据库的服务器,打开 SSMS 窗口,在“对象资源管理器”窗格中右击要分离的数据库 DB_EnrollMS,选择弹出的快捷菜单中的“任务”→“分离”命令,打开“分离数据库”窗口,如图 4-29 所示。

② 在“分离数据库”窗口中单击“确定”按钮,即可分离数据库 DB_EnrollMS。

③ 在“对象资源管理器”窗格中的“数据库”节点上右击,选择弹出的快捷菜单中的“刷新”命令,可以发现数据库 DB_EnrollMS 已经被分离。

④ 连接要附加数据库的服务器,打开 SSMS 窗口,在“对象资源管理器”窗格中的“数据库”节点上右击,选择弹出的快捷菜单中的“附加”命令,打开“附加数据库”窗口,如图 4-30 所示。

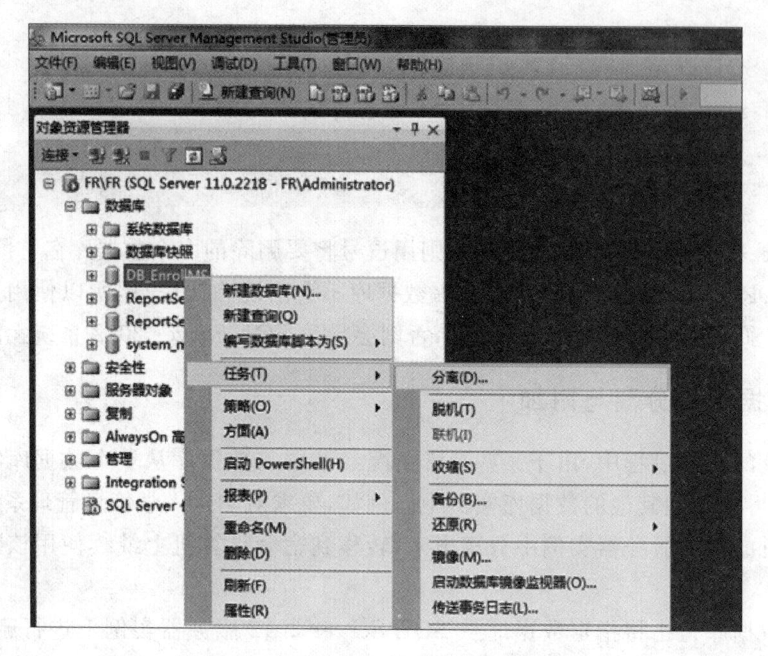

图 4-29　在对象资源管理器中分离数据库

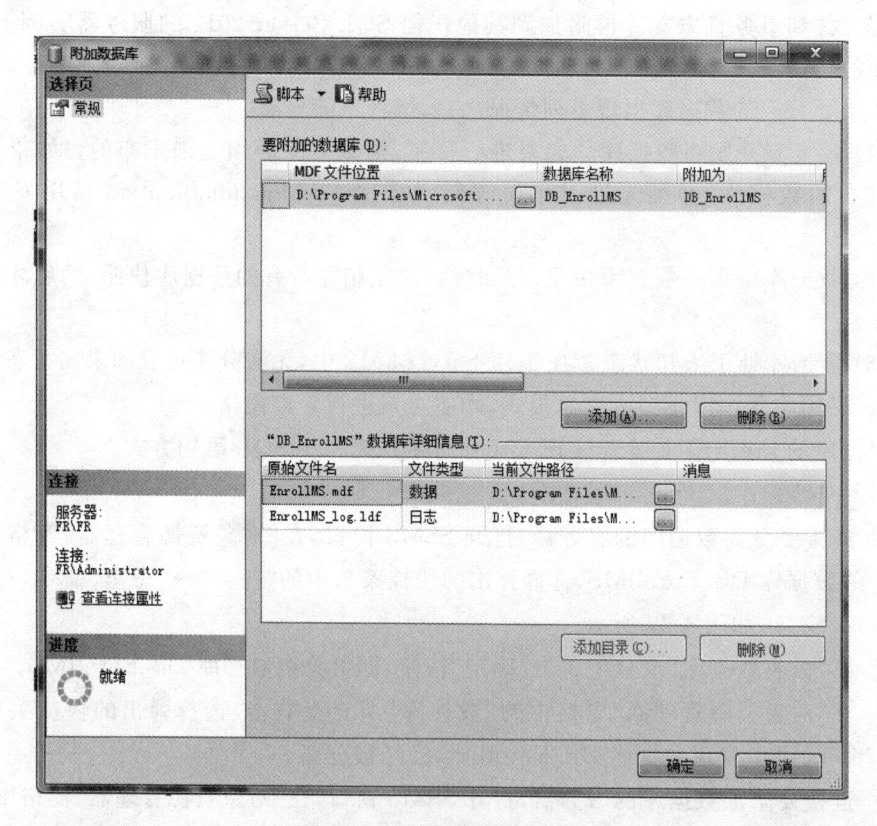

图 4-30　"附加数据库"窗口

⑤ 在“附加数据库”窗口中单击“添加”按钮，然后从打开的“定位数据库文件”窗口中选择要附加的数据库文件，即可将数据库 DB_EnrollMS 重新附加到数据库实例中。注意：在附加数据库时必须要找到原数据库文件保存的地址，数据文件位置不清楚也会给附加操作带来困难。

(2) T-SQL 语句。可以使用系统存储过程 sp_detach_db 和 sp_attatch_db 来分离和附加数据库。

分离数据库 DB_EnrollMS 的代码如下。

```
EXEC sp_detach_db  DB_EnrollMS
```

附加数据库 DB_EnrollMS 的代码如下。

```
EXEC sp_attach_db @dbname = N'DB_EnrollMS',                    --附加数据库名称
    @filename1 = N'D:\MyDB\EnrollMS_Data.mdf',                 --附加数据库数据文件
    @filename2 = N'D:\MyDB\EnrollMS_log.ldf'                   --附加数据库日志文件
```

6. 创建数据库文件组

文件组是文件的逻辑集合，用来存储数据文件和数据库对象。SQL Server 自动创建一个名为 PRIMARY 的主文件组，系统默认将数据文件、表、索引对象存放在主文件组上。为了提高数据的访问效率，可以将辅助数据文件或表、索引对象存放在与主数据不同的文件组上，这就要用户自定义文件组。一个文件组只用于存储一个数据库，文件组不适用于存储事务日志。使用 T-SQL 语句完成高校课务管理系统数据库创建。其中，辅助数据文件 TeachingMS_Data1. ndf 存放在 TeachingMS_FG 文件组中。在 SSMS 窗口中单击“新建查询”按钮，打开一个查询输入窗口，输入如下 T-SQL 语句。

```
CREATE DATABASE DB_TeachingMS                          --高校课务管理系统数据库名
ON PRIMARY                                             --主文件
(  NAME = TeachingMS_Data,                             --数据库主文件逻辑名
   FILENAME = 'D:\MyDB\TeachingMS_Data.mdf',           --数据库主文件物理名称
   SIZE = 5MB,                                         --数据库初始容量大小
   MAXSIZE = UNLIMITED,                                --数据库容量最大尺寸
   FILEGROWTH = 10%                                    --数据库容量增长率
),
FILEGROUP  TeachingMS_FG                               --TeachingMS_FG 文件组
(  NAME = TeachingMS_Data1,                            --次文件逻辑名
   FILENAME = 'D:\MyDB\TeachingMS_Data1.ndf',          --次文件物理名称
   SIZE = 5MB,                                         --次文件初始大小
   MAXSIZE = UNLIMITED,                                --次文件最大尺寸
   FILEGROWTH = 10%                                    --次文件增长率
)
LOG ON                                                 --事务日志文件
```

```
( NAME = TeachingMS_Log,                          -- 事务日志逻辑名
  FILENAME = 'D:\MyDB\TeachingMS_log.ldf',        -- 事务日志文件物理名称
  SIZE = 3MB,                                     -- 事务日志文件初始容量大小
  MAXSIZE = UNLIMITED,                            -- 事务日志文件最大尺寸
  FILEGROWTH = 5MB                                -- 事务日志文件增长率
)
```

情境 5　创建数据表

任务 5.1　创建新生入学管理系统数据表

在数据库中操作得最多的对象就是表。表是数据管理的基本单元，所有数据都是以表为容器存放在数据库中。本任务将主要讲解通过 T-SQL 语句和 SSMS 实现表的创建、修改和删除操作。

创建完“新生入学管理系统”数据库后，就要根据逻辑设计阶段完成的设计在数据库中创建物理表结构，然后向创建好的物理表中插入表数据。记录的添加可以方便系统在今后开发时进行功能模拟和测试。

任务描述

尝试用向导方式和 T-SQL 语句方式先来创建 6 个数据表：TB_TeachingYear、TB_Term、TB_Dept、TB_Teacher、TB_Course 和 TB_Class，如表 5-1～表 5-6 所示。

表 5-1　TB_TeachingYear（学年信息表）

PK	字段名称	字段类型	NOT NULL	默认值	约束	字段说明
●	YearId	char(4)	○		主键	学年编码
	YearName	char(13)	○			学年名称，如“2007—2008 学年”

表 5-2　TB_Term（学期信息表）

PK	字段名称	字段类型	NOT NULL	默认值	约束	字段说明
●	TermId	char(2)	○		主键	学期编码，T1～T6
	TermName	char(8)	○			学期名称，如“第一学期”

表 5-3　TB_Dept（系部表）

PK	字段名称	字段类型	NOT NULL	默认值	约束	字段说明
●	DeptId	char(2)	○		主键	系部编码
	DeptName	char(20)	○			系部名称
	DeptSetDate	smalldatetime	○			系部设立时间
	DeptScript	text	○			系部描述

表 5-4　TB_Teacher(教师表)

PK	字段名称	字段类型	NOT NULL	默认值	约束	字段说明
●	TeacherId	char(6)	○		主键 CHECK	教工编号,T+2位系部编码+3位流水号,T[0-9]...[0-9]
	TeacherName	char(8)	○			教师姓名
	DeptId	char(2)	○		外键	系部编码,TB_Dept(DeptId)
	Sex	char(1)	○	M	CHECK	性别,M:男 F:女
	Birthday	smalldatetime	○			出生日期
	TPassword	varchar(32)	○	123456		密码,不得少于6位的数字或字符

表 5-5　TB_Course(课程信息表)

PK	字段名称	字段类型	NOT NULL	默认值	约束	字段说明
●	CourseId	char(6)	○		主键 CHECK	课程编号,C+2位系部编码+3位流水号,C[0-9]...[0-9]
	CourseName	varchar(32)	○		唯一性	课程名称
	DeptId	char(2)	○		外键	系部编码,TB_Dept(DeptId)
	CourseGrade	real	○	0	CHECK	课程学分,非负数
	LessonTime	smallint	○	0	CHECK	课程学时数,非负数
	CourseOutline	text	○			课程描述

表 5-6　TB_Class(班级表)

PK	字段名称	字段类型	NOT NULL	默认值	约束	字段说明
●	ClassId	char(6)	○		主键	班级编码,学号前6位
	ClassName	char(20)	○			班级名称
	DeptId	char(2)	○		外键	系部编码,TB_Dept(DeptId)
	TeacherId	char(6)	○		外键	班主任,TB_Teacher(TeacherId)

相关知识

在使用数据库的过程中,接触最多的就是数据库中的表。表是存储数据的地方,可用来存储某种特定类型的数据集合,是数据库中最重要的部分,管理好表也就管理好了数据库。在关系数据库中每一个对象关系都可以对应为一张表。表是用来存储和操作数据的逻辑结构,关系数据库中的所有数据都以表的形式存储和管理。

5.1.1 表的类型

在 SQL Server 2012 中,主要有 4 种类型的表,即系统表、普通表、临时表和文件表,每种类型的表都有其自身的作用和特点。

1. 系统表

系统表存储了有关 SQL Server 2012 服务器的配置、数据库设置、用户和表对象的描述等系统信息。一般来说,只能由 DBA 来使用该表。

2. 普通表

普通表又称为标准表,简称为表,就是通常提到的在数据库中存储数据的表,是最经常使用的对象。

3. 临时表

临时表是临时创建的、不能永久生存的表。临时表又可以分为本地临时表和全局临时表。本地临时表的名称以符号 # 开头,它们仅对当前的用户连接可见,当用户从 SQL Server 2012 实例断开连接时被删除;全局临时表的名称以两个 # # 号开头,创建后对任何用户都是可见的,当所有引用该表的用户从 SQL Server 2012 断开连接时被删除。

4. 文件表

SQL Server 2012 提供一种特殊的“文件表”(FileTable)。FileTable 是一种专用的用户表,它包含存储 FILESTREAM 数据的预定义架构以及文件和目录层次结构信息、文件属性。FileTable 为 SQL Server 中存储的文件数据提供对 Windows 文件命名空间的支持以及与 Windows 应用程序的兼容性支持,即可以在 SQL Server 中将文件和文档存储在称为 FileTable 的特别的表中,但是从 Windows 应用程序访问它们,就好像它们存储在文件系统中,而不必对客户端应用程序进行任何更改。

5.1.2 表的约束

为了防止数据库中出现不符合逻辑的数据,维护数据的完整性,数据库管理系统必须提供一种机制来检查数据库中向表中添加的数据是否满足条件,这些加在数据库上的约束条件称为数据的完整性约束。数据完整性约束包括实体完整性约束、参照完整性约束和 CHECK 检查约束 3 种。

1. 实体完整性约束

通过在表中设置主键(Primary Key)的方式,可以确保表中没有重复记录出现,这就是满足实体完整性要求。主键可以是表的一列或由多列数据组成,主键列不允许为空。

IMAGE、TEXT 类型的列不能被定义为主键约束。

与主键设置相似的还有唯一性(UNIQUE)约束。加了唯一性约束的字段可以确保在该列中不出现重复的值。可以对一个表定义一个或多个唯一性约束,但主键约束字段只能定义一个。另外,唯一性约束允许字段为 NULL,主键约束不允许字段有空值。当加了唯一性约束的一条记录的字段为 NULL 值时,其余的记录的唯一性约束字段就不允许再为 NULL 值了,否则,将违反唯一性规则。

2. 参照完整性约束

参照完整性要求关系中不允许引用不存在的实体,目的是保证数据使用过程中的一致性。可以通过在表中设置主外键联系的方法实现实体参照完整性约束。当两个表之间存在主外键约束关系,那么:

(1) 当向外键表中插入数据时,首先检查该数据是否能在对应的主键表中找到相同的值,如果主键表中不存在相同值,则不允许在外键表中添加该数据。

(2) 当删除或更新主键表的数据时,系统会自动检查与之相关联的外键表。如果外键表存在与主键表被修改记录相同的数据,则系统会拒绝删除或更新主键表的数据。

3. CHECK 检查约束

CHECK 约束也可以称为自定义检查约束。它是通过检查输入列的数据值来维护值域的完整性,使输入表中的数据更加科学合理。

CHECK 约束同参照完整性约束(FOREIGN KEY)有相同之处,它们都是通过检查数据的值的合理性来实现数据完整性的维护。CHECK 约束是通过判断一个逻辑表达式的结果来对数据进行检查。例如,可以限制学生或教师的性别列必须是 M 或 F 两种取值,不允许用户向表中输入其他非法字符,通过这种方式保护数据输入的有效性。

5.1.3 级联删除和更新

级联删除是指在创建主外键约束关系的数据表之间,当删除主键表中某行时,还会级联删除其他外键表中对应的行(外键值与主键值相同的行)。

级联更新是指在创建主外键约束关系的数据表之间,当更新主键表中某行的主键值时,还会级联更新其他外键表中对应的行的外键值(外键值与主键值相同的行)。

创建具有级联更新和删除的主外键约束关系的语法如下。

```
FOREIGN KEY (字段 1,字段 2,...)
REFERENCES 主键表名(引用字段 1,引用字段 2,...)
[ON DELETE CASCADE | NO ACTION]
[ON UPDATE CASCADE | NO ACTION]
```

ON DELETE CASCADE | NO ACTION 指定在删除表中数据时,对关联的表所做的相关操作。在子表中有数据行与父表中的对应数据行相关联的情况下,如果指定了值

CASCADE,则在删除父表数据行时会将子表中对应的数据行删除；如果指定的是 NO ACTION,则 SQL Server 会产生一个错误,并将父表中的删除操作回滚,NO ACTION 是默认值。

ON UPDATE CASCADE | NO ACTION 指定在更新表中数据时,对关联的表所做的相关操作。在子表中有数据行与父表中的对应数据行相关联的情况下,如果指定了值 CASCADE,则在更新父表数据行时会将子表中对应的数据行更新；如果指定的是 NO ACTION,则 SQL Server 会产生一个错误,并将父表中的更新操作回滚,NO ACTION 是默认值。

如果没有指定 ON DELETE 或 ON UPDATE,则默认为 NO ACTION。

对已经创建好的表,增加具有级联更新和删除的主外键约束关系的语法如下。

```
ALTER TABLE 表名
ADD
  CONSTRAINT 外键名
  FOREIGN KEY (字段 1,字段 2,…)
  REFERENCES 主键表名(引用字段 1,引用字段 2,…)
  [ON DELETE CASCADE | NO ACTION]
  [ON UPDATE CASCADE | NO ACTION]
```

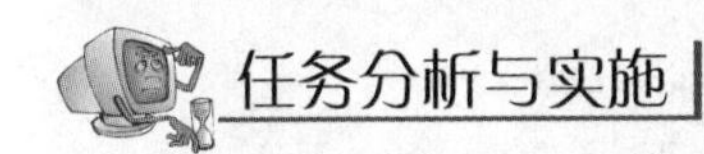

1. 创建学年表、学期表和系部表

(1) 向导方式

① 打开 SSMS 窗口,在"对象资源管理器"窗格中展开"数据库"→DB_EnrollMS 数据库节点。

② 右击"表"节点,在弹出的快捷菜单中选择"新建表"命令,打开表设计窗口。

③ 在表设计窗口中,根据表 TB_TeachingYear 的逻辑设计要求,输入相应的列名,选择数据类型,设置是否为空及主键等情况。具体情况如图 5-1 所示。

④ 设计完成后,按 Ctrl+S 组合键或单击工具栏上的"保存"按钮保存,在弹出的对话框中输入表名为 TB_TeachingYear,如图 5-2 所示。

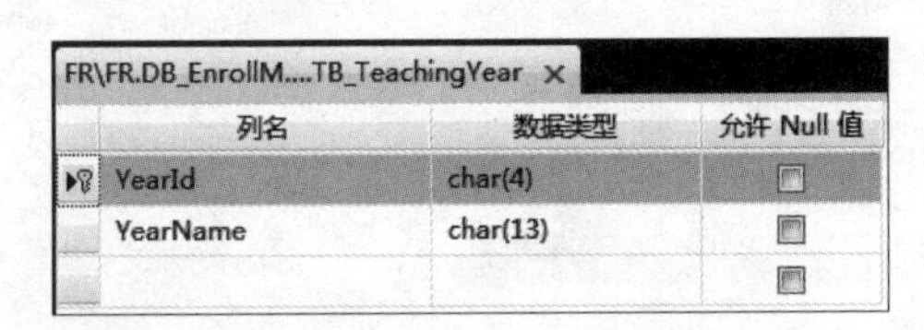

图 5-1　表设计器

图 5-2　"选择名称"对话框

⑤ 单击"确定"按钮,保存创建的学年信息表。可以在"表"节点下看见刚刚创建的表。

(2) T-SQL 方式

① 在 SSMS 窗口中单击“新建查询”按钮,打开一个查询输入窗口。

② 在窗口中输入如下创建表 TB_TeachingYear 的 T-SQL 语句,并保存。

```
CREATE TABLE TB_TeachingYear                    -- 表名
( YearId CHAR(4) PRIMARY KEY,                   -- 主键
  YearName CHAR(13) NOT NULL                    -- 不为空
)
```

③ 单击“执行”按钮执行语句,如果成功执行,在结果窗格中显示“命令已成功完成”提示消息。

④ 在“对象资源管理器”窗格中 DB_EnrollMS 数据库中的表节点上右击,选择“刷新”命令,可以看到新建的表 TB_TeachingYear。

⑤ 用同样的方法创建表 TB_Term 和 TB_Dept,创建表的 T-SQL 语句如下。

```
CREATE TABLE TB_Term                            -- 表名
( TermId CHAR(2) PRIMARY KEY,                   -- 主键
  TermName CHAR(8) NOT NULL                     -- 不为空
)
CREATE TABLE TB_Dept                            -- 表名
( DeptId CHAR(2) PRIMARY KEY,                   -- 主键
  DeptName CHAR(20) NOT NULL,                   -- 不为空
  DeptSetDate  SMALLDATETIME NOT NULL,          -- 不为空
  DeptScript   TEXT NOT NULL                    -- 不为空
)
```

2. 创建教师表

(1) 向导方式

① 同创建 TB_Dept 表一样,先在表设计窗口中,根据表 TB_Teacher 的逻辑设计要求,输入如图 5-3 所示的字段,并作相应的字段类型等设置。

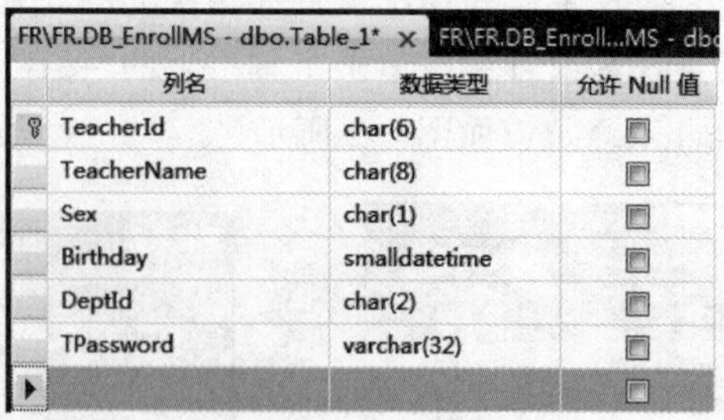

FR\FR.DB_EnrollMS - dbo.Table_1* × FR\FR.DB_Enroll...MS - dbo

列名	数据类型	允许 Null 值
TeacherId	char(6)	☐
TeacherName	char(8)	☐
Sex	char(1)	☐
Birthday	smalldatetime	☐
DeptId	char(2)	☐
TPassword	varchar(32)	☐
		☐

图 5-3　系部表字段设计

② 设计完成后,保存该表,表名为 TB_Teacher。

③ 单击工具栏上的“关系”按钮,弹出“外键关系”对话框,如图 5-4 所示。

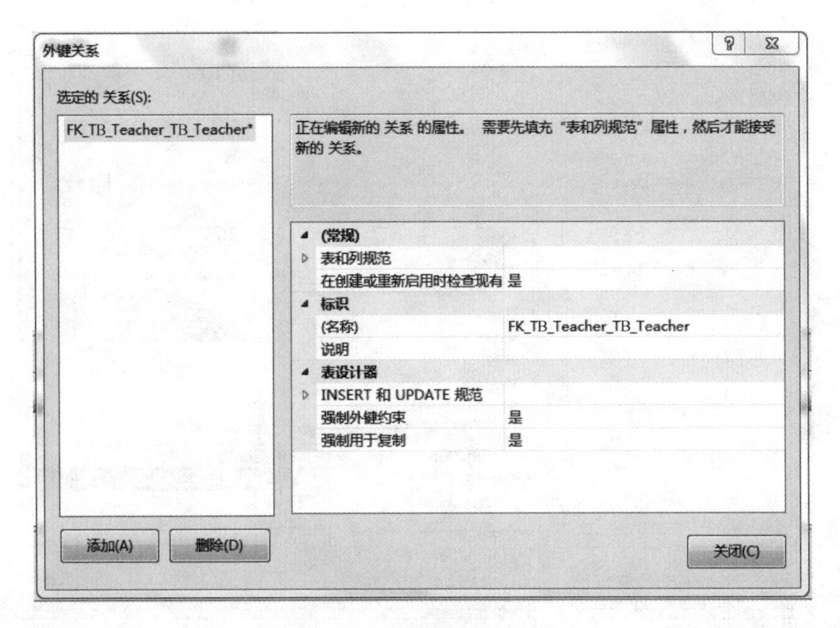

图 5-4　“外键关系”对话框

④ 单击“添加”按钮，为表添加一个新关系。

⑤ 单击“表和列规范”右侧的 ... 按钮，弹出“表和列”对话框。修改关系名为 FK_TB_Teacher_TB_Dept。主键表是 TB_Dept，主键字段是该表的 DeptId，外键表是 TB_Teacher，外键字段是 DeptId，如图 5-5 所示。这样，就完成了系部表和教师表的主外键设计，从而在两表之间建立了一对多联系。

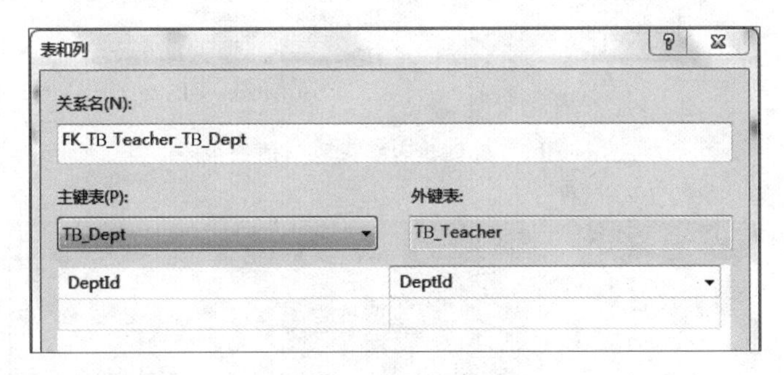

图 5-5　“表和列”对话框

⑥ 添加关系的同时，可以对关系进行级联删除、级联更新的设计。选中需要设置级联操作的关系，在如图 5-6 所示的“外键关系”对话框中“INSERT 和 UPDATE 规范”下拉选择项中的更新规则和删除规则都选择“级联”类型，这样就完成了系部表和教师表数据之间的级联更新与删除操作。

⑦ 在表设计窗口中，分别定位到 Sex 和 TPassword 字段，然后在表设计窗口下部的“列属性”窗格中的“默认值或绑定”项中分别输入“('M')”和“('123456')”，具体如图 5-7 所示。

⑧ 单击工具栏上的“管理 CHECK 约束”按钮，弹出“CHECK 约束”对话框，如图 5-8 所示。

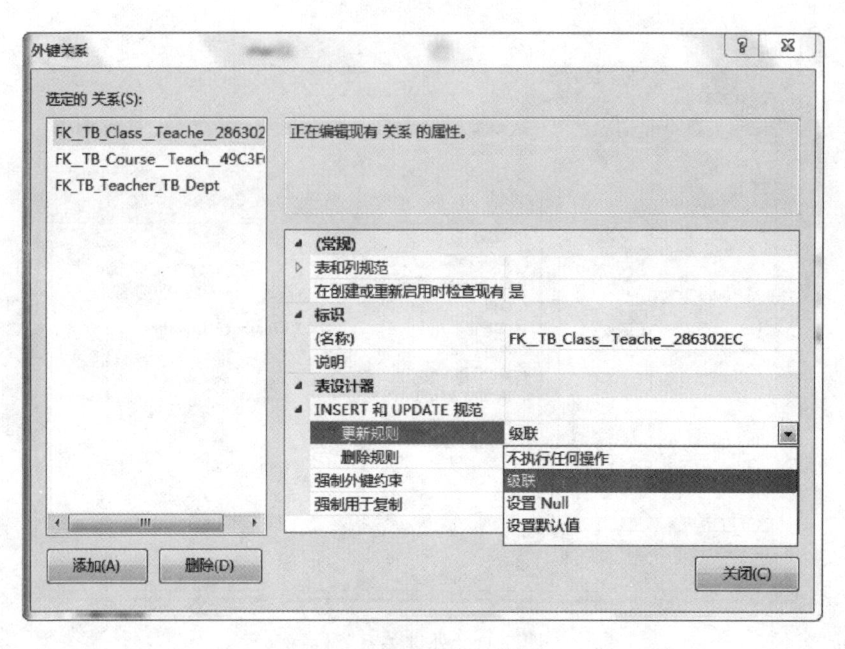

图 5-6 选择外键关系的级联方式

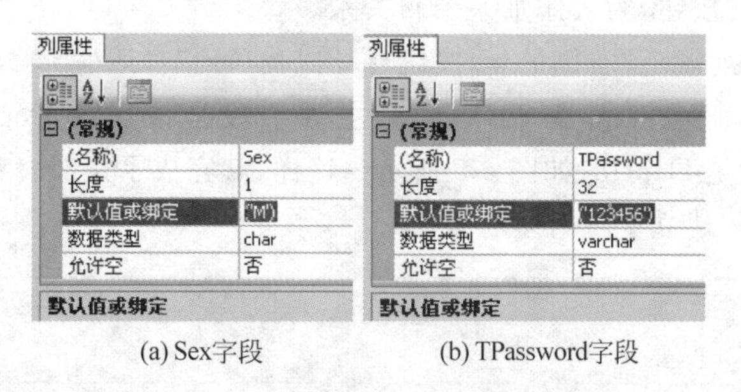

(a) Sex字段　　(b) TPassword字段

图 5-7 创建表字段默认值约束

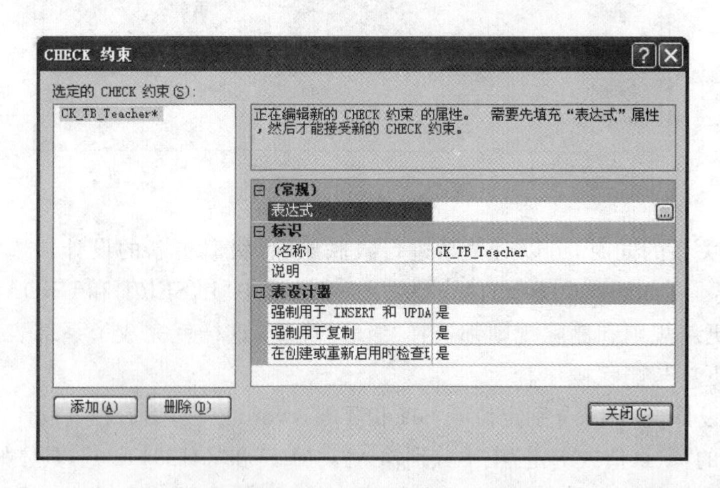

图 5-8 “CHECK 约束”对话框

⑨ 单击“CHECK 约束”对话框中的“添加”按钮，在窗口左边的子窗格中添加一个CHECK 约束并选中，然后单击“常规”目录下的“表达式”选项后面的 按钮，弹出“CHECK 约束表达式”对话框，如图 5-9 所示。

⑩ 在“CHECK 约束表达式”对话框中输入如图 5-9 所示的表达式([TeacherId] LIKE 'T[0-9][0-9][0-9][0-9][0-9]')，单击“确定”按钮即可完成字段 TeacherId 的CHECK 约束设计。

⑪ 用同样的方式在“CHECK 约束表达式”对话框中输入如图 5-10 所示的表达式([Sex]='F'OR[Sex]='M')，完成 Sex 字段的 CHECK 约束设计。

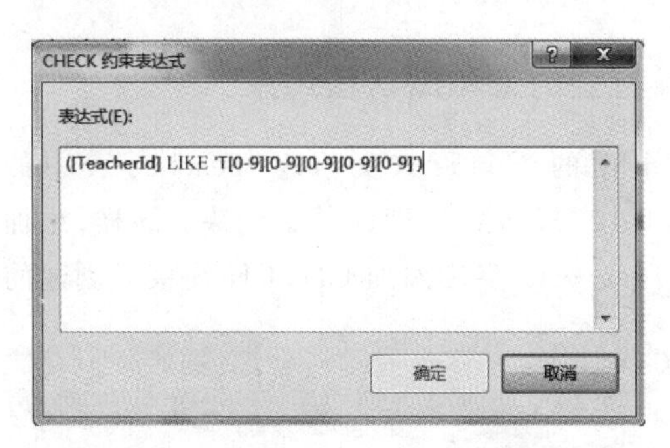

图 5-9　“CHECK 约束表达式”对话框(1)

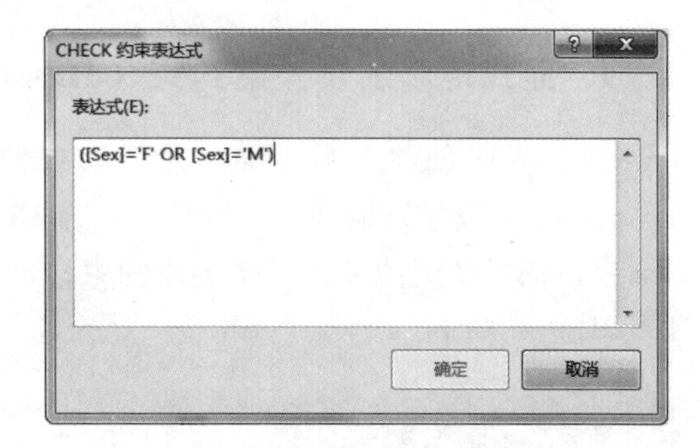

图 5-10　“CHECK 约束表达式”对话框(2)

⑫ 按 Ctrl+S 组合键或单击工具栏上的“保存”按钮保存表设计。

(2) T-SQL 方式

① 在 SSMS 窗口的“新建查询”窗口中输入如下创建表 TB_Teacher 的 T-SQL 语句，并保存。

```
CREATE TABLE TB_Teacher
( TeacherId CHAR(6) PRIMARY KEY CHECK (TeacherId LIKE 'T[0-9][0-9][0-9][0-9][0-9]'),
  TeacherName CHAR(8) NOT NULL,
  DeptId CHAR(2) NOT NULL REFERENCES TB_Dept(DeptId),
  Sex CHAR(1) NOT NULL DEFAULT('M') CHECK (Sex IN ('M','F')),
  Birthday SMALLDATETIME NOT NULL,
  TPassword VARCHAR(32) NOT NULL DEFAULT('123456'),
)
```

② 单击“执行”按钮执行语句，在“对象资源管理器”窗格中 DB_EnrollMS 数据库中的“表节点”上右击，选择“刷新”命令，可以看到新建的表 TB_Teacher。

③ 单击工具栏上的“关系”按钮 和“管理 CHECK 约束”按钮 ，分别从弹出的“外键关系”和“CHECK 约束”对话框中可以看见刚刚创建的两个主外键关系和两个CHECK 约束。

3. 创建班级表

可以使用如上所述的向导方式或 T-SQL 语句方式创建班级表 TB_Class。创建 TB_Class 表的 T-SQL 语句形式如下。

```
CREATE TABLE TB_Class
( ClassId CHAR(8) PRIMARY KEY,
  ClassName CHAR(20) NOT NULL,
  DeptId CHAR(2) NOT NULL REFERENCES TB_Dept(DeptId),
  TeacherId CHAR(6) NOT NULL REFERENCES TB_Teacher(TeacherId)
)
```

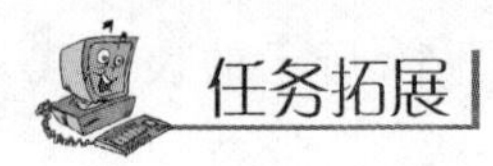

1. 显式地添加表外键约束、CHECK 检查约束和默认值约束

如前所述创建教师表时，也可以按照下面的语句形式为 TB_Teacher 表中的 TeacherId 字段显式地添加主键约束；为 DeptId 字段显式地创建外键约束；同样，添加 Sex 字段的默认值约束和 CHECK 约束；为 TeacherId 字段添加 CHECK 约束。创建的 T-SQL 语句如下。

```
CREATE TABLE TB_Teacher
( TeacherId CHAR(6)  NOT NULL ,
  TeacherName CHAR(8) NOT NULL,
  DeptId CHAR(2) NOT NULL ,
  Sex CHAR(1) NOT NULL,
  Birthday SMALLDATETIME NOT NULL,
  TPassword VARCHAR(32) NOT NULL DEFAULT('123456'),
  CONSTRAINT PK_Teacher_TeacherId  PRIMARY KEY  (TeacherId),
  CONSTRAINT CK_Teacher_TeacherId CHECK (TeacherId LIKE 'T[0-9][0-9][0-9][0-9][0-9]'),
  CONSTRAINT CK_Teacher_Sex  CHECK (Sex IN ('M','F')),
  CONSTRAINT DF_Teacher_Sex  DEFAULT('M')  FOR  Sex,
  CONSTRAINT FK_Teacher_DeptId FOREIGN KEY (DeptId) REFERENCES TB_Dept(DeptId)
)
```

注意：同一个数据库内不能有同名的约束名称，即使这些约束是处于不同表中。显式地添加约束是指在创建字段时不定义约束，而是将约束的定义放在所有字段创建完毕之后，用 CONSTRAINT 关键字引导定义的一种形式，具有较好的可读性和可维护性。

2. 删除外键约束、CHECK 约束和默认值约束

如果不再需要 TB_Teacher 表中创建的外键约束、CHECK 约束和默认值约束，则可以通过下述 T-SQL 语句将其删除。

```
ALTER TABLE TB_Teacher
DROP
  CONSTRAINT  CK_Teacher_TeacherId,
  CONSTRAINT  CK_Teacher_Sex,
  CONSTRAINT  DF_Teacher_Sex ,
  CONSTRAINT  FK_Teacher_DeptId
```

任务5.2 创建高校课务管理系统数据表及索引

任务描述

修改新生入学管理系统数据库名为DB_TeachingMS，并在新生入学管理系统数据库已创建表的基础上，继续添加课程表TB_Course、课程班表TB_CourseClass、选课表TB_SelectCourse、成绩表TB_Grade，从而完成高校课务管理系统的数据库与表创建。

在创建选课表、成绩表的同时对表添加索引，包括添加主键索引、复合索引、唯一性索引等。

相关知识

与书中的目录一样，数据库中的索引可以快速帮助查找到表中的特定信息。索引的结构包含从表或视图中一个或多个列生成的键，以及映射到指定数据的存储位置的指针。通过创建设计良好的索引以支持查询，可以显著提高数据库查询和应用程序的性能。

索引是一个单独的、物理的数据库结构，它是依赖于表建立的，提供了数据库中编排表中数据的内部方法。一个表的存储是由两部分组成的，一部分用来存放表的数据；另一部分存放索引信息的索引。

5.2.1 索引的类型

在SQL Server系统中，根据索引的顺序与数据表的物理顺序是否相同，可以把索引分成两种类型，即聚集索引(CLUSTERED INDEX)和非聚集索引(NONCLUSTERED INDEX)，也被称为聚簇索引和非聚簇索引。

1. 聚集索引

聚集索引在数据表中按照物理顺序存储数据。因为在表中只有一个物理顺序，所以在每个表中只能有一个聚集索引。在查找某个范围内的数据时，聚集索引是一种非常有效的索引，因为这些数据在存储时已经按照物理顺序排好序了，行的物理存储顺序和索引顺序完全相同。默认情况下，SQL Server为PRIMARY KEY约束所建立的索引为聚集索引。在语句CREATE INDEX中，使用CLUSTERED选项建立聚集索引。

2. 非聚集索引

非聚集索引是具有与表的数据完全分离的结构，它不会改变行的物理存储顺序，但是它是由数据行指针和一个索引值(一般为键)构成的。当需要以多种方式检索数据时,非聚集索引是非常有用的。

3. 唯一索引

唯一(UNIQUE)索引可以确保所有数据行中任意两行的被索引列不包括 NULL 在内的重复值。对聚集索引和非聚集索引都可以使用 UNIQUE 关键字建立唯一索引。如果是复合唯一索引(多列,最多 16 个列),则该索引可以确保索引列中每个组合都是唯一的。唯一索引是指该索引字段不能有重复的值,而不是只能建立这一个索引。唯一索引不允许有两行具有相同的索引值,在创建唯一索引时,如果该索引列上已经存在重复值,系统会报错。

5.2.2 何时用索引

索引的特性会影响系统资源的使用和查找性能,但系统维护索引也会产生一定的开销。在一个表上添加的索引越多,那么系统维护索引的开销也就越大。如何有效地建立索引呢?

通常在那些经常被用来查询的信息列上建立索引可以获得最佳的性能。例如,经常按照学号进行成绩查询,那么可以考虑在成绩表的学号字段上添加索引,以提高成绩的检索速度。如果经常按照学生学号和课程编号进行成绩查询,则可以考虑在成绩表的学号字段和课程编号字段上添加复合索引。

5.2.3 创建索引

索引可以在创建表时添加,也可以在建立好表结构之后添加。一个表上可以添加一个聚集索引和多个非聚集索引及唯一索引。

可以使用 Management Studio 创建索引,也可以使用 T-SQL 语句创建索引。

下面以创建课程班表、选课表和成绩表为例,介绍索引的创建与维护。

5.2.4 索引碎片的处理

索引碎片是由于索引内的页面使用不充分而造成的。随着数据被不断修改,索引页面产生的碎片也会越来越多。索引碎片会降低系统的查询性能,导致应用程序运行缓慢。

1. 查看索引碎片的信息

可以通过查看表索引对象属性中的“碎片”选择页查看碎片信息,如图 5-11 所示。其中,“碎片总计”显示了逻辑碎片百分比。如果该值小于或等于 30%,推荐使用索引重组;如果该值大于 30%,推荐使用索引重建。

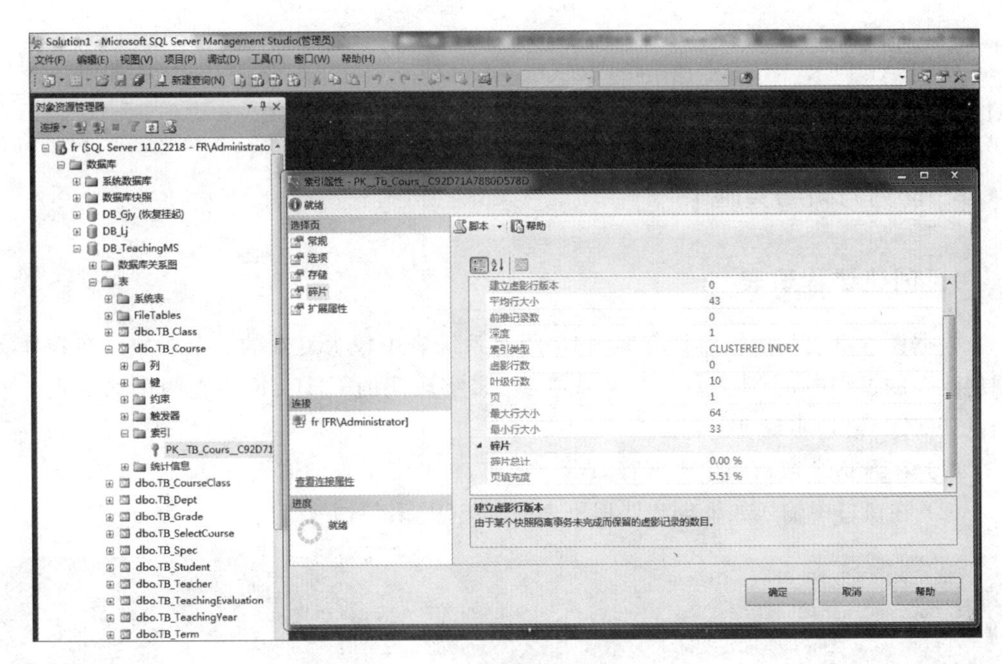

图 5-11　表索引碎片属性查询

2. 整理索引碎片

整理索引碎片有两种方式：重新组织和重新生成。其中，重新组织类似磁盘碎片整理，只是对索引数据进行整理；重新生成类似磁盘格式化，是指删除原来的索引，重新创建新索引。

(1) 向导方式

确定需要整理碎片的索引对象，右击，选择“重新生成”或“重新组织”命令，打开如图 5-12 所示窗口，单击“确定”按钮，完成对指定索引的碎片整理。

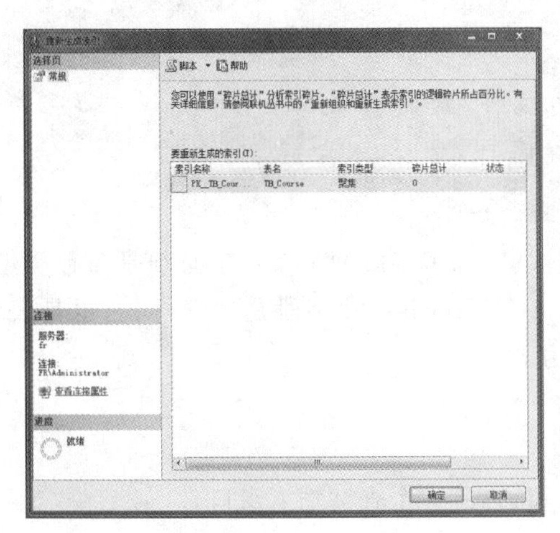

(a)“重新生成索引”对话框　　(b)“重新组织索引”对话框

图 5-12　整理索引碎片

(2) T-SQL 命令方式

使用 ALTER INDEX 语句的 REORGANIZE 子句进行索引碎片的重组；使用 ALTER INDEX 语句的 REBUILD 子句进行索引碎片的重新创建。

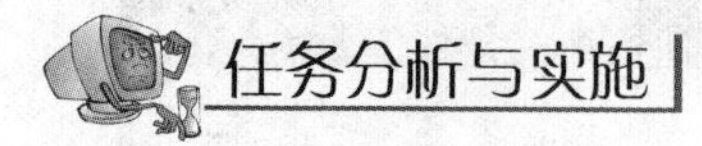

1. 创建课程班表

根据课程班表的逻辑设计方案，它是所有系统表中较为复杂的一个对象。在物理实现创建表的过程中，会涉及标识字段做主键、多字段间的 CHECK 检查约束的实现。下面以 T-SQL 语句实现表创建。

(1) 在 SSMS 窗口中单击“新建查询”按钮，打开一个查询输入窗口。

(2) 在窗口中输入如下创建课程班表的 T-SQL 语句，并保存。

```
CREATE TABLE TB_CourseClass
( CourseClassId   INT   IDENTITY(1,1)    PRIMARY KEY   NOT NULL ,
  CourseId CHAR(6) NOT NULL REFERENCES TB_Course(CourseId),
  TeacherId CHAR(6) NOT NULL REFERENCES TB_Teacher(TeacherId),
  TeachingYearId CHAR(4) NOT NULL REFERENCES
  TB_TeachingYear(YearId),
  TermId CHAR(2) NOT NULL REFERENCES TB_Term(TermId),
  TeachingPlace NVARCHAR(16) NOT NULL,
  TeachingTime NVARCHAR(32) NOT NULL,
  CommonPart TINYINT NOT NULL DEFAULT(10)
      CHECK (CommonPart >= 0 AND CommonPart <= 100),
  MiddlePart TINYINT NOT NULL DEFAULT(20)
      CHECK (MiddlePart >= 0 AND MiddlePart <= 100),
  LastPart TINYINT NOT NULL DEFAULT(70)
      CHECK (LastPart >= 0 AND LastPart <= 100),
  MaxNumber SMALLINT NOT NULL DEFAULT(60) CHECK (MaxNumber >= 0),
  SelectedNumber SMALLINT NOT NULL DEFAULT(0),
  FullFlag CHAR(1) NOT NULL DEFAULT('U') CHECK (FullFlag IN ('F','U')),
  CONSTRAINT CK_SumOfParts CHECK (CommonPart + MiddlePart + LastPart = 100)
)
```

其中，CourseClassId 字段是标识字段做主键，标识字段的类型规定必须是整数类型，用系统提供的关键字 IDENTITY 进行定义。CourseClassId 字段是主键，同时也是表的聚集索引字段，这是一种隐式添加表索引的方式。

2. 创建选课表

(1) 在 SSMS 窗口中单击“新建查询”按钮，打开一个查询输入窗口。

(2) 在窗口中输入如下创建选课表的 T-SQL 语句，并保存。

```
CREATE TABLE TB_SelectCourse
( SelectCourseId INT IDENTITY(1,1) PRIMARY KEY,
  StuId CHAR(10) NOT NULL REFERENCES TB_Student(StuId),
  CourseClassId CHAR(10) NOT NULL REFERENCES
  TB_CourseClass(CourseClassId),
  SelectDate SMALLDATETIME NOT NULL DEFAULT GETDATE(),
  CONSTRAINT UK_StuId_CourseClassId UNIQUE (StuId, CourseClassId)
)
```

在创建选课表的过程中设计 SelectCourseId 字段为主键字段，即为聚集索引字段。同时，创建了一个由 StuId 字段和 CourseClassId 字段组成的复合索引，该索引限定了学号和课程班编号字段的值是唯一的。

3. 创建成绩表

(1) 在 SSMS 窗口中单击“新建查询”按钮，打开一个查询输入窗口。

(2) 在窗口中输入如下创建成绩表的 T-SQL 语句，并保存。

```
CREATE TABLE TB_Grade
( GradeSeedId INT IDENTITY(1,1) PRIMARY KEY,
  StuId CHAR(10) NOT NULL REFERENCES TB_Student(StuId),
  ClassId CHAR(8) NOT NULL REFERENCES TB_Class(ClassId),
  CourseClassId CHAR(10) NOT NULL REFERENCES
  TB_CourseClass(CourseClassId),
  CourseId CHAR(6) NOT NULL REFERENCES TB_Course(CourseId),
  CommonScore REAL NOT NULL DEFAULT(0) CHECK (CommonScore>=0
  AND CommonScore>=100),
  MiddleScore REAL NOT NULL DEFAULT(0) CHECK (MiddleScore>=0 AND
  MiddleScore>=100),
  LastScore REAL NOT NULL DEFAULT(0) CHECK (LastScore>=0 AND
  LastScore>=100),
  TotalScore REAL NOT NULL DEFAULT(0) CHECK (TotalScore>=0 AND
  TotalScore>=100),
  RetestScore REAL DEFAULT(0) CHECK (RetestScore>=0 AND
  RetestScore>=100),
  LockFlag CHAR(1) NOT NULL DEFAULT('U') CHECK (LockFlag IN ('U','L'))
)
```

在创建好成绩表 TB_Grade 之后，为提高检索效率，继续在表的学号字段上添加非聚集索引 IX_Grade_StuId，T-SQL 语句如下。

```
CREATE  INDEX  IX_Grade_StuId ON TB_Grade(StuId)
```

同时，也可以通过 Management Studio 向导方式添加表索引。打开对应的表设计窗口，单击工具栏上的“管理索引和键”按钮，在弹出的“索引/键”对话框中可以看见刚刚创建的不同表的索引。如图 5-13 所示是 TB_Grade 表中创建的非聚集索引 IX_Grade_StuId。

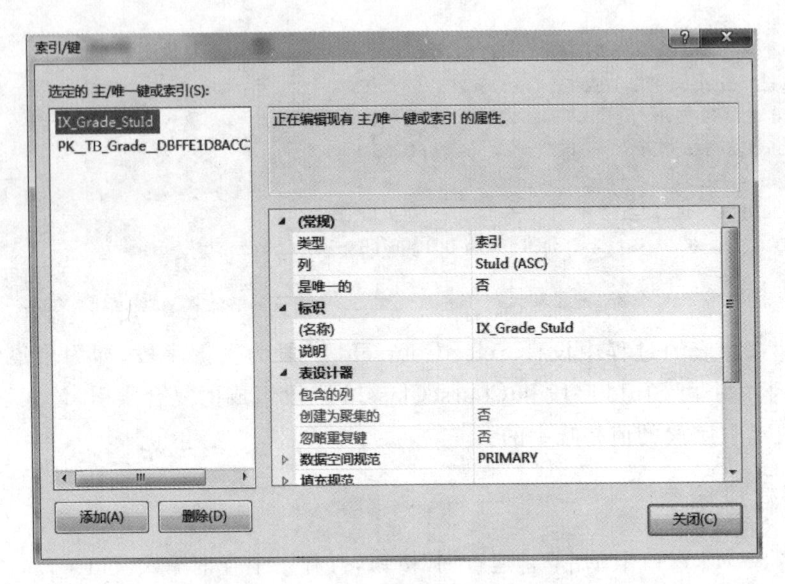

图 5-13 “索引/键”对话框

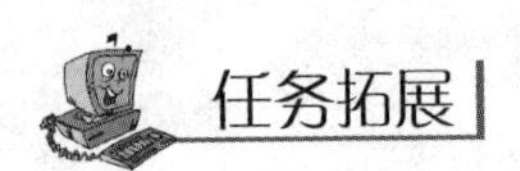

1. 查看索引

可以通过下述 T-SQL 语句查看刚才为表 TB_Grade 的 StuId 字段创建的非聚集复合索引 IX_Grade_StuId，包括表中的其他所有索引信息。

```
SP_HELPINDEX TB_Grade
```

查看的结果如图 5-14 所示。

	index_name	index_description	index_keys
1	IX_Grade_StuId	nonclustered located on PRIMARY	StuId
2	PK__TB_Grade__DBFFE1D8ACC2CAB4	clustered, unique, primary key located on PRIMARY	GradeSeedId

图 5-14 查看表索引

2. 修改索引名称

可以通过下述 T-SQL 语句修改刚才为表 TB_Grade 的 StuId 字段创建的非聚集索引 IX_Grade_StuId 的名称为 IX_TB_Grade_StuId。

```
SP_RENAME 'TB_Grade.IX_Grade_StuId',  'IX_TB_Grade_StuId'
```

3. 删除索引

如果为表 TB_Grade 的 StuId 字段创建的索引 IX_Grade_StuId 不再需要了，可以用下述 T-SQL 语句删除。

```
DROP INDEX TB_Grade.IX_Grade_StuId
```

删除索引必须在索引名称前注明表名称，指明是哪个表的索引文件，否则无法删除索引。如果需要改变一个索引的类型，必须删除原来的索引并重建一个。

任务 5.3　向表中添加数据

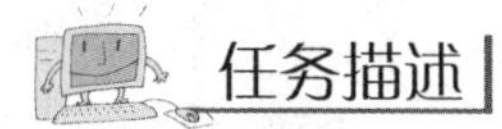

当数据库中的表创建好之后，就可以将数据添加到相应的表中。现在向新生入学管理系统数据库的表中添加记录。

(1) 向 TB_Dept 表中添加系部记录。

(2) 用子查询将课程班的成绩表单插入表 TB_Grade 中。

相关知识

INSERT 语句是用于向数据表中插入数据的最常用的方法，使用 INSERT 语句可以一次向表中添加一个或多个新行。

5.3.1　数据单行插入

INSERT INTO...VALUES...语句是用来向某个数据表中插入单条数据记录的，它的基本结构如下。

```
INSERT INTO 数据表或视图名(字段 1, 字段 2, 字段 3,...)
VALUES(值 1, 值 2, 值 3,...)
```

INSERT INTO 子句中的字段数量与 VALUES 子句中字段值的数量必须一致，而且两者的顺序也必须一致。如果 INSERT INTO 子句和 VALUES 子句中，分别省略了某个字段和其对应的值，那么该字段所在的列有默认值存在时，先使用默认值。如果默认值不存在，系统会尝试插入 NULL 值，但是如果该列定义了 NOT NULL，尝试插入 NULL 值将会出错。

如果在 VALUES 子句中对某个允许为空的字段插入了 NULL 值，即使该字段还定义了默认值，该字段的值仍将被设置为 NULL。

5.3.2 数据多行插入

可以在 INSERT INTO 语句中使用子查询,用这种方法可以将子查询的记录集一次性插入数据表中。它的基本结构如下。

```
INSERT INTO 数据表名(字段 1, 字段 2, 字段 3,...)
SELECT 子查询语句
```

注意:子查询的选择列表必须与 INSERT 语句的字段列表完全匹配(字段数量、类型和顺序)。

5.3.3 创建表同时插入数据

还可以使用 SELECT INTO 语句来完成数据的插入。它的基本结构如下。

```
SELECT 字段 1, 字段 2, 字段 3,... INTO 新表名 FROM 源表
WHERE 查询条件表达式
```

上述 T-SQL 语句首先创建一个新表,表中字段的定义与 SELECT 中的字段名称和类型完全一致,然后再用 SELECT 语句查询的结果集填充该新表。

此处的新表可以是一个局部或全局的临时表。

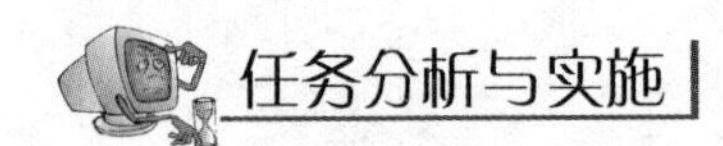

1. 向 TB_Dept 表中插入系部记录

(1) 在 SSMS 窗口的"新建查询"窗口中输入如下 T-SQL 语句。

```
USE DB_TeachingMS
GO
INSERT INTO TB_Dept (DeptId,DeptName) VALUES('02','机电工程系')
INSERT INTO TB_Dept (DeptId,DeptName) VALUES('03','电子工程系')
INSERT INTO TB_Dept (DeptId,DeptName) VALUES('05','化纺工程系')
INSERT INTO TB_Dept (DeptId,DeptName) VALUES('06','外语系')
```

(2) 单击"执行"按钮即可逐条插入系部信息。

注意:从上述单行记录插入的 INSERT 语句可以看出,INSERT INTO 子句后没有带字段名。如果 INSERT INTO 子句中只包括表名,而没有指定任何一个字段,则默认向该表中所有列赋值。这种情况下,VALUES 子句中所提供的值的顺序、数据类型、数量必须与字段在表中定义的顺序、数据类型、数量一致。

2. 用子查询将课程班的成绩表单插入表 TB_Grade 中

(1) 在 SSMS 窗口的"新建查询"窗口中输入如下 T-SQL 语句。

```
USE DB_TeachingMS
GO
INSERT INTO TB_Grade (StuId,ClassId,CourseClassId,CourseId)
SELECT TSC.StuId,ClassId,TSC.CourseClassId,CourseId
FROM TB_SelectCourse TSC,TB_Student TS,TB_CourseClass TCC
WHERE TSC.StuId = TS.StuId AND TSC.CourseClassId = TCC.CourseClassId
AND TSC.CourseClassId = 'T080040401'
```

(2) 单击"执行"按钮即可将该课程班的学生成绩表单记录一次性插入表 TB_Grade 中。

任务拓展

根据学校学籍管理规定,学生的学籍在校保留 6 年,对于已经过了 6 年的学生(譬如入学年份为 2004 的学生),要将学生信息表 TB_Student 中的这一级学生移到一个新表 TB_Student2004 中存档。可以用下述 T-SQL 语句实现。

```
USE DB_TeachingMS
GO
SELECT * INTO TB_Student2004 FROM TB_Student
WHERE EnrollYear = '2004'
```

情境6　拓展练习：图书管理系统的数据库设计

任务6.1　系统需求分析

为方便对图书馆书籍、读者资料、借还书等信息进行高效管理，决定利用计算机软件(Microsoft Visual Studio 2010、Microsoft SQL Server 2012)开发一个图书管理系统。系统主要有两种用户：图书管理员和读者，功能模块如图6-1所示。

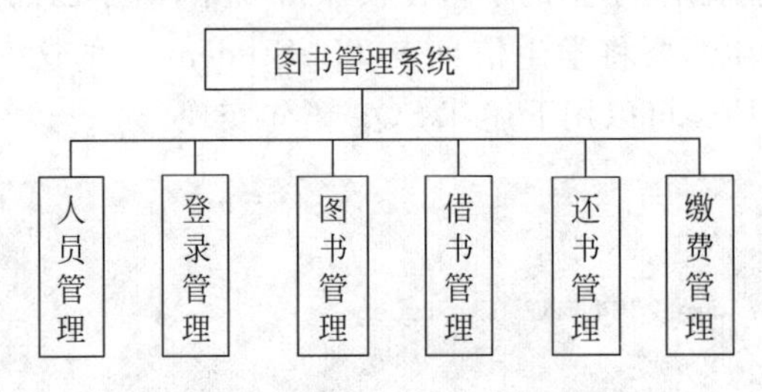

图6-1　图书管理系统功能模块图

1. 图书管理员

(1) 完成读者信息添加、删除、修改操作。

(2) 完成负责图书入库操作。

(3) 完成图书的借阅操作。

(4) 完成读者欠费缴费操作。

(5) 进行读者信息、图书信息、借阅信息、欠费情况等基本信息的查询。

2. 读者

(1) 借阅图书。

(2) 查询借阅情况、欠款情况。

(3) 可按照多种方式查询图书信息，如按书名、出版社或图书编号查询图书作者、出版单位，是否在库或在库几本等。

系统规定读者凭借书证借阅图书。其中，教师借书不得超过3个月(90天)、学生借书不得超过30天，图书可续借，但续借不得超过3次。超出借书时间必须缴纳罚金0.01元/天。

任务6.2　数据库设计要求

(1) 根据数据库系统设计的基本方法与步骤，以项目组为单位，认真完成数据库的概念设计、逻辑设计阶段任务。

(2) 利用 Visio 工具绘制 E-R 图和 Excel 表的逻辑设计结构，并提交小组讨论。

(3) 以项目组为单位，整理并提交最终数据库设计方案。

实训一　数据库设计

实训目的

(1) 理解并掌握数据库概念设计与逻辑设计的方法。

(2) 掌握 E-R 图转换成数据库逻辑设计形式的一般方法。

(3) 学会使用 Visio 工具绘制数据库逻辑模型图。

实训任务

(1) 每个学生根据学校的图书借阅管理实际情况，对“图书管理系统”进行相应的需求分析，并完成“图书借阅管理系统”的概念设计和逻辑设计，对逻辑设计进行评审使之满足数据库设计规范化要求。

(2) 按照 5～6 人分成一个项目小组，将组内每个人的设计综合成一个比较优化的设计方案，做成 PPT 在组间进行交流。

① 需求分析。首先到各部门调研其管理职能和业务处理，收集分析业务处理报表，弄清相互关系，画图描述业务管理流程、功能、数据需求和安全性等需求。用 Visio 画出功能模块图表示系统功能，并对系统用户和使用的功能、数据要求进行文字描述。

② 概念设计。抽象出实体，分析实体属性和实体间联系，使用 Visio 软件画出 E-R 图。

注意：实体联系命名要顾名思义，简洁明了。可以先画局部 E-R 图，然后画整体 E-R 图。去除同名(或异名同义)的实体和属性，把相同实体的属性合并(一事一地原则)。

(3) 逻辑设计。对于 $m:n$ 的实体联系转化为两个 $1:n$ 关系。对于 $1:n$ 的实体联系根据字段存储的内容设计字段类型、长度、是否空值，设计主键、外键，对字段取值范围或编码规则加以说明。

对逻辑设计进行规范化处理，基本满足 3NF 要求，按评审要求进行评审，完善逻辑设计方案，画出逻辑模型图。

实训二　数据库的创建

实训目的

(1) 熟悉 SQL Server 2012 系统的启动、连接和相关配置方法。

(2) 掌握创建和维护数据库的相关方法。

(3) 掌握分离和附加数据库的相关方法。

实训任务

(1) 将 SQL Server 服务器启动方式改为手动。禁用 SQL Server Browser 服务。

(2) 把 SQL Server 服务器登录方式设为 SQL Server 和 Windows 身份验证混合模式。

(3) 修改 SQL Server 服务器登录账户 sa 密码,使其包括 6 位数字或字符。

(4) 请用 T-SQL 语句创建图书管理数据库 DB_TSGL,要求:该数据库包含两个数据文件和两个事务日志文件;将数据文件和事务日志文件分别存放至 C:\DATA 和 D:\LOG 文件夹下;第一个数据文件放在主文件组中,第二个数据文件放在名称为 Tsgl_FileGroup 的文件组中;数据文件初始大小为 5MB,文件增长值为 10%,不限定文件的最大增长长度;日志文件初始大小为 1MB,文件增长值为 2MB,文件最大增长长度为 10MB。

(5) 分别使用系统存储过程 sp_detach_db 和 sp_attatch_db 来分离和附加图书管理数据库 DB_TSGL,写出存储过程执行的语句。

实训三　表的创建

实训目的

(1) 理解表的基本概念:表的定义、类型。

(2) 会使用 SSMS 和 T-SQL 语句创建表。

(3) 熟练掌握表数据完整性设置方法。

① 为空约束:NOT NULL/NULL;

② 主键约束:PRIMARY KEY;

③ 标识种子:IDENTITY(m,n);

④ 外键约束:CONSTRAINT 外键名称;

⑤ FOREIGN KEY(外键字段名);

⑥ REFRENCES 外键关系表(外键表字段);

⑦ 检查约束:CHECK。

(4) 向表中添加记录,进行数据维护。

实训任务

(1) 创建课务管理系统中的基本数据表,包括学年表、学期表、职称表、系部表。合理设计各表中主外键及约束。

(2) 编写 T-SQL 脚本,创建 TB_Teacher 教师表,逻辑设计如表 6-1 所示。

(3) 用 SSMS 在以上教师信息表 TB_Teacher 中,增加字段 age,数据类型为 int,要求该字段为自动计算字段,根据教师出生年月的值自动计算年龄。查看表结构,确认 age 字段添加成功。然后,删除 age 字段。

表 6-1 TB_Teacher 教师表

PK	字段名称	字段类型	NOT NULL	默认值	约束	字段说明
●	TeacherId	char(6)	○		主键	教师编号
	TeacherName	char(8)	○			教师姓名
	Sex	char(2)	○	M		性别(M：男，F：女)
	Birthday	datetime	○			出生日期
	Email	varchar(40)	○			邮箱地址
	DeptId	char(2)	○			系部编号

(4) 编写 T-SQL 脚本，在教师信息表中，将 Sex 修改为 TeacherSex。

(5) 使用 T-SQL 脚本，完成表 6-2～表 6-5 的创建和约束的创建。

表 6-2 TB_Student 学生表

PK	字段名称	字段类型	NOT NULL	默认值	约束	字段说明
●	StuId	char(10)	○		主键	学号
	StuName	char(8)	○			姓名
	Birthday	datetime	○			出生日期
	Sex	char(1)	○		M	性别
	Address	nvarchar(50)				地址
	ClassId	char(8)	○			班级编号
	ZipCode	char(6)			CHECK	邮编(由 6 位数字组成)

表 6-3 TB_Course 课程表

PK	字段名称	字段类型	NOT NULL	默认值	约束	字段说明
●	CourseId	char(4)	○		主键	课程编号
	CourseName	nvarchar(20)	○			课程名称
	Remarks	nvarchar(200)				备注

表 6-4 TB_CourseClass 课程班表

PK	字段名称	字段类型	NOT NULL	默认值	约束	字段说明
	ClassId	char(6)	○			课程班编号
	CourseId	char(4)	○		外键	外键关联 TB_Course
	TeacherId	char(6)	○			
	StudyYear	char(9)	○	当前学年		学年
	Term	char(1)	○	当前学期		学期

表 6-5 TB_SelectCourse 学生选课表

PK	字段名称	字段类型	NOT NULL	默认值	约束	字段说明
	CourseClassId	char(10)	○		外键	引用 TB_CourseClass
	StuId	char(10)	○		唯一性	引用 TB_Student
	SelectDate	datetime	○			选课日期

(6) 在 TB_CourseClass 课程班表中增加表 TB_CourseClass 的主键约束。

(7) 创建学生表中的 StuName 为唯一性约束。

(8) 增加 TB_SelectCourse 表中的一列 SelectCourseId,并设置该字段为标识字段,其值从 1 开始,自动增加 1。

(9) 创建 CHECK 约束,要求 TB_Teacher 表的 Birthday 字段值大于 1900-01-01,小于系统当前日期。

(10) 向各表中添加数据,写出 SQL 语句。

第2篇

数据库应用与开发

数据查询语言是数据库管理系统的重要组成部分，是数据库应用与开发的基础。许多数据库系统拥有作为高级查询语句的结构化查询语言(Structured Query Language，SQL)。SQL结构简洁，功能强大，简单易学，是一种通用的、功能极强的关系数据库语言，现在已经成为关系型数据库环境下的标准查询语言。这种结构化的查询语言包含数据定义语言(DDL)、数据操纵语言(DML)和数据控制语言(DCL)3个部分。

【学习情境】

情境7　查询与统计数据
情境8　管理数据表
情境9　存储过程在学生选课过程中的应用
情境10　触发器在学生选课过程中的应用
情境11　处理事务与锁
情境12　高校课务管理系统开发

【学习目标】

(1) 了解数据查询的机制。
(2) 掌握用SELECT…WHERE…ORDER BY…语句进行简单数据查询。
(3) 掌握用GROUP BY、HAVING子句进行数据统计查询。
(4) 掌握多表联合查询方法的运用。
(5) 掌握各种子查询方法的运用。
(6) 掌握视图的创建方法。
(7) 运用WinForm技术实现数据库的开发。

情境7　查询与统计数据

任务7.1　查询单表数据

任务描述

在高校课务管理系统中，所有学生的基本信息都保存在学生信息表TB_Student中，教务处负责学籍管理的张老师经常要按照以下几种方式查询学生信息。

(1) 查看学生表中所有学生的所有字段的信息。

(2) 查看学生表中所有学生的部分字段(StuId、StuName、Sex、ClassId)信息。

(3) 按班级查看某个班学生的部分字段(StuId、StuName、Sex、ClassId)信息。

(4) 按班级查看某个班学生的部分字段(StuId、StuName、Sex、ClassId)信息，而且先按字段Sex降序，再按字段StuName进行降序排列。

请用T-SQL查询语句实现张老师的查询要求。

相关知识

7.1.1　查询机制

查询是针对数据库中的数据表的数据行而言的，可以理解为“筛选”。例如，查询课程信息表中的计算机系开设的课程信息(只需要“课程编号”“课程名称”和“系部”3个字段的信息)，其查询机制如图7-1所示。

课程编号	课程名称	系部	学分	课时	…
C02001	中国剪纸艺术	艺术设计系	2	36	
C08002	C语言程序设计	计算机系	3	54	
C10001	曹雪芹与《红楼梦》	基础部	2	36	
C08003	Flash动画制作	计算机系	3	54	
C08004	动态网页设计	计算机系	2	32	
C11003	交际舞	体育部	2	36	

课程编号	课程名称	系部
C08002	C语言程序设计	计算机系
C08003	Flash动画制作	计算机系
C08004	动态网页设计	计算机系

图7-1　数据查询机制

课程信息表在接受查询请求时，可以简单理解为逐行选取，判断是否符合查询的条件。如果符合条件就提取出来，然后把所有符合条件的行组织在一起，形成一个结果集，类似于一个新的表，这样的查询结果称为“记录集”。

7.1.2 简单 SELECT 查询

首先介绍最简单的查询语句，它的基本结构如下。

```
SELECT 字段 1,字段 2,... FROM 数据表
```

SELECT 子句的“字段 1，字段 2，...”部分用于指定选择要查询的源数据表中的列。它可以是星号(*)、表达式、字段列表、变量等。

FROM 子句的“数据表”部分用于指定要查询的表或视图，可以指定多个表或视图，用逗号分开。

7.1.3 WHERE 子句

用 SELECT 和 FROM 只能返回表中的所有行。在查询中加上 WHERE 子句则使整个查询具有选择性。WHERE 子句指定数据检索的条件，以限制返回的数据行满足一定的条件，WHERE 后面的子句由谓词构成的条件来限制返回的查询结果。带有 WHERE 子句的查询语句的基本结构如下。

```
SELECT 字段 1,字段 2,... FROM 数据表
WHERE 查询条件
```

7.1.4 ORDER BY 子句

ORDER BY 子句用于对查询的结果进行排序。它可以按照一个或多个字段对查询的结果进行升序(ASC)或降序(DESC)排列。其中，升序为默认设置。ORDER BY 子句一般跟在 WHERE 条件子句的后面。带有 WHERE 和 ORDER BY 子句的查询语句的基本结构如下。

```
SELECT 字段 1,字段 2,... FROM 数据表
WHERE 查询条件
ORDER BY 字段 a,字段 b,... [ASC | DESC]
```

当 ORDER BY 子句后面有多个排序字段时，按照排序字段的前后顺序进行处理。

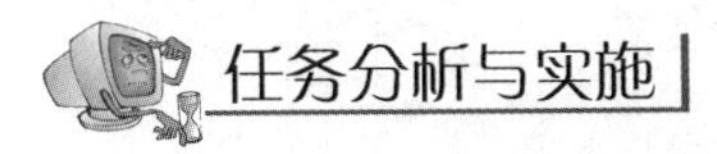

任务分析与实施

子任务 1：查看学生表中所有学生的所有字段的信息。

(1) 打开 SSMS 窗口，在查询编辑器中输入以下代码。

```
USE DB_TeachingMS                        -- 当前数据库
GO
SELECT * FROM TB_Student                 -- 学生表所有行列
```

(2) 单击"执行"按钮可在数据库中查询得到相应的结果，共 50 条记录，如图 7-2 所示。

	StuId	StuName	EnrollYear	GradYear	DeptId	ClassId	Sex	Birthday	TPassword
1	04020101	周灵灵	2004	2007	02	040201	F	1984-1...	123456
2	04020102	余红燕	2004	2007	02	040201	F	1985-1...	123456
3	04020103	左秋霞	2004	2007	02	040201	F	1985-0...	123456
4	04020104	汪德荣	2004	2007	02	040201	M	1984-1...	123456
5	04020105	刘成波	2004	2007	02	040201	M	1984-0...	123456
6	04020106	郭昌盛	2004	2007	02	040201	M	1984-0...	123456

查询已成… | JYPC-PYH (9.0 SP2) | JYPC-PYH\PYH (53) | DB_TeachingMS | 00:00:00 | 50 行

图 7-2　学生表所有字段信息

子任务 2：查看学生表中所有学生的部分字段的信息。

(1) 将子任务 1 中的 SQL 查询语句改为如下语句。

```
USE DB_TeachingMS                        -- 当前数据库
GO
SELECT StuId,StuName,Sex,ClassId         -- 所有行部分列
FROM TB_Student                          -- 从学生表
```

(2) 单击"执行"按钮可在数据库中查询得到相应的结果，如图 7-3 所示。

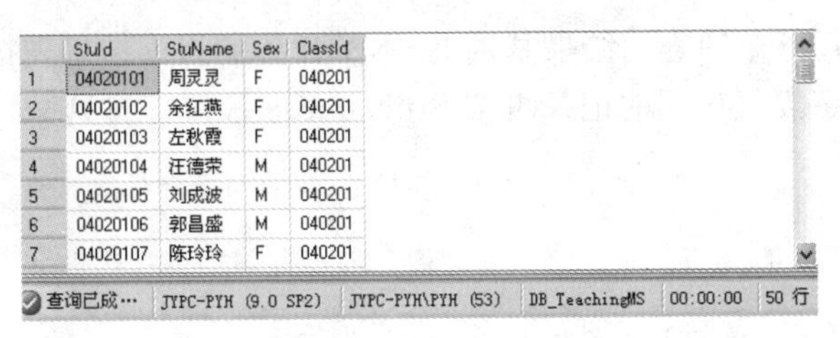

	StuId	StuName	Sex	ClassId
1	04020101	周灵灵	F	040201
2	04020102	余红燕	F	040201
3	04020103	左秋霞	F	040201
4	04020104	汪德荣	M	040201
5	04020105	刘成波	M	040201
6	04020106	郭昌盛	M	040201
7	04020107	陈玲玲	F	040201

查询已成… | JYPC-PYH (9.0 SP2) | JYPC-PYH\PYH (53) | DB_TeachingMS | 00:00:00 | 50 行

图 7-3　学生表部分字段信息

很明显，在查询显示的结果中只给出了 SELECT 查询子句指定的 StuId、StuName、Sex、ClassId 4 个字段的信息，其余字段信息不再显示。

子任务 3：按班级查看某个班学生的部分字段信息。

(1) 将子任务 2 中的 SQL 查询语句改为如下语句。

```
USE DB_TeachingMS                        -- 当前数据库
GO
```

```
SELECT StuId,StuName,Sex,ClassId -- 所有行部分列
FROM TB_Student -- 从学生表
WHERE ClassId = '040801' -- 从 04 网络(1)班
```

(2) 单击“执行”按钮可在数据库中查询得到相应的结果,如图 7-4 所示。

很明显,在查询显示的结果中只给出了 04 网络(1)班且 SELECT 查询子句指定的 StuId、StuName、Sex、ClassId 4 个字段的信息,其余班级的信息不再显示。

子任务 4: 按班级查看某个班学生的部分字段信息,而且先按字段 Sex,再按字段 StuName 进行降序排列。

(1) 将子任务 3 中的 SQL 查询语句改为如下语句。

```
USE DB_TeachingMS                        -- 当前数据库
GO
SELECT StuId,StuName,Sex,ClassId         -- 所有行部分列
FROM TB_Student                          -- 从学生表
WHERE ClassId = '040801'                 -- 从 04 网络(1)班
ORDER BY Sex DESC,StuName DESC           -- 按两字段降序排列
```

(2) 单击“执行”按钮可在数据库中查询得到相应的结果,如图 7-5 所示。

	StuId	StuName	Sex	ClassId
1	04080101	任正非	M	040801
2	04080102	王倩	F	040801
3	04080103	戴丽	F	040801
4	04080104	孙军团	M	040801
5	04080105	郑志	M	040801
6	04080106	龚玲玲	F	040801
7	04080107	李铁	M	040801
8	04080108	戴安娜	F	040801
9	04080109	陈淋淋	F	040801
10	04080110	司马光	M	040801

图 7-4 班级学生部分字段信息

	StuId	StuName	Sex	ClassId
1	04080102	王倩	F	040801
2	04080106	龚玲玲	F	040801
3	04080103	戴丽	F	040801
4	04080108	戴安娜	F	040801
5	04080109	陈淋淋	F	040801
6	04080105	郑志	M	040801
7	04080104	孙军团	M	040801
8	04080110	司马光	M	040801
9	04080101	任正非	M	040801
10	04080107	李铁	M	040801

图 7-5 班级学生按 Sex、StuName 字段排序

很明显,在子任务 3 的查询结果基础上,本子任务的查询结果先按照学生 Sex 字段降序排列,对于 Sex 字段值相同的记录再按 StuName 字段降序排列。

任务拓展

1. TOP 关键字

从上述子任务 3 的查询结果可以看出,04 网络(1)班共有 10 名学生,如果只需要在子任务 3 的基础上查询出这个班级的前 5 名学生,可用下述含 TOP 关键字的 SQL 语句实现。

```
USE DB_TeachingMS                        -- 当前数据库
GO
SELECT TOP 5 StuId,StuName,Sex,ClassId   -- 所有行部分列
FROM TB_Student                          -- 从学生表
WHERE ClassId = '040801'                 -- 从 04 网络(1)班
```

查询结果如图 7-6 所示。

从图 7-6 可以看出，在查询显示的结果中只给出了 04 网络(1)班的前 5 位学生信息，其余的学生信息不再显示。

	StuId	StuName	Sex	ClassId
1	04080101	任正非	M	040801
2	04080102	王倩	F	040801
3	04080103	戴丽	F	040801
4	04080104	孙军团	M	040801
5	04080105	郑志	M	040801

图 7-6　学生表前 5 条记录信息

2. DISTINCT 关键字

如果想查询一下学生表(TB_Student)中存在哪些班级的学生信息，可以用以下包含 DISTINCT 关键字的 SQL 查询语句实现。

```
USE DB_TeachingMS                          -- 当前数据库
GO
SELECT DISTINCT ClassId                    -- 选择 ClassId 字段
FROM TB_Student                            -- 从学生表
```

查询结果如图 7-7 所示。

试着将上述 SQL 查询语句中的 DISTINCT 关键字去掉后再执行一下，看看会出现什么结果。

3. 列别名

使用 SELECT 语句查询数据时，可以使用别名的方法根据需要对数据显示的标题进行修改，或者为没有标题的列增加临时标题。使用列别名有以下 3 种方式。

```
列别名 = 列名
列名 AS 列别名
列名 列别名
```

子任务 4 的查询结果显示的字段名称全部为英文不太直观，可以用下述语句通过使用列别名的方式让查询结果显示的字段名称变为中文。

```
USE DB_TeachingMS
GO
SELECT StuId 学号,StuName 学生姓名,Sex AS 性别,ClassId AS 班级编码
FROM TB_Student
WHERE ClassId = '040801'
ORDER BY Sex DESC,StuName DESC
```

查询结果如图 7-8 所示。

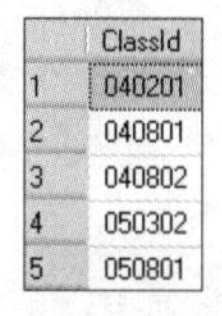

	ClassId
1	040201
2	040801
3	040802
4	050302
5	050801

图 7-7　去除重复记录的班级编码信息

	学号	学生姓名	性别	班级编码
1	04080102	王倩	F	040801
2	04080106	龚玲玲	F	040801
3	04080103	戴丽	F	040801
4	04080108	戴安娜	F	040801
5	04080109	陈淋淋	F	040801
6	04080105	郑志	M	040801
7	04080104	孙军团	M	040801
8	04080110	司马光	M	040801
9	04080101	任正非	M	040801
10	04080107	李轶	M	040801

图 7-8　用列别名显示的学生信息

当使用英文列别名超过两个单词时，必须给别名加上单引号；列别名可用于 ORDER BY 子句中，但不能用于 WHERE、GROUP BY 或 HAVING 子句中。

注意：对于简单查询，必须要明确查询显示的字段列表和指定查询的数据表，显示的字段内容必须在表中存在。如果是带条件的查询，一定要根据查询要求运用条件运算符构造正确的条件表达式，带条件查询可以体现查询操作的灵活性。

SELECT...FROM...WHERE...ORDER BY...语句的查询结构中各子句的顺序不能随意调整。其中，WHERE 和 ORDER BY 子句都是可以选择使用的部分；而且，ORDER BY 子句总是位于 WHERE 子句(如果有)后面，它可以包含一个或多个列，每个列之间以逗号分隔。这些列可能是表中定义的列，也可能是 SELECT 子句中定义的计算列。

任务 7.2　带有计算列和运算符的查询

任务描述

计算列的作用是从已有的数据中获取相关的数据信息。高校课务管理系统的使用者之一“班主任”和教务处负责选修课程管理的教师经常要用下述要求来查询学生基本信息和选课信息。

(1) 将任务 7.1 中的任务拓展中用“列别名”显示的“学生姓名”和“性别”字段的数据合成为用一个“学生姓名(性别)”字段显示。

(2) 查看“学生信息表”中自己班(如 04 网络(1)班)学生的部分字段(StuId、StuName、Sex)信息，同时显示一个计算列“年龄”。

(3) 查看“课程班信息表”中的部分字段(CourseClassId、ClassId、TeacherId、MaxNumber、SelectedNumber)信息。

(4) 查询自己班级(如 04 网络(2)班)在某个年龄段(如 19～21 岁)的所有学生信息，只显示“学号”“姓名”“性别”和“年龄”字段。

(5) 要查询一个学生的所有信息。但是只知道这个学生的班级(如 04 网络(2)班)，以及该学生的姓(如刘)；或者只知道这个学生的班级(如 04 网络(2)班)，以及该学生的名字中的一个字(如金)。

相关知识

在进行数据查询时，经常需要对查询到的数据进行再次计算。这时可在 SELECT 语句中使用带运算符的计算列完成，计算列并不存在于数据表中，它是通过对某些列的数据进行计算得到的结果。计算列一般是一个由字段、运算符和函数等组成的表达式。

7.2.1　字符串连接运算

“+”号除了作为数值运算中的加号，还可以作为两个字符串的连接符号。如要将字符串'I love'和'Beijing!'连接成一个字符串'I love Beijing!',可以用下述表达式实现:'I love'+'Beijing!',表达式中的"+"号为字符串连接运算符。

1. 字符串函数

字符串函数是经常使用的一类函数,常用的字符串函数如表 7-1 所示。

表 7-1　常用的字符串函数

函　数　名	函数描述
LTRIM(字符串)	删除指定字符串的左边空格,返回处理后的字符串
RTRIM(字符串)	删除指定字符串的右边空格,返回处理后的字符串
LEFT(字符串,长度)	左子串函数,返回从左边开始的指定长度的字符串
RIGHT(字符串,长度)	右子串函数,返回从右边开始的指定长度的字符串
SUBSTRING(字符串,位置,长度)	子串函数,返回从指定位置开始的指定长度的字符串
LEN(字符串)	返回指定字符串的字符长度数,不包含字符串右边的空格
LOWER(字符串)	将指定字符串中的大写字母转换成小写字母,返回处理后的字符串
UPPER(字符串)	将指定字符串中的小写字母转换成大写字母,返回处理后的字符串
STR(数字)	将指定数字转换成字符

2. 日期和时间函数

在实际运用中,常常会涉及很多日期和时间类型转换的问题。因此,SQL Server 为用户提供了一些常用的日期和时间函数,如表 7-2 所示。

表 7-2　常用的日期和时间函数

函　数　名	函数描述
GETDATE()	以 DATATIME 类型的标准格式返回当前系统的日期和时间
YEAR(日期)	返回指定日期的年份整数
MONTH(日期)	返回指定日期的月份整数
DAY(日期)	返回指定日期的天的整数
DATEPART(返回部分,日期)	返回指定日期的指定返回部分的整数
DATEDIFF(返回部分,起始日期,结束日期)	返回两个指定日期的指定返回部分差值

表 7-2 中的日期和时间函数中的参数"返回部分"可以有以下类型:YEAR、MONTH、DAY、WEEK、HOUR、MINUTE、SECOND 等。

7.2.2　查询条件及运算符

带条件的查询通常是在 WHERE 子句后面构造条件表达式来实现检索的。在查询语句中常用的条件运算包括比较、范围、列表、模式匹配、空值判断和逻辑运算等,具体情况如表 7-3 所示。

表 7-3　常用的查询条件及运算符

查询条件	运　算　符
比较	=、>、<、>=、<=、<>、!=、!>、!<
范围	BETWEEN…AND…、NOT BETWEEN…AND…
列表	IN、NOT IN
模式匹配	LIKE、NOT LIKE
空值判断	IS NULL、IS NOT NULL
逻辑运算	AND、OR、NOT

7.2.3　通配符

在使用条件表达式进行数据筛选时，表达式中可能会使用通配符，通配符是指在字符串操作中用于指定位置上通配一定位数的字符的处理，它通常与 LIKE 操作符配合使用。通配符种类如表 7-4 所示。

表 7-4　通配符

通配符	含　义	示　例
%	表示任意长度(0 或多个)的字符串	a%表示 a 开头的任意长度字符串
_	表示任意单个字符	a_表示以 a 开头的长度为 2 的所有字符串
[ ]	表示在指定范围内的任意单个字符	[0-9]表示 0～9 的任意单个字符
[^]	表示指定范围外的任意单个字符	[^0-5]表示不在 0～5 的任意单个字符

LIKE 运算符用于将指定列与其后面的字符串进行匹配运算，语法格式如下。

```
[NOT] LIKE '<匹配的字符串>'
```

<匹配的字符串>可以是一个完整的字符串，此时，LIKE 等价于等号；也可以是包含有通配符的字符串，例如，LIKE '王%'，表示通配以"王"开头的所有字符串。

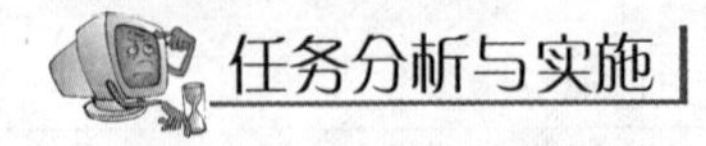

子任务 1：用合成字段"学生姓名(性别)"显示学生姓名和性别信息。

(1) 打开 SSMS 窗口，在查询编辑器中输入以下 T-SQL 语句。

```
USE DB_TeachingMS
GO
SELECT StuId 学号,StuName + '(' + Sex + ')' AS '学生姓名(性别)',ClassId AS 班级编码
FROM TB_Student
WHERE ClassId = '040801'
ORDER BY Sex,StuName DESC
```

（2）单击“执行”按钮，查询结果如图 7-9 所示。

	学号	学生姓名(性别)	班级编码
1	04080102	王倩　(F)	040801
2	04080106	龚玲玲 (F)	040801
3	04080103	戴丽　(F)	040801
4	04080108	戴安娜 (F)	040801
5	04080109	陈淋淋 (F)	040801
6	04080105	郑志　(M)	040801
7	04080104	孙军团 (M)	040801
8	04080110	司马光 (M)	040801
9	04080101	任正非 (M)	040801
10	04080107	李铁　(M)	040801

图 7-9　用计算列“学生姓名(性别)”显示的学生信息

上面查询语句中的 StuName+'('+Sex+')'是一个表达式，其中的“+”号为字符串连接运算符。

从图 7-9 可以看出，“学生姓名(性别)”列中的学生姓名和性别之间存在着空格，将这个空格去掉可以用下列 SQL 查询语句实现。

```
USE DB_TeachingMS
GO
SELECT StuId 学号,RTRIM(StuName) + '(' + Sex + ')' AS '学生姓名(性别)',ClassId AS
班级编码
FROM TB_Student
WHERE ClassId = '040801'
ORDER BY Sex,StuName DESC
```

查询结果如图 7-10 所示。

子任务 2：用计算列“年龄”显示学生年龄信息。

（1）打开 SSMS 窗口，在查询编辑器中输入以下 T-SQL 语句。

```
USE DB_TeachingMS
GO
SELECT StuId,StuName,Sex,YEAR(GETDATE()) - YEAR(Birthday) AS 年龄
FROM TB_Student
WHERE ClassId = '040801'
```

（2）单击“执行”按钮，查询结果如图 7-11 所示。

	学号	学生姓名(性别)	班级编码
1	04080102	王倩(F)	040801
2	04080106	龚玲玲(F)	040801
3	04080103	戴丽(F)	040801
4	04080108	戴安娜(F)	040801
5	04080109	陈淋淋(F)	040801
6	04080105	郑志(M)	040801
7	04080104	孙军团(M)	040801
8	04080110	司马光(M)	040801
9	04080101	任正非(M)	040801
10	04080107	李铁(M)	040801

图 7-10　用计算列“学生姓名(性别)”去空格后显示的学生信息

	StuId	StuName	Sex	年龄
1	04080101	任正非	M	26
2	04080102	王倩	F	25
3	04080103	戴丽	F	26
4	04080104	孙军团	M	27
5	04080105	郑志	M	24
6	04080106	龚玲玲	F	26
7	04080107	李铁	M	25
8	04080108	戴安娜	F	26
9	04080109	陈淋淋	F	25
10	04080110	司马光	M	26

图 7-11　用计算列“年龄”显示学生年龄信息

(3) 用下述 T-SQL 语句也可以得到图 7-11 所示的结果。

```
USE DB_TeachingMS
GO
SELECT StuId,StuName,Sex,DATEDIFF(YEAR,Birthday,GETDATE()) AS 年龄
FROM TB_Student
WHERE ClassId = '040801'
```

子任务 3：用计算列“可选数”显示课程班剩余可选学生数信息。

(1) 打开 SSMS 窗口，在查询编辑器中输入以下 T-SQL 语句。

```
USE DB_TeachingMS
GO
SELECT CourseClassId,CourseId,TeacherId,MaxNumber,SelectedNumber,
MaxNumber - SelectedNumber AS 可选数
FROM TB_CourseClass
```

(2) 单击“执行”按钮，查询结果如图 7-12 所示。

	CourseClassId	CourseId	TeacherId	MaxNumber	SelectedNumber	可选数
1	T070020401	C07001	T07002	10	10	0
2	T080010401	C08002	T08001	10	10	0
3	T080010402	C08002	T08001	10	10	0
4	T080030401	C08004	T08003	10	10	0
5	T080040401	C08003	T08004	8	6	2
6	T100020401	C10004	T10002	5	2	3
7	T100050401	C10001	T10005	5	3	2

图 7-12 用计算列“可选数”显示课程班剩余可选学生数信息

子任务 4：查询 04 网络(2)班年龄范围从 24～26 岁的学生信息。

(1) 打开 SSMS 窗口，在查询编辑器中输入以下 T-SQL 语句。

```
USE DB_TeachingMS
GO
SELECT StuId 学号,StuName 姓名,Sex 性别,YEAR(GETDATE()) - YEAR(Birthday) 年龄
FROM TB_Student
WHERE ClassId = '040802' AND YEAR(GETDATE()) - YEAR(Birthday) BETWEEN 24 AND 26
```

(2) 单击“执行”按钮，查询结果如图 7-13 所示。

	学号	姓名	性别	年龄
1	04080201	张金玲	F	26
2	04080202	王婷婷	F	25
3	04080203	石江安	M	26
4	04080204	陈建伟	M	26
5	04080205	袁中标	M	25
6	04080206	崔莎莎	F	26
7	04080207	丁承华	M	25
8	04080208	刘颖	F	24
9	04080209	刘玉芹	F	25
10	04080210	韦涛	M	25

图 7-13 04 网络(2)班 24～26 岁的学生信息

也可以用下述 T-SQL 语句来查询图 7-13 所示的结果集。

```
USE DB_TeachingMS
GO
SELECT StuId 学号,StuName 姓名,Sex 性别,
DATEDIFF(YEAR,Birthday,GETDATE()) 年龄
FROM TB_Student
WHERE ClassId = '040802' AND DATEDIFF(YEAR,Birthday,GETDATE()) IN (24,25,26)
```

子任务 5：根据姓名的部分信息查询个别学生的所有信息。

(1) 打开 SSMS 窗口，在查询编辑器中输入以下 T-SQL 语句。

```
USE DB_TeachingMS
GO
SELECT * FROM TB_Student
WHERE ClassId = '040802' AND StuName LIKE '刘%'
```

(2) 单击“执行”按钮，查询结果如图 7-14 所示。

StuId	StuName	EnrollYear	GradYear	Dept...	ClassId	Sex	Birthday	TPassword	StuAddress	ZipCode
04080208	刘颖	2004	2007	08	040802	F	1986-02-22...	123456	略	214400
04080209	刘玉芹	2004	2007	08	040802	F	1985-08-09...	123456	略	214400

图 7-14　姓“刘”的所有学生信息

如果将上述查询语句中的条件“StuName LIKE '刘%'”改成“StuName LIKE '刘_'”，结果会怎样？

(3) 将上述 T-SQL 语句改为下述形式。

```
SELECT * FROM TB_Student
WHERE ClassId = '040802' AND StuName LIKE '%金%'
```

(4) 单击“执行”按钮，查询结果如图 7-15 所示。

StuId	StuName	EnrollYear	GradYear	Dept...	ClassId	Sex	Birthday	TPassword	StuAddress	ZipCode
04080201	张金玲	2004	2007	08	040802	F	1984-03-26...	123456	略	214400

图 7-15　姓名中含“金”字的所有学生信息

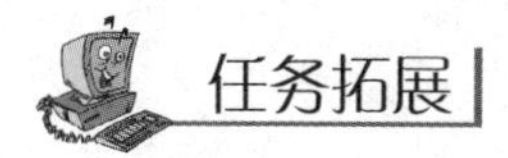

任务拓展

1. 空值判断

如果要显示“课程信息表”中 CourseOutline 字段不为空的相关课程信息，可以用下述 T-SQL 语句实现。

```
USE DB_TeachingMS
GO
```

```
SELECT * FROM TB_Course
WHERE CourseOutline IS NOT NULL
```

查询结果如图 7-16 所示。

	CourseId	CourseName	DeptId	CourseGrade	LessonTime	CourseOutline
1	C07001	中国剪纸艺术	07	2	36	传统艺术
2	C08003	Flash动画制作	08	3	54	简单动画设计与制作
3	C08004	动态网页设计	08	2	32	构架一个自己的网站

图 7-16　CourseOutline 字段不为空的课程信息

2. 通配符[ ]

如果要查询“学生信息表”中 04 网络(2)班中邮政编码为“23”或“24”开头的学生信息,可以用下述 T-SQL 语句实现。

```
USE DB_TeachingMS
GO
SELECT * FROM TB_Student
WHERE ClassId = '040802' AND ZipCode LIKE '2[3 - 4]%'
```

查询结果如图 7-17 所示。

	StuId	StuName	EnrollYear	GradYear	DeptId	ClassId	Sex	Birthday	TPassword	StuAddress	ZipCode
1	04080205	袁中标	2004	2007	08	040802	M	1985-10-04...	123456	略	241000
2	04080206	崔莎莎	2004	2007	08	040802	F	1984-04-10...	123456	略	244100
3	04080210	韦涛	2004	2007	08	040802	M	1985-03-06...	123456	略	236500

图 7-17　邮政编码为“23”或“24”开头的学生信息

也可以用下述 T-SQL 语句实现。

```
SELECT * FROM TB_Student
WHERE ClassId = '040802' AND (ZipCode LIKE '23%' OR ZipCode LIKE '24%')
```

任务 7.3　分类汇总查询

任务描述

由于每个学年结束要根据课程成绩评定奖学金,班主任每个学年都要对自己班级学生的成绩进行统计分析,然后初定学年奖学金获得者的人选。根据教务处的规定：一等综合素质奖学金的条件是各门课程平均成绩在 85 分以上；二等综合素质奖学金的条件是各门课程平均成绩在 80 分以上；三等综合素质奖学金的条件是各门课程平均成绩在 75 分以上。

可以按照以下步骤进行。

(1) 按照学号统计班内每个学生的平均成绩，并从高到低排序。

(2) 筛选出班内平均成绩在不同分数段的学生：85 分以上(含 85 分)，80～85 分(含 80 分)，75～80 分(含 75 分)。

以 04 网络(1)班为例，请用 T-SQL 语句帮班主任实现上述查询功能，要求显示学生的 StuId、ClassId、CourseId 字段和计算列“平均成绩”。

相关知识

在查询过程中，经常要对某个子集或其中的一组数据进行统计运算，而不是对整个数据集中的数据进行统计运算。

7.3.1　GROUP BY 子句

GROUP BY 子句具有对查询结果进行分组统计查询的功能，通常与统计函数一起使用。使用 GROUP BY 子句的 T-SQL 查询结构如下。

```
SELECT 字段 1,字段 2,... FROM 数据表
WHERE 查询条件                              -- 可选子句
GROUP BY 分组字段                           -- 可选子句
ORDER BY 字段 a,字段 b,... [ASC | DESC]     -- 可选子句
```

GROUP BY 子句是分组统计查询子句，查询将按照“分组字段”的内容进行分组统计，GROUP BY 子句中不能使用列别名。

7.3.2　HAVING 子句

HAVING 子句相当于一个用于组的 WHERE 子句，它指定了组或聚合的查询条件，但 WHERE 子句设置的查询条件在 GROUP BY 子句之前发生作用。HAVING 子句与 WHERE 子句从功能上看都是为查询提供条件筛选的子句，不同的是 WHERE 子句作用于表和视图，而 HAVING 子句则作用于分组，对分类汇总后的每一个分组进行条件筛选，因此它必须与 GROUP BY 配合使用才有意义。使用 HAVING 子句的 T-SQL 查询结构如下。

```
SELECT 字段 1,字段 2,... FROM 数据表
WHERE 查询条件                              -- 可选子句
GROUP BY 分组字段                           -- 可选子句
HAVING 组查询条件                           -- 可选子句
ORDER BY 字段 a,字段 b,... [ASC | DESC]     -- 可选子句
```

HAVING 子句可以包含聚集函数，而 WHERE 子句不可以。

7.3.3 聚合函数

在分类统计查询中经常使用聚合函数，常用的聚合函数定义如表 7-5 所示。

表 7-5 聚合函数

函数名	函 数 描 述
COUNT( )	返回满足 WHERE 子句查询条件的行数
SUM( )	返回指定一列中所有数值之和
AVG( )	计算指定一列的平均值
MAX( )	返回指定一列的最大值
MIN( )	返回指定一列的最小值

聚合函数是 SQL Server 提供给用户使用的一类非常重要的标准函数。运用聚合函数可以对分类得到的一组值进行统计计算，并返回统计值。聚合函数经常与 SELECT 语句的 GROUP BY 子句一起使用。

注意：聚合函数中不能使用字段别名。

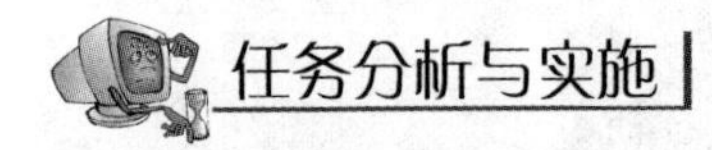

子任务 1：按照学号统计班内每个学生的平均成绩，并从高到低排序。

(1) 打开 SSMS 窗口，在查询编辑器中输入以下 T-SQL 语句。

```
USE DB_TeachingMS
GO
SELECT StuId, ClassId, AVG(TotalScore) AS AvgScore
FROM TB_Grade
WHERE ClassId = '040801'
GROUP BY StuId, ClassId
ORDER BY AvgScore DESC
```

(2) 单击“执行”按钮即可得到如图 7-18 所示的查询结果，其中“平均成绩”有多位小数。

(3) 由于“平均成绩”只需要保留两位小数，将上述 T-SQL 语句改成下述形式，执行后的查询结果如图 7-19 所示。

```
USE DB_TeachingMS
GO
SELECT StuId, ClassId, ROUND(AVG(TotalScore),2) AS AvgScore
FROM TB_Grade
WHERE ClassId = '040801'
GROUP BY StuId, ClassId
ORDER BY AvgScore DESC
```

	StuId	ClassId	AvgScore
1	04080108	040801	89.1666666666667
2	04080106	040801	80.9249992370605
3	04080109	040801	80.1333338419596
4	04080110	040801	78.0666656494141
5	04080102	040801	76
6	04080101	040801	74.2999992370605
7	04080103	040801	71.1499977111816
8	04080104	040801	69.3540000915527
9	04080105	040801	66.9666646321615
10	04080107	040801	62.9666659037272

图 7-18　班级平均成绩统计结果

	StuId	ClassId	AvgScore
1	04080108	040801	89.17
2	04080106	040801	80.92
3	04080109	040801	80.13
4	04080110	040801	78.07
5	04080102	040801	76
6	04080101	040801	74.3
7	04080103	040801	71.15
8	04080104	040801	69.35
9	04080105	040801	66.97
10	04080107	040801	62.97

图 7-19　两位小数的班级平均成绩统计结果

此处，ROUND(数字表达式，精度)是一个系统内置函数，返回数字表达式的值，并将其四舍五入为指定的长度或精度。参数“数字表达式”为精确数字或近似数字数据类型的表达式，参数“精度”是“数字表达式”将要四舍五入的精度。参数“精度”必须是TINYINT、SMALLINT 或 INT 类型。当参数“精度”为正数时，“数字表达式”的值四舍五入为“精度”所指定的小数位数。当参数“精度”为负数时，“数字表达式”的值则按参数“精度”所指定的在小数点的左边四舍五入。如 ROUND(9876，－2)返回的值为 9900。

ROUND()函数还有其他用法，可以参考 SQL Server 2012 中的联机帮助。

注意：在使用 GROUP BY 子句时，前面的 SELECT 子句中显示的列必须是聚合函数，或者是参与的分类字段(即 GROUP BY 子句中出现的字段)，否则会出错。

如果在上述 SELECT 子句中增加一个查询字段 CourseId，观察出错的提示信息。

子任务 2：筛选出班内平均成绩在不同分数段的学生。

(1) 打开 SSMS 窗口，在查询编辑器中输入以下 T-SQL 语句。

```
USE DB_TeachingMS
GO
SELECT StuId,ClassId,ROUND(AVG(TotalScore),2) AS AvgScore
FROM TB_Grade
WHERE ClassId = '040801'
GROUP BY StuId,ClassId
HAVING AVG(TotalScore)> = 75 AND AVG(TotalScore)< 80
ORDER BY AvgScore DESC
```

(2) 单击“执行”按钮即可得到如图 7-20 所示的查询结果。

	StuId	ClassId	AvgScore
1	04080110	040801	78.07
2	04080102	040801	76

图 7-20　班级平均成绩在 75～80 分的统计结果

其余两个分数段学生的统计查询可以参考上述 T-SQL 语句进行相应的修改。

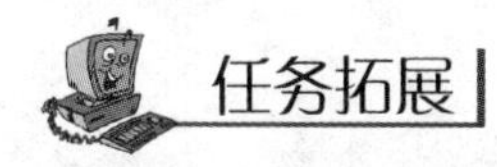

任务拓展

1. MAX 和 MIN 函数

学期结束后，班主任要查询自己班级(如 04 网络(1)班)每门课程的平均成绩、最高分和最低分,可以用下述 T-SQL 语句实现。

```
USE DB_TeachingMS
GO
SELECT CourseId, AVG(TotalScore) AvgScore, MAX(TotalScore) MaxScore,
      MIN(TotalScore) MinScore
FROM TB_Grade
WHERE ClassId = '040801'
GROUP BY CourseId
```

查询结果如图 7-21 所示。

2. COUNT 函数

如果班主任要查询自己班级(如 04 网络(1)班)每个学生已经选修的课程门数,可以可以用下述 T-SQL 语句实现。

```
USE DB_TeachingMS
GO
SELECT StuId, Count(CourseId) AS CourseCnt
FROM TB_Grade
WHERE ClassId = '040801'
GROUP BY StuId
```

查询结果如图 7-22 所示。

	CourseId	AvgScore	MaxScore	MinScore
1	C07001	71.8599994659424	92.2	38.2
2	C08002	78.8462001800537	94.6	49.462
3	C08003	81.7999979654948	87.2	77.2
4	C08004	72.0999984741211	87.2	48

图 7-21　班级课程成绩统计结果

	StuId	CourseCnt
1	04080101	4
2	04080102	3
3	04080103	4
4	04080104	3
5	04080105	3
6	04080106	4
7	04080107	3
8	04080108	3
9	04080109	3
10	04080110	3

图 7-22　学生已经选修课程统计结果

任务 7.4　多表连接查询

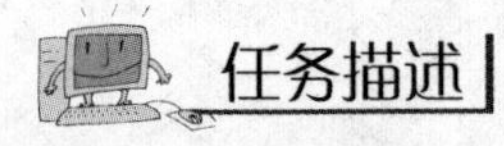

教务处负责学籍管理的张老师经常要通过下述 4 个子任务完成相关的信息查询。

(1) 查询 TB_Class 表中的班级基本情况,要求显示的字段为 DeptName、ClassName。

(2) 查询各个系的班级情况,要求所有系的情况都列出来,显示的字段为 DeptName、ClassName,然后统计各个系的班级数,没有班级的系班级数显示为 0。

(3) 查询 TB_Grade 表中单个课程班的成绩,要求显示的字段为 StuId、StuName、ClassName、CourseName、TotalScore,查询的表用相应的别名,按班级编码排序。

(4) 查询 TB_Grade 表中所有课程班的平均成绩,要求显示的字段为 CourseClassId、CourseName、TeacherName 和计算列"平均成绩"。

相关知识

在实际查询应用中,用户所需要的数据并不全部都在一个表或视图中,而可能在多个表中,这时就需要使用多表查询。多表查询实际上是通过各个表之间的共性列(主外键关系)来查询数据的,是关系数据库查询的最主要特征。

在进行多表联合查询操作时,最简单的连接方式是在 SELECT 子句列表中引用多个表的字段,在 FROM 子句中用逗号将多个不同的基表隔开。如果用 WHERE 子句创建一个相关连接,则可以使查询结果更加有效,相关连接是指使用一个表的主键与另外一个表中的外键建立连接,以保证表之间数据的参照完整性。

在进行基本的连接查询操作时,可以遵循下述基本原则。

(1) SELECT 子句列表中,在来自不同表的字段前加上相应的表名称。

(2) FROM 子句中应包括所有用到的表。

(3) WHERE 子句应定义相关的主外键连接。

多表连接分为交叉连接、内连接和外连接 3 种情况。

7.4.1 交叉连接

交叉连接查询是指返回两个表的笛卡儿乘积作为查询结果的连接方式,生成的记录集中包含两个源表中行的所有可能的组合。交叉连接查询的一般格式如下。

```
SELECT 字段 1, 字段 2, … FROM 数据源表 1, 数据源表 2, ...
```

或

```
SELECT 字段 1, 字段 2, … FROM 数据源表 1 CROSS JOIN  数据源表 2, ...
```

7.4.2 内连接

交叉连接的实际使用意义并不大,内连接是一种最常用的数据连接查询方式。内连接在交叉连接的基础上，通过对两个表之间的共性列（主外键）进行等值运算“＝”实现两个表之间的连接操作，消除与另一个表的任何不匹配的数据行。内连接运算符是 INNER JOIN 或 JOIN。

内连接的一般格式如下。

```
SELECT 数据表 1.字段 1, ... , 数据表 2.字段 1, ...
FROM   数据表 1 INNER JOIN 数据表 2,...
ON   数据表 1.共性字段  =  数据表 2.共性字段 ...
```

或

```
SELECT 数据表 1.字段 1, ... , 数据表 2.字段 1, ...
FROM   数据表 1,数据表 2,...
WHERE   数据表 1.共性字段  =  数据表 2.共性字段 ...
```

其中，用“＝”连接的字段是两个表的共性字段，一般分别是这两个表的主键字段和外键字段。

7.4.3 外连接

外连接会返回 FROM 子句中提到的至少一个表的所有符合查询条件的数据行（包括连接中不匹配的数据行）。在外连接中，参与连接的表有主从之分，查询结果返回两个表所有匹配的行，以及主表中的所有不匹配的行（从表的列填上空值）。

外连接分为左外连接、右外连接和完全连接。

(1) 左外连接。使用 LEFT OUTER JION 关键字对两个表连接。返回所有匹配的行，以及 JION 关键字左边表中的所有不匹配行。

(2) 右外连接。使用 RIGHT OUTER JION 关键字对两个表连接。返回所有匹配的行，以及 JION 关键字右边表中的所有不匹配行。

(3) 完全连接。使用 FULL OUTER JION 关键字对两个表连接。返回所有匹配的行，以及 JION 关键字两边表中的所有不匹配行。

7.4.4 表别名

使用 SELECT 语句进行多表数据查询时，可以使用别名来简化 FROM 子句中的表的名称。使用列别名有以下两种方式。

(1) 表名 AS 表别名。

(2) 表名 表别名。

任务分析与实施

子任务 1：查询已有班级的基本情况。

(1) 打开 SSMS 窗口，在查询编辑器中输入以下 T-SQL 语句。

```
USE DB_TeachingMS
GO
SELECT DeptName,ClassName
FROM TB_Dept,TB_Class
WHERE TB_Dept.DeptId = TB_Class.DeptId
```

(2) 单击“执行”按钮即可得到如图 7-23 所示的查询结果。

(3) 如果将上述 T-SQL 语句中的 WHERE 子句去掉，会得到什么查询结果？

子任务 2：查询各个系的班级情况，并统计各个系的班级数。

(1) 打开 SSMS 窗口，在查询编辑器中输入以下 T-SQL 语句。

```
USE DB_TeachingMS
GO
SELECT DeptName,ClassName
FROM TB_Dept LEFT OUTER
JOIN TB_Class ON TB_Dept.DeptId  =  TB_Class.DeptId
```

(2) 单击“执行”按钮即可得到如图 7-24 所示的查询结果。

	DeptName	ClassName
1	机电工程系	04机电(1)班
2	计算机系	04网络(1)班
3	计算机系	04网络(2)班
4	电子工程系	05电子(2)班
5	计算机系	05软件(1)班

图 7-23　班级信息内连接查询结果

	DeptName	ClassName
1	机电工程系	04机电(1)班
2	电子工程系	05电子(2)班
3	化纺工程系	NULL
4	外语系	NULL
5	艺术设计系	NULL
6	计算机系	04网络(1)班
7	计算机系	04网络(2)班
8	计算机系	05软件(1)班
9	管理系	NULL
10	基础部	NULL
11	体育部	NULL

图 7-24　班级信息左外连接查询结果

图 7-24 中主表 TB_Dept 中的所有系部记录都在结果集中显示出来，而从表 TB_Class 中的记录按照连接条件 TB_Dept.DeptId＝TB_Class.DeptId 进行匹配，对无法匹配的记录相应字段用空值 NULL 代替。

(3) 接着在查询编辑器中输入以下 T-SQL 语句。

```
USE DB_TeachingMS
GO
SELECT DeptName 系部名称,COUNT(ClassName) 班级名称
FROM TB_Dept LEFT OUTER
JOIN TB_Class ON TB_Class.DeptId = TB_Dept.DeptId
GROUP BY DeptName
```

(4) 单击"执行"按钮即可得到如图 7-25 所示的查询结果。

子任务 3：查询单个课程班的成绩，以课程班 T080040401 为例。

(1) 打开 SSMS 窗口，在查询编辑器中输入以下 T-SQL 语句。

```
USE DB_TeachingMS
GO
SELECT TG.StuId,StuName,ClassName,CourseName,TotalScore
FROM TB_Grade TG,TB_Student TS,TB_Class TCL,TB_Course TC
WHERE TG.StuId = TS.StuId AND TG.ClassId = TCL.ClassId AND
      TG.CourseId = TC.CourseId AND CourseClassId = 'T080040401'
ORDER BY TG.CourseId
```

(2) 单击"执行"按钮即可得到如图 7-26 所示的查询结果。

	系部名称	班级名称
1	电子工程系	1
2	管理系	0
3	化纺工程系	0
4	机电工程系	1
5	基础部	0
6	计算机系	3
7	体育部	0
8	外语系	0
9	艺术设计系	0

图 7-25　各系班级数量汇总情况

	StuId	StuName	ClassName	CourseName	TotalScore
1	04080101	任正非	04网络(1)班	Flash动画制作	81
2	04020101	周灵灵	04机电(1)班	Flash动画制作	87.6
3	04020104	汪德荣	04机电(1)班	Flash动画制作	85.2
4	04080103	戴丽	04网络(1)班	Flash动画制作	77.2
5	04080203	石江安	04网络(2)班	Flash动画制作	69.4
6	04080106	龚玲玲	04网络(1)班	Flash动画制作	87.2

图 7-26　课程班成绩查询结果

子任务 4：查询所有课程班的平均成绩。

(1) 打开 SSMS 窗口，在查询编辑器中输入以下 T-SQL 语句。

```
USE DB_TeachingMS
GO
SELECT TG.CourseClassId,CourseName,TeacherName,ROUND(AVG(TotalScore),2) AS AvgScore
FROM TB_Grade TG,TB_Course TC,TB_Teacher TT,TB_CourseClass TCC
WHERE TG.CourseId = TC.CourseId AND TCC.TeacherId = TT.TeacherId AND
      TG.CourseClassId = TCC.CourseClassId
GROUP BY TG.CourseClassId,CourseName,TeacherName
```

(2) 单击"执行"按钮即可得到如图 7-27 所示的查询结果。

	CourseClassId	CourseName	TeacherName	AvgScore
1	T070020401	中国剪纸艺术	沈丽	71.86
2	T080010401	C语言程序设计	陈玲	78.85
3	T080010402	C语言程序设计	陈玲	72.49
4	T080030401	动态网页设计	龙永图	72.1
5	T080040401	Flash动画制作	黄三清	81.27
6	T100020401	吉他弹唱	沈天一	82.1
7	T100050401	曹雪芹与《红楼梦》	曾远	78.67

图 7-27　课程班平均成绩查询结果

任务 7.5　子　查　询

任务描述

学期结束时班主任通过下述子任务 1、2 的查询结果，将有不及格课程的学生成绩单邮寄到学生家中，通知准备开学后补考。而教务处负责成绩管理的李老师也需要通过子任务 3、4 的查询结果完成相应的课程成绩处理和分析工作。

(1) 根据某门课程的名称，如“C 语言程序设计”，查询开设这门课程的所有课程班情况。

(2) 查询本班课程成绩不及格的学生学号、姓名、家庭住址、邮编。

(3) 查询存在成绩不及格学生的课程班的编码、课程名称和任课教师信息。

(4) 查询平均成绩大于等于 80 分的课程班的编码、课程名称和任课教师信息。

请用 T-SQL 语句实现上述 4 个查询。

相关知识

子查询又称嵌套查询。它是指在一个 SQL 语句中嵌套的另外一个 SELECT 语句。子查询可以嵌套在 SELECT 语句中，也可以嵌套在 INSERT、UPDATE 或 DELETE 语句或其他子查询中。在嵌套查询中，外层的查询块称为外层查询或父查询，下层的查询块称为内层查询或子查询。

子查询的实质就是将一个 SELECT 语句的查询结果作为外层查询 WHERE 子句的条件输入。子查询部分的 SELECT 语句体总是使用圆括号括起来。它也可以嵌套在外部 SELECT、INSERT、UPDATE 或 DELETE 语句的 WHERE 或 HAVING 子句内，也可以嵌套在其他子查询内。

在 SQL Server 中子查询是可以嵌套使用的，并且可以在一个查询中嵌套任意多个子查询，即一个子查询中还可以包含另一个子查询，这种查询方式称为嵌套子查询。子查询最多可以嵌套 32 层。

子查询可以分为单值子查询和多值子查询。

7.5.1　单值子查询

单值子查询返回的结果集中只有一个值，然后将外层查询中的某一个字段的值与子查询返回的值进行比较。比较运算符=、>、<、>=、<=、!=一般用于连接单值比较的子查询。

7.5.2 多值子查询

所谓多值子查询,是指子查询返回的结果集中有多个值,然后将外层查询条件中的某一个字段的值与子查询返回的多个值进行比较。多值子查询中可以使用 IN、EXISTS、ANY、SOME、ALL 等关键字,这里介绍常用的 IN 和 EXISTS 关键字用法,ANY、SOME、ALL 等关键字用法请参考联机丛书。

1. IN 关键字

IN 关键字用来判断一个表中指定字段中的值是否包含在子查询返回的结果集中。IN 子查询语法如下。

```
测试表达式 [NOT] IN ( 子查询 或 其他表达式列表 )
```

2. EXISTS 关键字

EXISTS 子查询称为存在子查询。如果子查询结果存在,则子查询返回的是 TRUE;如果子查询结果不存在,则子查询返回的是 FALSE。它常被用来判断子查询内是否存在满足查询条件的行,而对于查询结果的具体数据,子查询并不关心也不会返回。EXISTS 子查询语法如下。

```
[NOT] EXISTS ( 子查询 )
```

由于 EXISTS 子查询中只需要判断有无数据行符合子查询条件,而对符合条件的行有多少并不关心。因此,如果子查询检索到符合条件的行,则不会继续检索。

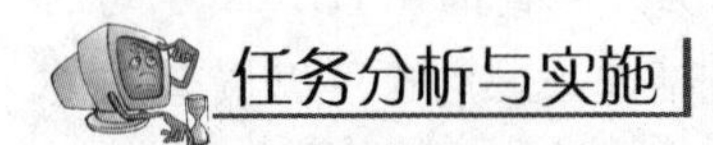

子任务 1:根据课程的名称查询开设这门课程的所有课程班情况。

分析:可以分两步来完成。

第一步:先在表 TB_Course 中查询出这门课程的课程编码,因为课程班信息表 TB_CourseClass 中只有课程编码信息 CourseId。

第二步:按照课程编码信息在表 TB_CourseClass 中查询关于这门课程的所有课程班信息。

现在要解决的问题是,如何将以上两步骤的 T-SQL 查询语句用子查询的方式一步完成?实现步骤如下。

(1) 打开 SSMS 窗口,在查询编辑器中输入以下代码。

```
USE DB_TeachingMS
GO
```

```
SELECT CourseClassId,CourseId,TeacherId,TeachingPlace,TeachingTime
FROM TB_CourseClass
WHERE CourseId =
    (SELECT CourseId FROM TB_Course WHERE CourseName = 'C语言程序设计')
```

(2) 单击"执行"按钮可在数据库中查询到相应的结果，如图7-28所示。

	CourseClassId	CourseId	TeacherId	TeachingPlace	TeachingTime
1	T080010401	C08002	T08001	4#多媒体208	1:3-4,3:1-2
2	T080010402	C08002	T08001	4#普通教室208	2:3-4,4:5-6

图7-28　基于课程的课程班信息查询结果

子任务2：查询班中课程成绩不及格的学生学号、姓名、家庭住址、邮编。

(1) 打开SSMS窗口，在查询编辑器中输入以下代码。

```
USE DB_TeachingMS
GO
SELECT StuId 学号,StuName 姓名,StuAddress 家庭住址,ZipCode 邮编
FROM TB_Student
WHERE StuId IN
    (SELECT StuId FROM TB_Grade WHERE ClassId = '040802' AND TotalScore < 60)
```

(2) 单击"执行"按钮可在数据库中查询到相应的结果，如图7-29所示。

	学号	姓名	家庭住址	邮编
1	04080205	袁中标	安徽省芜湖市笆斗街60号	241000
2	04080210	韦涛	安徽省界首市河北乡新黄村31号	236500

图7-29　成绩不及格学生的家庭联系信息

子任务3：查询存在成绩不及格学生的课程班相关信息。

(1) 打开SSMS窗口，在查询编辑器中输入以下代码。

```
USE DB_TeachingMS
GO
SELECT CourseClassId 课程班编码,CourseName 课程名称,TeacherName 任课教师
FROM TB_CourseClass TCC,TB_Course TC,TB_Teacher TT
WHERE TCC.CourseId = TC.CourseId AND TCC.TeacherId = TT.TeacherId AND
      CourseClassId IN(SELECT CourseClassId
FROM TB_Grade WHERE TotalScore < 60)
```

(2) 单击"执行"按钮可在数据库中查询到相应的结果，如图7-30所示。

	课程班编码	课程名称	任课教师
1	T070020401	中国剪纸艺术	沈丽
2	T080010401	C语言程序设计	陈玲
3	T080010402	C语言程序设计	陈玲
4	T080030401	动态网页设计	龙永图

图7-30　有不及格学生的课程班信息

建议在上述查询语句的子查询中加入 DISTINCT 关键字，读者自己思考其原因。

子任务 4：查询平均成绩大于等于 80 分的课程班相关信息。

(1) 打开 SSMS 窗口，在查询编辑器中输入以下代码。

```
USE DB_TeachingMS
GO
SELECT CourseClassId 课程班编码,CourseName 课程名称,TeacherName 任课教师
FROM TB_CourseClass TCC,TB_Course TC,TB_Teacher TT
WHERE TCC.CourseId = TC.CourseId AND TCC.TeacherId = TT.TeacherId AND
      CourseClassId IN (SELECT CourseClassId
      FROM TB_Grade GROUP BY CourseClassId
HAVING AVG(TotalScore)> = 80)
```

(2) 单击"执行"按钮可在数据库中查询到相应的结果，如图 7-31 所示。

	课程班编码	课程名称	任课教师
1	T080040401	Flash动画制作	黄三清
2	T100020401	吉他弹唱	沈天一

图 7-31 平均成绩大于等于 80 分的课程班信息

注意：上述子查询中返回的字段名称必须与外层查询中需要与子查询匹配的字段名称(如关键字 IN 前面)一致，且子查询中返回的字段数只能是一个。

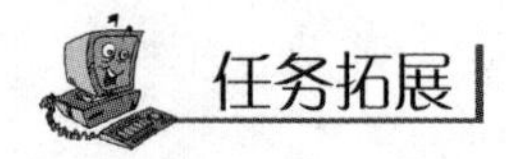

任务拓展

教务处管理学生课程选修的教师经常需要查询：只要存在任何一门课程班的选修人数不满最大允许选修人数的一半，就要查看所有未选满(FullFlag 字段值为 U)的课程班信息。可通过下述 T-SQL 语句实现。

```
USE DB_TeachingMS
GO
SELECT CourseClassId,CourseName,TeacherName,MaxNumber,SelectedNumber
FROM TB_CourseClass TCC,TB_Course TC,TB_Teacher TT
WHERE TCC.CourseId = TC.CourseId AND TCC.TeacherId = TT.TeacherId AND
      FullFlag = 'U' AND EXISTS
         (SELECT * FROM TB_CourseClass WHERE SelectedNumber < 0.5 * MaxNumber)
```

执行结果如图 7-32 所示。

	CourseClassId	CourseName	TeacherName	MaxNumber	SelectedNumber
1	T080040401	Flash动画制作	黄三清	8	6
2	T100020401	吉他弹唱	沈天一	5	2
3	T100050401	曹雪芹与《红楼梦》	曾远	5	3

图 7-32 未选满的课程班信息

任务7.6　创建视图

任务描述

为了让班主任查询学生课程成绩信息更加方便、快速和安全，请为任务7.4中的子任务3(查询TB_Grade表中单个课程班的成绩，要求显示的字段为StuId、StuName、ClassName、CourseName、TotalScore，查询的表用相应的别名，按班级编码排序)创建一个视图VW_CourseGrade，让班主任今后可以直接从这个视图中查询他所需要的课程班成绩信息。

相关知识

视图(View)是从一个或多个表中派生出来的用于集中、简化和定制显示数据库中数据的一种数据库对象，是一个基于SELECT查询语句生成的数据记录集合。视图又称为虚拟表，它所基于的表又称为基表。数据库中只存储定义视图的SELECT语句，并不存储视图查询的结果集，不占物理存储空间。

视图和表很类似，两者都是由一系列带有名称的行和列的数据组成的，用户对表的数据操纵同样可用于视图，如通过视图可以检索和更新数据。但是视图并不等同于表，主要区别在于，表中的数据是存储在磁盘上的，而视图并不存储任何数据，视图中保存的只是SELECT查询语句。视图中的数据来源于基表，是在视图被引用时动态生成的。当基表中的数据发生变化时，由视图查询出来的数据也随之发生变化，当通过视图更新数据时，实际上是在更新基表中存储的数据。

在SQL Server 2012中，将视图分为3类：标准视图、索引视图和分区视图。通常情况下所说的视图都是标准视图，有关索引视图和分区视图的信息可以参考联机丛书。

7.6.1　视图的优点

视图具有很多优点，具体表现在以下几个方面。

(1) 便于对特定数据的管理。视图能够将用户感兴趣的数据集中在一起，不必要或敏感的数据可以不出现在视图中。对于不同用户可以通过不同方式看到不同的数据，无须对所有的用户开放整个数据表。

(2) 简化数据操作。在对数据库进行操作时，用户可以将经常使用的连接、联合查询等定义为视图，这样在每次执行相同的查询时，就不必再重新写这些查询语句，而可以直接通过视图查询，从而大大地简化用户对数据的操作。

(3) 导入导出数据。视图能够将需要导出的数据集中实现，从而方便将数据导出至其他应用程序。

(4) 安全机制。视图能够作为一种安全机制保护基表中的数据。系统通过用户权限的设置，允许用户通过视图访问特定的数据，避免用户直接访问基表，以便有效地保护基表中的数据。

7.6.2 视图的创建

创建视图的 T-SQL 语法如下。

```
CREATE VIEW 视图名称
AS
  查询语句
```

上述定义视图中的"查询语句"部分为定义视图的 SELECT 查询语句，视图中包含的数据取决于这个查询语句返回的结果。视图中不能包含 COMPUTE、COMPUTE BY 或 ORDER BY 子句，也不能包含 INTO 关键字和引用临时表。

7.6.3 视图数据更新

视图可以和基本表一样被查询，但是下面几种情形的视图在进行数据的增删、修改操作时，会受到一定的限制。

(1) 由两个以上的基本表导出的视图。

(2) 视图中有由函数表达式组成的字段。

(3) 视图定义中有嵌套查询。

(4) 在一个不允许更新的视图上定义的视图。

7.6.4 视图加密

创建或修改视图时如果使用 WITH ENCRYPTION 关键字，则会对视图内容进行加密保护，加密后的视图不能使用系统存储过程 SP_HELPTEXT 查看创建视图的 T-SQL 语句内容。

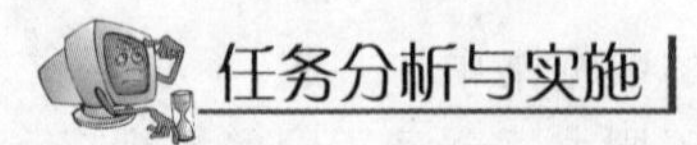

(1) 打开 SSMS 窗口，在查询编辑器中输入以下 T-SQL 语句。

```
CREATE VIEW VW_CourseGrade
AS
  SELECT TG.StuId 学号,StuName 姓名,ClassName 班级,CourseName 课程, TotalScore 成绩
  FROM TB_Grade TG,TB_Student TS,TB_Class TCL,TB_Course TC
```

```
WHERE TG.StuId = TS.StuId AND TG.ClassId = TCL.ClassId AND
      TG.CourseId = TC.CourseId AND CourseClassId = 'T080040401'
```

(2) 单击“执行”按钮，完成视图 VW_CourseGrade 的创建。在“对象资源管理器”窗格中展开 DB_TeachingMS 数据库中的视图节点，可以看见刚刚创建的视图 VW_CourseGrade，如图 7-33 所示。

如果在上述 T-SQL 语句的结尾部分加上一行 ORDER BY StuName 语句，结果会如何？

(3) 在视图的创建中，也可以通过定义参数的形式为字段指定别名。上述定义视图的 T-SQL 语句也可以改成如下形式。

```
CREATE VIEW VW_CourseGrade (学号,姓名,班级,课程,成绩)
AS
  SELECT TG.StuId,StuName,ClassName,CourseName,TotalScore
  FROM TB_Grade TG,TB_Student TS,TB_Class TCL,TB_Course TC
  WHERE TG.StuId = TS.StuId AND TG.ClassId = TCL.ClassId AND
        TG.CourseId = TC.CourseId AND CourseClassId = 'T080040401'
```

(4) 要查看视图中的数据，在查询编辑器中输入下述 T-SQL 语句。

```
SELECT * FROM VW_CourseGrade
```

(5) 单击“执行”按钮，查询结果如图 7-34 所示。

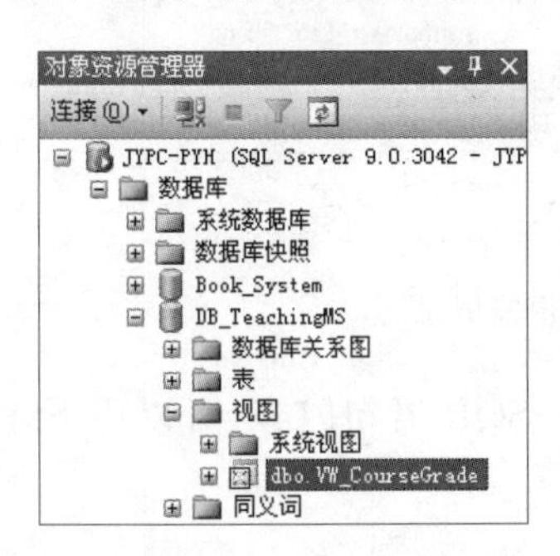

图 7-33　对象资源管理器中的新建视图

	学号	姓名	班级	课程	成绩
1	04080101	任正非	04网络(1)班	Flash动画制作	81
2	04020101	周灵灵	04机电(1)班	Flash动画制作	87.6
3	04020104	汪德荣	04机电(1)班	Flash动画制作	85.2
4	04080103	戴丽	04网络(1)班	Flash动画制作	77.2
5	04080203	石江安	04网络(2)班	Flash动画制作	69.4
6	04080106	龚玲玲	04网络(1)班	Flash动画制作	87.2

图 7-34　新建视图中的信息查询结果

(6) 如果要查询视图中课程成绩大于等于 80 分的学生课程成绩情况(学号、姓名、班级和成绩)，并按成绩降序排列，可以用下述 T-SQL 语句实现。

```
SELECT 学号,姓名,班级,成绩
FROM VW_CourseGrade
WHERE 成绩> = 80
ORDER BY 成绩 DESC
```

(7) 查询结果如图 7-35 所示。

	学号	姓名	班级	成绩
1	04020101	周灵灵	04机电(1)班	87.6
2	04080106	龚玲玲	04网络(1)班	87.2
3	04020104	汪德荣	04机电(1)班	85.2
4	04080101	任正非	04网络(1)班	81

图 7-35　新建视图中的部分数据信息

如果将上述查询视图数据的 T-SQL 语句中的中文字段别名改成原来基本表中的英文字段名称,将会出现什么结果?

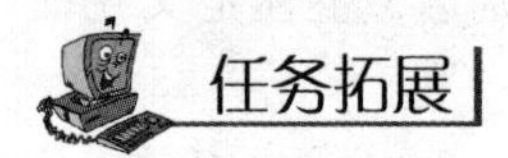

1. 查看视图信息和视图创建 SQL 语句

如果要查看前面创建的视图 VW_CourseGrade 的相关信息,可以用下述包含系统存储过程 SP_HELP 的 T-SQL 语句实现。

```
SP_HELP VW_CourseGrade
```

单击"执行"按钮,查询信息如图 7-36 所示。

	Name	Owner	Type	Created_datetime
1	VW_CourseGrade	dbo	view	2010-05-01 15:53:46.263

	Column_name	Type	Computed	Length	Prec	Scale	Nullable	Trim...	FixedL...
1	学号	char	no	8			no	no	no
2	姓名	char	no	8			no	no	no

	Identity	Seed	Increment	Not For Replication
1	No identity column defined.	NULL	NULL	NULL

	RowGuidCol
1	No rowguidcol column defined.

图 7-36　新建视图的相关信息

如果要查看视图 VW_CourseGrade 的创建 T-SQL 语句内容,可以用下述包含系统存储过程 SP_HELPTEXT 的 T-SQL 语句实现。

```
SP_HELPTEXT VW_CourseGrade
```

单击"执行"按钮,查询信息如图 7-37 所示。

	Text
1	CREATE VIEW VW_CourseGrade (学号,姓名,班级,课程,成绩)
2	AS
3	SELECT TG.StuID,StuName,ClassName,CourseName,TotalScore
4	FROM TB_Grade TG,TB_Student TS,TB_Class TCL,TB_Course TC
5	WHERE TG.StuID=TS.StuID AND TG.ClassID=TCL.ClassID AND
6	TG.CourseID=TC.CourseID AND CourseClassID='T080040401'

图 7-37　新建视图的创建语句

2. 重命名视图

如果要将前面创建的视图 VW_CourseGrade 的名称改为 VW_CourseClassGrade，可以用下述 T-SQL 语句实现。

```
SP_RENAME VW_CourseGrade,VW_CourseClassGrade
```

3. 修改视图

如果要对前面重命名的视图 VW_CourseClassGrade 的内容进行修改（去掉字段 CourseName），并对这个视图进行加密操作，可以用下述 T-SQL 语句实现。

```
ALTER VIEW VW_CourseClassGrade (学号,姓名,班级,成绩) WITH ENCRYPTION
AS
  SELECT TG.StuId,StuName,ClassName,TotalScore
  FROM TB_Grade TG,TB_Student TS,TB_Class TCL
  WHERE TG.StuId = TS.StuId AND TG.ClassId = TCL.ClassId AND
        CourseClassId = 'T080040401'
```

此时，被修改后的视图将不能用系统存储过程 SP_HELPTEXT 查看创建视图 VW_CourseClassGrade 的 T-SQL 语句内容。

4. 删除视图

如果要将前面修改并加密的视图 VW_CourseClassGrade 删除，可以用下述 T-SQL 语句实现。

```
DROP VIEW VW_CourseClassGrade
```

如果要同时删除多个视图，视图名称之间要用逗号隔开。

情境8　管理数据表

任务8.1　合并多表的查询结果

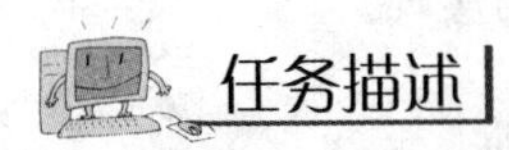

任务描述

为了清晰地展示查询数据，有时需要将多个查询结果合并放在一起显示。例如，希望将04网络(1)班男生信息和所有非计算机系的教师信息作为一个查询结果显示出来。给出相应的T-SQL语句。

相关知识

如果有多个不同的查询结果，但又希望将这些查询结果放在一起显示，组成一组数据。在这种情况下，可以使用UNION子句。使用UNION子句的查询又称为联合查询，它可以将两个和多个查询结果组合成为一个结果显示。

通过使用UNION运算符可以从多个表中将多个查询的结果组合到一起。使用UNOIN运算符时需要注意以下几点。

(1) 两个查询语句中列的数量和列的数据类型必须相互兼容。

(2) 最后结果集中的列名来自第一个SELECT语句的列名。

(3) 在需要对集合查询结果进行排序时，必须使用第一个查询语句中的列名。

(4) 查询结果将对SELECT列表中的列按照从左到右的顺序自动进行排序。

UNION是联合查询中应用最多的一种运算符。UNION ALL是另一种对表进行联合查询的方法。它与UNION的唯一区别是它不删除重复的行，也不对行进行自动排序。

任务分析与实施

将04网络(1)班的男生信息和所有非计算机系的教师信息作为一个查询结果显示(编码、姓名、部门)，学生信息取StuId、StuName、DeptName字段，教师信息取TeacherId、TeacherName、DeptName字段。可通过下述T-SQL语句实现。

```
USE DB_TeachingMS
GO
```

```
SELECT StuId 编码,StuName 姓名,DeptName 部门
FROM TB_Student TS,TB_Dept TD
WHERE ClassId = '040801' AND Sex = 'M' AND TS.DeptId = TD.DeptId
UNION
    SELECT TeacherId,TeacherName,DeptName
    FROM TB_Teacher TT,TB_Dept TD
    WHERE TT.DeptId<>'08' AND TT.DeptId = TD.DeptId
```

查询结果如图 8-1 所示。

	编码	姓名	部门
1	04080101	任正非	计算机系
2	04080104	孙军团	计算机系
3	04080105	郑志	计算机系
4	04080107	李铁	计算机系
5	04080110	司马光	计算机系
6	T02001	程靖	机电工程系
7	T07002	沈丽	艺术设计系
8	T10002	沈天一	基础部
9	T10005	曾远	基础部

图 8-1　学生和教师信息联合查询结果

任务 8.2　添加表记录

任务描述

数据库中各表创建好后,表中没有任何数据记录,若需要通过系统完成对数据的管理与维护,则必须先向各表中添加记录。尝试完成以下任务。

(1) 新生入学后,教务处教师负责将报到的学生详细信息添加到学生表中。

(2) 用子查询将课程班的成绩表单插入表 TB_Grade 中。

相关知识

当创建数据库中的表后,就可以将数据添加到相应的表中。INSERT 语句是用于向数据表中插入数据的最常用的方法,使用 INSERT 语句可以一次向表中添加一个或多个新行。

8.2.1　单行插入

INSERT INTO... VALUES...语句是用来向某个数据表中插入单条数据记录的,它的基本结构如下。

```
INSERT INTO 数据表或视图名(字段 1, 字段 2, 字段 3,...)
VALUES(值 1, 值 2, 值 3,...)
```

INSERT INTO 子句中的字段数量与 VALUES 子句中字段值的数量必须一致，而且两者的顺序也必须一致。如果 INSERT INTO 子句和 VALUES 子句中分别省略了某个字段和其对应的值，那么该字段所在的列有默认值存在时，先使用默认值。如果默认值不存在，系统会尝试插入 NULL 值，但是如果该列定义了 NOT NULL，尝试插入 NULL 值将会出错。

如果在 VALUES 子句中对某个允许为空的字段插入了 NULL 值，即使该字段还定义了默认值，该字段的值仍将被设置为 NULL。

8.2.2 多行插入

可以在 INSERT INTO 语句中使用子查询，用这种方法可以将子查询的记录集一次性插入数据表中。它的基本结构如下。

```
INSERT INTO 数据表名(字段 1, 字段 2, 字段 3,...)
SELECT 子查询语句
```

注意：子查询的选择列表必须与 INSERT 语句的字段列表完全匹配(字段数量、类型和顺序)。

8.2.3 创建表同时插入数据

还可以使用 SELECT INTO 语句来完成数据的插入。它的基本结构如下。

```
SELECT 字段 1, 字段 2, 字段 3,... INTO 新表名 FROM 源表
WHERE 查询条件表达式
```

上述 T-SQL 语句首先创建一个新表，表中字段的定义与 SELECT 中的字段名称和类型完全一致，然后再用 SELECT 语句查询的结果集填充该新表。此处的新表可以是一个局部或全局的临时表。

子任务 1：新生入学后，教务处教师负责将报到的学生详细信息添加到学生表中。

(1) 在 SSMS 窗口的"新建查询"窗口中输入如下 T-SQL 语句。

```
USE DB_TeachingMS
GO
INSERT INTO TB_Student(StuId,StuName,DeptId,SpecId,ClassId,Sex,Birthday,
                    SPassword,ZipCode,Address)
VALUES('S040801101','刘平','08','0801','s0408011','M','1994-10-08','123456',
       '214400',NULL)
INSERT INTO TB_Student(StuId,StuName,DeptId,SpecId,ClassId,Sex,Birthday,
                    SPassword,ZipCode,Address)
```

```
VALUES('S040801102','吴晓冬','08','0801','s0408011','F','1994-01-22','123456',
      '214400','江苏无锡程前路花园五村 168 栋')
```

（2）单击“执行”按钮即可将以上两条学生记录添加到学生表 TB_Student 中。

注意：如果 INSERT INTO 子句中只包括表名，而没有指定任何一个字段，则默认向该表中所有列赋值。这种情况下，VALUES 子句中所提供的值的顺序、数据类型、数量必须与字段在表中定义的顺序、数据类型、数量一致。

子任务 2：用子查询将课程班的成绩表单插入表 TB_Grade 中。

（1）在 SSMS 窗口的“新建查询”窗口中输入如下 T-SQL 语句。

```
USE DB_TeachingMS
GO
INSERT INTO TB_Grade (StuId,ClassId,CourseClassId,CourseId)
SELECT TSC.StuId,ClassId,TSC.CourseClassId,CourseId
FROM TB_SelectCourse TSC,TB_Student TS,TB_CourseClass TCC
WHERE TSC.StuId = TS.StuId AND TSC.CourseClassId = TCC.CourseClassId
      AND TSC.CourseClassId = 'T080040401'
```

（2）单击“执行”按钮即可将该课程班的学生成绩表单记录一次性插入表 TB_Grade 中。添加后的成绩表只有 StuId、ClassId、CourseClassId、CourseId 字段有数据，其余各列允许为空。

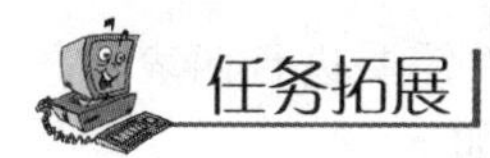

任务拓展

根据学校学籍管理规定，学生的学籍在校保留 6 年，对于已经超过 6 年的学生（譬如入学年份为 2004 年的学生），要将学生信息表 TB_Student 中的这一级学生移到一个新表 TB_Student2004 中存档。可以用下述 T-SQL 语句实现。

```
USE DB_TeachingMS
GO
SELECT * INTO TB_Student2004 FROM TB_Student
WHERE EnrollYear = '2004'
```

任务 8.3　更新表记录

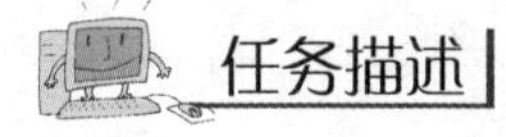

任务描述

教务处教师在学期考试结束后，经常要处理下述情况：①有的课程班的任课教师将个别学生的成绩批改错了，但已录入系统，需要将被弄错的成绩更正过来；②有的课程班由于试卷难度太大而导致大部分学生没有考好，需要将这个课程班的所有学生成绩进行开根号乘以 10 处理。

以课程班 T080010402 为例，该课程班中学号为 S040801101 的学生的成绩应该为“平时成绩：85；期中成绩：80；期末成绩：80”，用 T-SQL 语句实现上面两个子任务的功能。

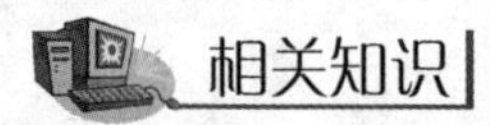

8.3.1 UPDATE 语句

创建表并添加数据后，修改和更新表中的数据也是数据库日常维护的操作之一，SQL Server 中最常用的是使用 UPDATE 语句进行数据更新。使用 UPDATE 语句，一次可以更新数据库表中的单行数据，也可以更新表中多行数据，也可以更新所有行的数据。具体语法结构如下。

```
UPDATE 数据表 SET 字段 1 = 值 1,字段 2 = 值 2, ...
WHERE 更新条件
```

SET 子句给指定要更新的列赋予新的列值，允许对多个列同时进行赋值，多个赋值表达式之间要用逗号分隔。WHERE 子句指对满足条件的行进行更新，如果省略 WHERE 子句，则表示修改表中所有的行的值。

在一些复杂的 UPDATE 语句中，当 WHERE 子句中的更新条件需要进行两表连接或多表连接时，UPDATE 语句需要用到 FROM 子句，具体语法结构如下。

```
UPDATE 数据表 SET 字段 1 = 值 1,字段 2 = 值 2, ...
FROM 连接表 1,连接表 2, ...
WHERE 更新条件
```

8.3.2 数学函数

SQL Server 提供的数学函数能够对数值类型为 decimal、integer、float、real、money、smallmoney、smallint、tinyint 的数据进行数学运算并返回结果。表 8-1 为一些常见的数学函数。

表 8-1 常用数学函数

函数名	函数描述
ABS(X)	绝对值函数，返回 X 的绝对值
CEILING(X)	返回大于或等于 X 的最小整数
FLOOR(X)	返回小于或等于 X 的最大整数

续表

函数名	函数描述
RAND()	随机函数,返回 0～1 的随机 float 值
ROUND(X,D)	圆整函数,返回 X 的四舍五入的 D 位小数的一个数字
SQRT(X)	平方根函数,返回 X 的平方根
SQUART(X)	平方函数,返回 X 的平方

除 RAND()外的所有数学函数都是确定性函数。这意味着在每次使用特定的输入值调用这些函数时,它们都将返回相同的结果。

任务分析与实施

子任务 1：更新学生被弄错的单行成绩记录。

(1) 在 SSMS 窗口的"新建查询"窗口中输入如下 T-SQL 语句。

```
USE DB_TeachingMS
GO
UPDATE TB_Grade
SET CommonScore = 85,MiddleScore = 80,LastScore = 80
WHERE StuId = 'S040801101' AND CourseClassId = 'T080010402'
```

(2) 单击"执行"按钮即可纠正该学生数据库中的成绩记录。

子任务 2：对课程班异常成绩进行开根号处理。

(1) 在 SSMS 窗口的"新建查询"窗口中输入如下 T-SQL 语句。

```
USE DB_TeachingMS
GO
UPDATE TB_Grade
SET TotalScore = 10 * SQRT(TotalScore)
WHERE CourseClassId = 'T080010402'
```

(2) 单击"执行"按钮即可将该课程班的学生成绩进行开根号处理。

任务拓展

选修课程"Falsh 动画制作"(C08003)的学生期末考试成绩不理想,考虑出卷、评卷和课程学习难度等方面的因素,需要对该课程成绩进行开根号乘以 10 处理。可用下述 T-SQL 语句实现。

```
USE DB_TeachingMS
GO
UPDATE TB_Grade
SET TotalScore = 10 * SQRT(TotalScore)
```

```
WHERE StuId IN (SELECT TG.StuId
                FROM TB_Grade TG INNER JOIN TB_Student TS
                ON TG.StuId = TS.StuId
                WHERE CourseId = 'C08003')
```

任务 8.4　删除无用的数据

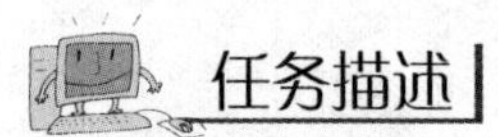

任务描述

教务处允许学生进行课程选修的时间为一周。在这一周中，学生可以根据自己的实际情况进行选课和退课。现在，04 网络(1)班学号为 04080104 的孙军团要将已经选修的课程班(编号为 T080010401，课程为“C 语言程序设计”)退选。

一周选课结束后，教务处负责课程选修的郭老师要将课程选修人数未满 1/2 的课程班记录从表 TB_CourseClass 中删除，同时删除表 TB_SelectCourse 中该课程班的选课记录。

学期结束后，在所有任课教师将各自的课程班成绩录入系统后，表 TB_SelectCourse 中的选课记录已经成为无效数据，为了节省空间和提高效率，郭老师还要将这学期的所有选课记录删除。

请用 DELETE 语句完成上述任务。

相关知识

当数据库的添加工作完成以后，随着使用和对数据的修改，表中可能存在一些无用的数据，这些无用的数据不仅占用空间，还会影响修改和查询的速度，所以应及时将它们删除。

使用 DELETE 命令可以实现数据删除，语法格式如下。

```
DELETE FROM 数据表
WHERE 删除条件
```

通过在 DELETE 语句中使用 WHERE 子句，可以删除表中的单行、多行及所有行数据。如果 DELETE 语句中没有 WHERE 子句的限制，表中的所有记录都将被删除。

DELETE 语句不能删除记录的某个字段的值，DELETE 语句只能对整条记录进行删除。使用 DELETE 语句只能删除表中的记录，不能删除表本身。删除表本身可以使用 DROP TABLE 命令。

同 INSERT、UPDATE 语句一样，从一个表中删除记录将引起其他表的参照完整性问题。

任务分析与实施

子任务 1：学生退课记录，以课程班 T080040401 为例。

(1) 在 SSMS 窗口的“新建查询”窗口中输入如下 T-SQL 语句。

```
USE DB_TeachingMS
GO
DELETE FROM TB_SelectCourse
WHERE StuId = '04080104' AND CourseClassId = 'T080010401'
```

(2) 单击“执行”按钮即可删除课程班 T080040401 的选课记录。

子任务 2：删除选修人数少于既定人数一半的课程班记录。

(1) 在 SSMS 窗口的“新建查询”窗口中输入如下 T-SQL 语句。

```
USE DB_TeachingMS
GO
DELETE FROM TB_CourseClass
WHERE SelectedNumber < 0.5 * MaxNumber
```

(2) 单击“执行”按钮即可删除选修人数少于一半的课程班记录。

子任务 3：删除无效的学期所有学生课程选修记录。

(1) 在 SSMS 窗口的“新建查询”窗口中输入如下 T-SQL 语句。

```
USE DB_TeachingMS
GO
DELETE FROM TB_SelectCourse
```

(2) 单击“执行”按钮即可删除表中的所有选课记录。

任务拓展

使用 DELETE 语句删除数据，系统每次一行删除表中的记录，且从表中删除记录行之前，在事务日志中记录相关的删除操作和删除行中的值，在删除失败时，可以用日志来恢复数据。

TRUNCATE TABLE 语句提供了一种一次性删除表中所有记录的快速方法，TRUNCATE TABLE 语句删除记录的操作不进行日志记录。所以，虽然使用 DELETE 语句和 TRUNCATE TABLE 语句都能够删除表中的所有数据，但使用 TRUNCATE TABLE 语句要比用 DELETE 语句快得多。

上述子任务 3 也可以用下述 T-SQL 语句实现。

```
USE DB_TeachingMS
GO
TRUNCATE TABLE TB_SelectCourse
```

情境9　存储过程在学生选课过程中的应用

任务9.1　创建存储过程

编写一个能够按照班级编号实现学生信息查询的存储过程。

相关知识

存储过程(Stored Procedure)是一组完成特定功能的 SQL 语句集，这个过程经编译和优化后存储在数据库服务器中，应用程序使用时只要调用。存储过程可以包含程序流、逻辑以及对数据库的相关操作，它们可以接收参数、输出参数、返回记录集以及返回需要的值。

9.1.1　存储过程的优点

(1) 存储过程的能力大大增强了 SQL 语言的功能和灵活性。存储过程可以用流控制语句编写，有很强的灵活性，可以完成复杂的判断和较复杂的运算。

(2) 可保证数据的安全性和完整性。

(3) 在运行存储过程前，数据库已对其进行了语法和句法分析，并给出了优化执行方案。这种已经编译好的过程可极大地改善 SQL 语句的性能。由于执行 SQL 语句的大部分工作已经完成，所以存储过程能以极快的速度执行。

(4) 可以减少网络的通信量。

(5) 将体现业务规则的运算程序放入数据库服务器中，以便集中控制，或当业务规则发生变化时在服务器中改变存储过程，无须修改任何应用程序。

9.1.2　存储过程的种类

(1) 系统存储过程：以“SP_”开头，用来进行系统的各项设定，取得信息和进行相关管理工作。

(2) 扩展存储过程：以“XP_”开头，用来调用操作系统提供的功能。

(3) 用户自定义存储过程：就是一般所指的由用户创建并能完成某一特定功能的存储过程。

下面主要介绍系统存储过程和用户自定义存储过程。

9.1.3 系统存储过程

系统存储主要存储在 MASTER 数据库中并以 SP_为前缀，从系统表中获取信息，为系统管理员管理 SQL Server 提供支持。通过系统存储过程，许多 SQL Server 的管理型或信息性活动都可以被顺利地完成。

常用的系统存储过程如表 9-1 所示。

表 9-1 系统存储过程

系统存储过程	说　明
sp_attach_db	附加数据库
sp_detach_db	数据库分离
sp_help	快速查看表结构信息，包括字段、主键、外键、索引信息
sp_helptext	显示规则、默认值、未加密的存储过程、用户定义函数、触发器或视图的文本
sp_rename	更改当前数据库中用户创建对象(如表、列或用户定义数据类型)的名称

9.1.4 用户自定义存储过程

创建用户自定义存储过程的语法如下。

```
CREATE PROCEDURE 存储过程名 (参数 1, ... , 参数 1024)
AS
   SQL 语句行
```

其中存储过程名不能超过 128 个字符，每个存储过程中最多设定 1024 个参数。

上述语法中参数的使用方法如下。

```
@参数名 数据类型 [ = 初始值] [OUTPUT]
```

参数名前要有一个@符号，每一个存储过程的参数仅为该程序内部使用，参数的类型除了 IMAGE 外，其他 SQL Server 所支持的数据类型都可使用。[=初始值]相当于在创建存储过程时设定的一个默认值。[OUTPUT]用来指定该参数为输出参数。

创建完存储过程后，可以用下述 T-SQL 语句来执行它。

```
EXEC 存储过程名 [参数值]
```

存储过程在执行后都会返回一个整型值。如果执行成功,则返回 0;否则返回−1~−99 的随机数。

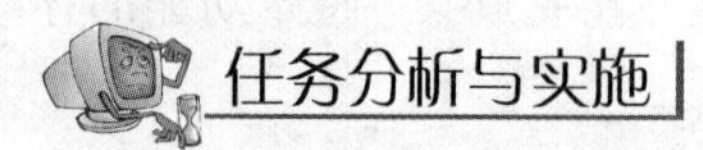

任务分析与实施

(1) 在 SSMS 窗口的“新建查询”窗口中输入如下 T-SQL 语句。

```
USE DB_TeachingMS
GO
CREATE PROCEDURE Proc_ClassStudentQuery
AS
  SELECT  *   FROM   TB_Student
  WHERE    ClassId = 'S0408011'
```

(2) 单击“执行”按钮,即可在 DB_TeachingMS 数据库中创建相应的存储过程 Proc_ClassStudentQuery。选择数据库的“可编程性”栏中的“存储过程”选项可以查看该对象。

(3) 继续在“查询”窗口中输入如下执行存储过程的 T-SQL 语句。

```
EXEC  Proc_ClassStudentQuery
```

(4) 单击“执行”按钮,得到如图 9-1 所示的查询结果。

	StuId	StuName	DeptId	SpecId	ClassId	Sex	Birthday	SPassword	ZipCode
1	S040801101	张三	08	0801	S0408011	M	1984-01-10 00:00:00	123456	214400
2	S040801102	zhangsan	08	0801	S0408011	F	1985-05-16 00:00:00	123456	214400
3	S040801103	zhangsan	08	0801	S0408011	F	1984-12-01 00:00:00	123456	214400
4	S040801104	zhangsan	08	0801	S0408011	M	1983-02-03 00:00:00	123456	214400
5	S040801105	zhangsan	08	0801	S0408011	M	1986-11-04 00:00:00	123456	214400
6	S040801106	zhangsan	08	0801	S0408011	F	1984-11-10 00:00:00	123456	214400
7	S040801107	zhangsan	08	0801	S0408011	M	1985-01-08 00:00:00	123456	214400

图 9-1　班级学生查询结果

任务拓展

存储过程中还可以带有参数。参数分为两类:输入参数和输出参数。

1. 带输入参数的存储过程

通过定义输入参数,可以在存储过程执行时传递不同的值。例如,上例中如果需要根据不同班级编号查询学生信息,则可以如下修改代码。

```
USE DB_TeachingMS
GO
CREATE PROCEDURE Proc_ClassStudentQuery   @ClassId  char(8)
AS
    SELECT  *   FROM   TB_Student
    WHERE    ClassId = @ClassId
```

单击“执行”按钮，在数据库中创建一个带参数的存储过程。继续输入下面的调用语句。

```
EXEC  Proc_ClassStudentQuery   'S0408011'
```

单击“执行”按钮，同样可以得到如图 9-1 所示的查询结果。在这个存储过程中运用了带参的方法，@ClassId 是一个输入参数，它可以接收从调用语句传递进来的不同的班级编号，然后完成查询。这种带参数的存储过程设计可以增强存储过程在实际应用中的灵活性，使创建存储过程对象更加有价值。

2. 带输出参数的存储过程

通过定义输出参数，可以从存储过程中返回一个或多个值。为了使用输出参数，必须在 CREATE PROCEDURE 语句和 EXECUTE 语句中使用 OUTPUT 关键字。同时，为了得到某一存储过程的返回值，需要定义一个变量来存放返回参数的值，在该存储过程的调用语句中，必须为这个变量加上 OUTPUT 关键字来声明。

例如，用带输入输出参数的存储过程来查询某个指定班级的学生人数，可以输入如下语句。

```
USEDB_TeachingMS
GO
CREATE PROCEDURE Proc_ClassStudentNum   @ClassId  char(8),@Num INT OUTPUT
AS
    SELECT  @Num = COUNT( * )   FROM    TB_Student
    WHERE    ClassId = @ClassId
```

单击“执行”按钮，创建该存储过程。然后输入如下调用语句。

```
DECLARE  @Num INT
EXEC  Proc_ClassStudentNum  'S0408011',  @Num OUTPUT
SELECT @Num
```

返回的执行结果如图 9-2 所示。

图 9-2　班级人数查询结果

说明：创建完带参数的存储过程后，如果要执行它，有以下两种传递参数的方式。

(1) 按位置顺序传递。这种方式在执行存储过程的语句中直接给出参数的值。当有多个参数时，给出的参数顺序与创建存储过程的语句中的参数顺序一致，即参数传递的顺序就是参数定义的顺序。

(2) 通过参数名传递。这种方式在执行存储过程的语句中使用“参数名＝参数值”的形式给出参数值。通过参数名传递参数的好处是，参数可以按照任意的顺序给出。

任务 9.2 Transact-SQL 编程基础

Transact-SQL 即 T-SQL，是 SQL 在 Microsoft SQL Server 上的增强版，它是用来让应用程序与 SQL Server 沟通的主要语言。T-SQL 中可以定义变量、常量、函数等对象，通过运用带流程控制的结构使数据操纵更加灵活方便。

任务描述

任务 1：教务处在管理班级学生学号过程中，为避免手动添加学号可能会出现的学号不连续等问题，现由系统自动生成学生学号。

任务 2：任课教师将成绩录入系统后，系统将自动计算出总评成绩，现要求将课程的总评成绩按照“优秀”“良好”“中等”“及格”和“不及格”5 个等第进行显示。

相关知识

9.2.1 常量与变量

常量也称为文字值或标量值，是指在程序运行过程中其值始终固定不变的量，而变量则是在程序运行过程中其值可以变化的量。在 SQL Server 中，常量和变量在使用之前都必须定义。

变量是一种语言中必不可少的组成部分。T-SQL 语言中有两种形式的变量，一种是系统提供的全局变量；另一种是用户自己定义的局部变量。

全局变量是 SQL Server 系统内部的变量，其作用范围并不仅仅局限于某一程序，而是任何程序均可以随时调用，全局变量通常存储一些 SQL Server 的配置设定值和统计数据。用户可以在程序中用全局变量来测试系统的设定值或者 T-SQL 命令执行后的状态值。

使用全局变量需要注意以下几点。

(1) 全局变量不是由用户的程序定义的，它们是在服务器中定义的。

(2) 用户只能使用预先定义的全局变量。

(3) 引用全局变量时，必须以标记符“@@”开头。

(4) 局部变量的名称不能与全局变量的名称相同，否则会在应用程序中出现不可预测的结果。

常用全局变量如表 9-2 所示。

局部变量是一个能够拥有特定数据类型的对象，它的作用范围仅限制在程序内部。局部变量必须以“@”开头，而且必须先用 DECLARE 命令定义后才可以使用。

表 9-2　常用全局变量

变量名称	作　用
@@rowcount	前一条 SQL 语句处理的行数
@@error	前一条 SQL 语句报错的错误号
@@servername	本地 SQL Server 的名称
@@nestlevel	存储过程/触发器中嵌套层
@@fetch_status	游标中上条 fetch 语句的状态

声明局部变量的语句如下。

```
DECLARE @变量 变量类型, @变量 变量类型, …
```

其中,变量类型可以是 SQL Server 支持的所有数据类型,也可以是用户自定义的数据类型。在 T-SQL 中,必须使用 SELECT 或 SET 命令来设定变量的值,局部变量赋值语句如下。

```
SELECT @局部变量 = 变量值
```

或

```
SET @局部变量 = 变量值
```

注意:字符串常量'www.baidu.com'用 Unicode 字符串常量表示为 N'www.baidu.com'。

9.2.2　运算符与表达式

运算符实现运算功能,它将数据按照运算符的功能定义实施转换,产生新的运算结果。在 SQL Server 中,运算符可以分为算术运算符、赋值运算符、比较运算符、逻辑运算符、字符串运算符、位运算符和一元运算符。表达式是由常量、变量、运算符和函数等组成的,它可以在查询语句中的任何位置使用。

当一个复杂的表达式有多个运算符时,运算符的优先级将决定执行运算的先后次序。各类运算符的定义和说明请参考联机丛书,运算符的优先级如表 9-3 所示。

表 9-3　运算符的优先级

优先级	运　算　符
1	~(位非)
2	*(乘)、/(除)、%(取模)
3	+(正)、-(负)、+(加)、+(连接)、-(减)、&(位与)
4	=、>、<、>=、<=、<>、!=、!>、!<(比较运算符)
5	∧(连接)、|(连接)
6	NOT

续表

优先级	运 算 符
7	AND
8	ALL、ANY、BETWEEN、IN、LIKE、OR、SOME
9	=(赋值)

括号可以改变运算符的运算顺序,如果表达式中有括号,那么应该先计算括号内表达式的值。

9.2.3 流程控制

在 SQL Server 的 T-SQL 语言中,流程控制语句就是用来控制程序执行方向的语句,又称为流控制语句。它主要包括条件判断控制结构、SELECT CASE 控制结构、循环控制结构、跳转控制结构、中断延迟程序控制结构和程序错误控制结构等。

1. IF...ELSE 分支结构

(1) BEGIN...END 语句块

BEGIN...END 可以定义 T-SQL 语句块,这些语句块作为一组语句执行,同时 BEGIN...END 语句允许嵌套。语法格式如下。

```
BEGIN
  SQL 语句
END
```

(2) IF...ELSE 语句

IF...ELSE 语句根据判断条件来决定程序执行的流向。如果条件为真,则执行 IF 关键字后面的语句块;如果条件为假,则执行 ELSE 关键字后面的语句块。语法格式如下。

```
IF
  SQL 语句块 1
ELSE
  SQL 语句块 2
```

2. CASE 查询格式

使用 CASE 语句可以进行多个分支的选择。CASE 分支语句具有两种格式:简单格式和搜索格式。

(1) 简单格式 CASE 语句

将某个表达式与一组简单表达式进行比较以确定结果。语法格式如下。

```
CASE 比较表达式
   WHEN 简单表达式 1 THEN 结果表达式 1
```

```
    [... n]
    [ELSE 其他结果表达式]
END
```

上述语句中，当某个“比较表达式 n=简单表达式 n”为 TRUE 时，返回对应的“结果表达式 n”。当所有“比较表达式 n=简单表达式 n”为 FALSE 时，返回“其他结果表达式”。

(2) 搜索格式 CASE 语句

计算一组布尔表达式以确定结果。语法格式如下。

```
CASE
WHEN 布尔表达式 1 THEN 结果表达式 1
    [... n]
    [ELSE 其他结果表达式]
END
```

上述语句中，当某个“布尔表达式 n”为 TRUE 时，返回对应的“结果表达式 n”。当所有“布尔表达式 n”为 FALSE 时，返回“其他结果表达式”。

9.2.4 数据类型转换函数

默认情况下，在对不同格式的数据进行比较、计算等操作时，SQL Server 会对一些表达式的格式进行自动转换，这种转换称为隐式转换。

可以使用 CAST 和 CONVERT 转换函数将一种数据类型的表达式转换为另一种数据类型的表达式，这种转换称为显式转换。用于显式转换的 CAST 和 CONVERT 函数的使用说明如表 9-4 所示。

表 9-4　常用类型转换函数

函　数	说　明
CAST(表达式 AS 目标数据类型)	将表达式转换为目标数据类型的值
CONVERT(目标数据类型，表达式)	将表达式转换为目标数据类型的值

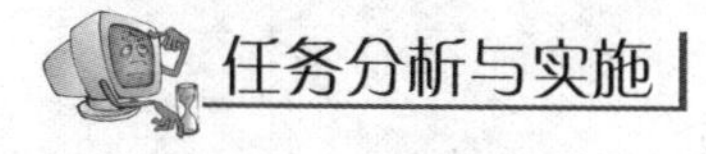

子任务 1：实现学号自增。

【任务分析】

由系统自动生成班级学生学号：首先统计出这个班级已有学生的最大学号，然后在其基础上做自动加 1 处理后插入学生表中。流程如图 9-3 所示。

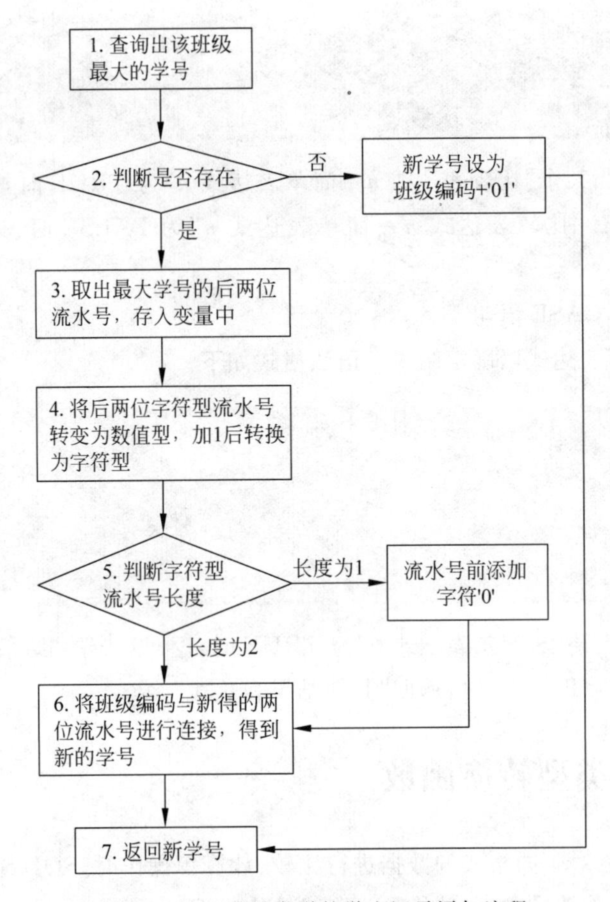

图 9-3　基于学号自增的学生记录添加流程

【任务实现】

(1) 在 SSMS 的“新建查询”窗口中输入如下 T-SQL 语句。

```
USE DB_TeachingMS
GO
CREATE PROCEDURE Proc_AutoGetStuId @ClassId char(8),@NewStuId char(10) OUTPUT
AS
  --定义变量--
  DECLARE @MaxStuId char(10),@CharTwoStuId char(2),@IntTwoStuId int
  --获取班级中已有学生中最大学号--
  SET @MaxStuId = (SELECT MAX(StuId) FROM TB_Student
                   WHERE ClassId = @ClassId)

  IF @MaxStuId IS NULL                              --表示该班级没有学生的情况--
      SET @NewStuId = @ClassId + '01'
  ELSE
    BEGIN
      --从学号中获取学号的最后两位流水号--
```

```
        SET @CharTwoStuId = RTRIM(@MaxStuId,9,2)
        --最后两位流水号转换为数值型,然后加1,再转换成字符型--
        SET @IntTwoStuId = CONVERT(int,@CharTwoStuId) + 1
        SET @CharTwoStuId = CONVERT(char,@IntTwoStuId)
        --如果转换成字符型的流水号是位,则在它前面添加字符'0'--
        IF LEN(@CharTwoStuId) = 1
          SET @CharTwoStuId = '0' + @CharTwoStuId
        ELSE
          --将班级编码与获取的新流水号相连接,得到新学号--
          SET @NewStuId = @ClassId + @CharTwoStuId
    END
```

(2) 单击“执行”按钮，即可在“高校课务管理系统”数据库中创建相应的存储过程 Proc_AutoGetStuId。

(3) 继续在“查询”窗口中输入如下执行存储过程的 T-SQL 语句。

```
DECLARE @GetedStuId char(10)
EXEC Proc_AutoGetStuId 'S0408011',@GetedStuId OUTPUT
SELECT @GetedStuId AS NewStuId
```

(4) 单击“执行”按钮，得到执行存储过程 AutoGetStuId 的返回结果，如图 9-4 所示。

子任务 2：班级学生成绩查询及等第划分。

假定各分数段等第划分标准如下：90 分以上为“优秀”；80～89 分为“良好”；70～79 分为“中等”；60～69 分为“及格”；60 分以下为“不及格”。

	NewStuId
1	S040801125

图 9-4　自增学号返回结果

(1) 在 SSMS 窗口的“新建查询”窗口中输入如下 CASE 语句。

```
USE DB_TeachingMS
GO
CREATE PROCEDURE Proc_GradeLevelSet @CourseClassId char(10)
AS
  SELECT TG.StuId 学号,StuName 姓名,TotalScore 分数,
     CASE
        WHEN TotalScore < 60 THEN '不及格'
        WHEN TotalScore >= 60 AND TotalScore < 70 THEN '及格'
        WHEN TotalScore >= 70 AND TotalScore < 80 THEN '中等'
        WHEN TotalScore >= 80 AND TotalScore < 90 THEN '良好'
        WHEN TotalScore >= 90 AND TotalScore <= 100 THEN '优秀'
     END AS '等第'
  FROM TB_Grade TG,TB_Student TS
  WHERE TG.StuId = TS.StuId AND CourseClassId = @CourseClassId
  ORDER BY TotalScore DESC
```

(2) 单击“执行”按钮，即可在“高校课务管理系统”数据库中创建相应的存储过程 Proc_GradeLevelSet。

(3) 继续在"查询"窗口中输入下述执行存储过程的 T-SQL 语句，以课程班 T080010401 为例。

```
EXEC  Proc_GradeLevelSet    @CourseClassId = 'T080010401'
```

(4) 单击"执行"按钮，得到执行存储过程 Proc_GradeLevelSet 的返回结果，如图 9-5 所示。

	学号	姓名	分数	等第
1	04080110	司马光	94.6	优秀
2	04080109	陈淋淋	89.8	良好
3	04080108	戴安娜	89.5	良好
4	04080102	王倩	84	良好
5	04080107	李铁	83.5	良好
6	04080101	任正非	83	良好
7	04080106	龚玲玲	77.5	中等
8	04080105	郑志	70.1	中等
9	04080103	戴丽	67	及格
10	04080104	孙军团	49.462	不及格

图 9-5　课程班成绩等第查询结果

任务 9.3　学生选课存储过程的设计

任务描述

在每个学期期初，教务处会开放一周时间给学生进行网上课程选修。学生登录高校课务管理系统，进入选课界面后，可以根据自己的实际情况进行课程的选修或退选，选修可以是一门课程，也可以是多门课程。

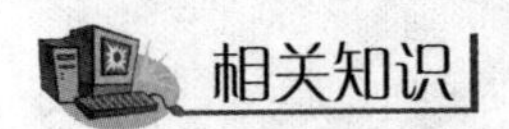

相关知识

9.3.1　WHILE 循环结构

WHILE 循环控制语句用以设置重复执行 T-SQL 语句块的条件。当指定的条件为真时，重复执行循环语句块。语法结构如下。

```
WHILE 布尔条件表达式
  循环 SQL 语句块
```

可以在循环体的 SQL 语句块内设置 BREAK 和 CONTINUE 关键字，以便控制循环语句的执行流程。

9.3.2　BREAK 中断语句

BREAK 中断语句用来退出 WHILE 或 IF...ELSE 语句的执行，然后执行 WHILE 或 IF...ELSE 语句后面的其他 T-SQL 语句。

注意：如果嵌套了两个或多个 WHILE 循环，内层的 BREAK 语句将导致退出到下一个外层循环。首先运行内层循环结束之后的所有语句，然后下一个外层循环重新开始执行。

9.3.3　CONTINUE 语句

CONTINUE 语句用来重新开始一个新的 WHILE 循环，循环体内在 CONTINUE 关键字之后的任何语句都将被忽略。CONTINUE 语句通常用一个 IF 条件语句来判断是否执行。

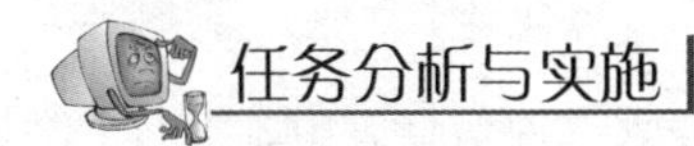

1. 课程选修

(1) 如果每次只选择一个课程班，创建“课程选修”存储过程的 T-SQL 语句如下。

```
USE DB_TeachingMS
GO
CREATE PROCEDURE Proc_SelectCourse @StuId char(8),@CourseClassId char(10)
AS
  INSERT INTO TB_SelectCourse (StuId,CourseClassId)
  VALUES(@StuId,@CourseClassId)
```

其中，参数@CourseClassId 和@StuId 需要应用程序提供。

(2) 如果每次选择的课程班不只一个，创建“课程选修”存储过程的 T-SQL 语句修改如下。

```
USE DB_TeachingMS
GO
CREATE PROCEDURE Proc_SelectCourse @StuId char(10),@CourseClassIds varchar(100)
AS
    --定义课程班编码和字符位置变量,并初始化
    DECLARE @CourseClassId char(10),@Position tinyint
    SET @Position = 1
    WHILE @Position < LEN(@CourseClassIds)
```

```
    BEGIN
      --取单个课程班的编码
      SET @CourseClassId = SUBSTRING(@CourseClassIds,@Position,10)
      --将选择的某个课程班插入选课信息表中
      INSERT INTO TB_SelectCourse (StuId,CourseClassId)
      VALUES(@StuId,@CourseClassId)
      --字符位置重新定位
      SET @Position = @Position + 11
    END
```

其中,@CourseClassIds 参数存放的是从应用程序端得到的选修的多门课程班编码组成的字符串,且各个课程班编码之间用“,”分隔。

(3) 单击“执行”按钮,即可在高校课务管理系统数据库中创建相应的存储过程 Proc_SelectCourse。

(4) 继续在“查询”窗口中输入如下执行存储过程的 T-SQL 语句。

```
EXEC Proc_SelectCourse 'S040201109','T080030401,T100020401,T100050401'
```

(5) 单击“执行”按钮,将该学生所选择的 3 门课程记录插入选课信息表中。

2. 课程退选

(1) 如果每次退选的课程班个数不确定,则多个课程班编码间用“,”隔开,创建“课程退选”存储过程的 T-SQL 语句如下。

```
USE DB_TeachingMS
GO
CREATE PROCEDURE Proc_ReturnCourse @StuId char(10),@CourseClassIds varchar(100)
AS
    --定义课程班编码和字符位置变量,并初始化
    DECLARE @CourseClassId char(10),@Position tinyint
    SET @Position = 1
    WHILE @Position < LEN(@CourseClassIds)
    BEGIN
      --取单个课程班的编码
      SET @CourseClassId = SUBSTRING(@CourseClassIds,@Position,10)
      --将选择的某个课程班插入选课信息表中
      DELETE FROM TB_SelectCourse
      WHERE StuId = @StuId AND CourseClassId = @CourseClassId
      --字符位置重新定位
      SET @Position = @Position + 11
    END
```

(2) 单击“执行”按钮,即可在“高校课务管理系统”数据库中创建相应的存储过程 Proc_ReturnCourse。

(3) 继续在“查询”窗口中输入如下执行存储过程的 T-SQL 语句。

```
EXEC Proc_ReturnCourse 'S040201109','T080030401,T100020401,T100050401'
```

(4) 单击“执行”按钮,可以将选课信息表中该学生选择的 3 门课程班记录删除,达到课程退选的目的。

任务 9.4　存储过程的管理

任务描述

修改任务 9.1 中创建的存储过程 Proc_ClassStudentQuery,实现查询指定班级学生中的所有女生信息;删除 Proc_ClassStudentQuery 存储过程。

相关知识

如果要删除一个已经创建好的存储过程,可以用下述 T-SQL 语句来实现。

```
DROP  PROCEDURE 存储过程名 1, 存储过程名 2, …
```

如果要修改一个已经创建好的存储过程的内容,可以用下述 T-SQL 语句来实现。

```
ALTER PROCEDURE 存储过程名
AS
   修改的 SQL 语句
```

可以使用系统存储过程 SP_HELP 和 SP_HELPTEXT 分别来查看存储过程的状态和内容。

任务分析与实施

(1) 将任务 9.1 中创建的存储过程 Proc_ClassStudentQuery 修改为查询班级女生信息。在 SSMS 窗口输入如下代码。

```
USE DB_TeachingMS
GO
ALTER PROCEDURE Proc_ClassStudentQuery    @ClassId  char(8)
AS
  SELECT  *   FROM    TB_Student
  WHERE    ClassId = @ClassId  AND   Sex = 'F'
```

执行上述代码，得到如图 9-6 所示结果。

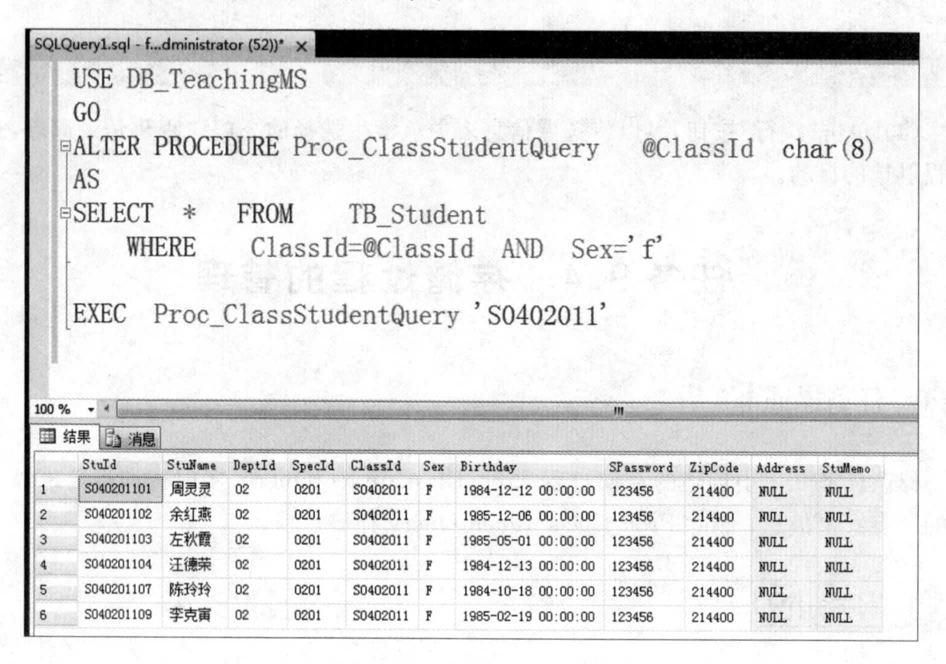

图 9-6 调用存储过程后的结果

(2) 如果希望删除今后不再使用的存储过程 Proc_ClassStudentQuery，则可以通过执行以下语句实现。

```
DROP  PROCEDURE  Proc_ClassStudentQuery
```

执行后结果如图 9-7 所示。

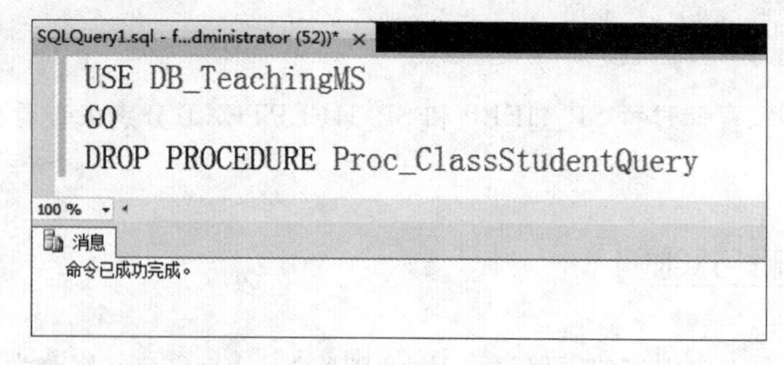

图 9-7 成功删除存储过程

情境 10 触发器在学生选课过程中的应用

触发器(Trigger)是一种特殊的存储过程,用户不能直接调用,它是一个功能强大的数据库对象,可以在有数据修改时自动强制执行相应的业务规则。

任务 10.1 创建 AFTER 触发器

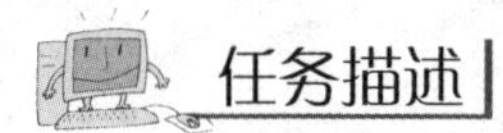

学生登录网上选课系统,进入课程选修页面,勾选要选修的课程班,单击"确定"按钮。应用程序调用"高校课务管理系统"数据库中的选课存储过程,并将所选课程班插入 TB_SelectCourse 表中。插入操作随即激活创建在表 TB_SelectCourse 上的课程选修触发器,触发器执行,将对应课程班(TB_CourseClass 表中的记录)的已选学生人数加 1。学生网上课程选修的完整流程如图 10-1 所示。

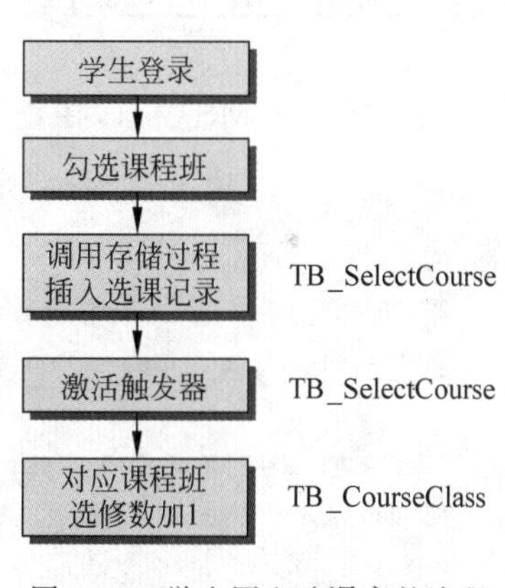

图 10-1 学生网上选课完整流程

请用 T-SQL 语句基于表 TB_SelectCourse 的插入操作实现具有上述功能的课程选修触发器。

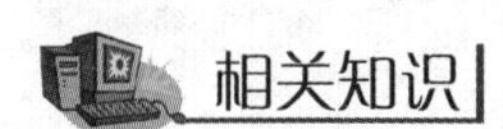

10.1.1 AFTER 触发器工作机制

AFTER 触发器是在记录更变完成之后(如果是在存储过程,而且有事务,则要在事务提交之后),才会被激活并执行的。

以删除记录为例,分为以下步骤。

(1) 当 SQL Server 接收到一个要执行删除操作的 SQL 语句时,SQL Server 先将要删除的记录存放在删除表(DELETED)中。

(2) 把数据表中的记录删除。

(3) 激活 AFTER 触发器,执行 AFTER 触发器中的 SQL 语句。

(4) 触发器执行完毕,删除内存中的删除表(DELETED),退出整个操作。

10.1.2 INSERTED 表和 DELETED 表

SQL Server 为每个 DML 触发器环境提供了两种特殊的表：INSERTED 表和 DELETED 表。这两个表的结构总是与被该触发器作用的表的结构相同,触发器执行完成后,与该触发器相关的这两个表也会被删除。这两个表是建在数据库服务器的内存中的,是由系统管理的逻辑表,而不是真正存储在数据库中的物理表。对于这两个表,用户只有读取的权限,没有修改的权限。

INSERTED 表：对于插入记录操作来说,插入表中存放的是要插入的数据；对于更新记录操作来说,插入表中存放的是要更新的记录。

DELETED 表：对于更新记录操作来说,删除表中存放的是更新前的记录(更新后即被删除)；对于删除记录操作来说,删除表中存入的是被删除的旧记录。

任务分析与实施

(1) 打开 SSMS 窗口,在查询编辑器中输入以下代码。

```
USE DB_TeachingMS
GO
IF OBJECT_ID ('TR_SelectCourse', 'TR') IS NOT NULL
   DROP TRIGGER TR_SelectCourse
GO
CREATE TRIGGER TR_SelectCourse
ON TB_SelectCourse AFTER INSERT
AS
   UPDATE TB_CourseClass SET SelectedNumber = SelectedNumber + 1
   WHERE CourseClassId = (SELECT CourseClassId FROM INSERTED)
```

(2) 单击"执行"按钮即可在数据库中生成相应的触发器。

(3) 在 SSMS 中的"对象资源管理器"窗口中选择"数据库"选项,定位到要查看触发器的数据表上,并找到"触发器"项。

(4) 选择"触发器"选项,在右边的"摘要"对话框中,可以看到已经建好的该数据表的触发器列表。如果在选择"触发器"选项后,右边没有显示"摘要"对话框,可以再选择菜单栏上的"视图"菜单,选择"摘要"选项,打开"摘要"对话框。如果在"摘要"对话框中没有看到本应存在的触发器列表,可以在"摘要"对话框中右击空白处,在弹出的快捷菜单中选择"刷新"命令,刷新对话框后即可看到触发器列表。

(5) 双击要查看的触发器名，SSMS 自动弹出一个“查询编辑器”对话框，对话框中显示的是该触发器的内容。

(6) 可以用系统存储过程 SP_HELP 和 SP_HELPTEXT 分别查看已创建存储过程的信息和内容，T-SQL 语句如下。

```
SP_HELP   TR_SelectCourse
SP_HELPTEXT   TR_SelectCourse
```

当系统每次向选课表 TB_SelectCourse 中添加记录之后，会自动触发执行 TR_SelectCourse 触发器，自动完成课程班已选学生人数字段值加 1。如果选课表没有发生 INSERT 操作，则不会触发执行该过程。

任务拓展

AFTER 类型的触发器还可以应用在表的完整性约束方面。

例如，如果要对 TB_Student 表的 Sex 字段创建 CHECK 约束触发器，可用下述 T-SQL 语句实现。

```
USE DB_TeachingMS
GO
CREATE TRIGGER TR_SexCheck
ON TB_Student   AFTER    INSERT,UPDATE
AS
  IF NOT EXISTS (SELECT * FROM INSERTED WHERE Sex IN ('M','F'))
  BEGIN
    RAISERROR 50005 N'SEX 字段 CHECK 约束错误!'
    ROLLBACK
  END
```

如果要对 TB_Teacher 表的 TeacherId 字段创建主键约束触发器，该如何实现？同时考虑外键约束触发器的实现。

任务 10.2　创建 INSTEAD OF 触发器

任务描述

通过网上选课或者退课，学生选修课程的信息都存放在表 TB_SelectCourse 中，对于表 TB_SelectCourse 中的学生选课记录，只能删除(退课时)，不能更新修改。

试用触发器实现 TB_SelectCourse 表中选课记录不允许更新的功能。

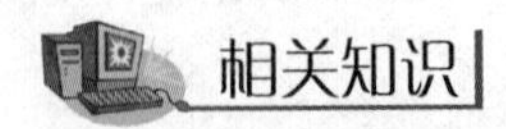

相关知识

1. INSTEAD OF 触发器的定义

使用 T-SQL 语句创建 INSTEAD OF 触发器的基本语法如下。

```
CREATE TRIGGER  触发器名称
ON 数据表或视图名
INSTEAD OF [INSERT|UPDATE|DELETE]
AS
  SQL 语句
```

INSTEAD OF 触发器与 AFTER 触发器不同。在对数据表进行 INSERT、UPDATE 和 DELETE 操作完成之前就被激活的，并且不再去执行原来的 SQL 操作，而去运行触发器本身的 SQL 语句。

INSTEAD OF 触发器与 AFTER 触发器的语法几乎一致，只是在格式上把 AFTER 改为 INSTEAD OF。

2. INSTEAD OF 触发器与 AFTER 触发器的异同

AFTER 触发器是在 SQL Server 服务器接到执行 SQL 语句请求之后，先建立临时的 INSERTED 表和 DELETED 表，然后实际更改数据，最后才激活触发器的。而 INSTEAD OF 触发器看起来就简单多了，在 SQL Server 服务器接到执行 SQL 语句请求后，先建立临时的 INSERTED 表和 DELETED 表，然后就触发了 INSTEAD OF 触发器，至于 SQL 语句是插入数据、更新数据还是删除数据，就一概不管了，把执行权全权交给了 INSTEAD OF 触发器，由它去完成之后的操作。

如果针对某个操作既设置了 AFTER 触发器又设置了 INSTEAD OF 触发器，那么 INSTEAD OF 触发器一定会激活，而 AFTER 触发器就不一定会激活了。

对于含有使用 DELETE 或 UPDATE 级联操作定义的外键的表，最好不要定义 INSTEAD OF DELETE 和 INSTEAD OF UPDATE 触发器。

如果一个子表或引用表上的 DELETE 操作是由于父表的 CASCADE DELETE 操作所引起的，并且子表上定义了 DELETE 的 INSTEAD OF 触发器，那么将忽略该触发器并执行 DELETE 操作。

任务分析与实施

(1) 打开 SSMS 窗口，在查询编辑器中输入以下代码。

```
USE DB_TeachingMS
GO
```

```
IF OBJECT_ID ('TR_UpdateSelectCourse', 'TR') IS NOT NULL
  DROP TRIGGER TR_UpdateSelectCourse
GO
CREATE TRIGGER TR_UpdateSelectCourse
ON TB_SelectCourse INSTEAD OF UPDATE
AS
  PRINT '学生选课信息不能被修改!'
```

(2) 单击“执行”按钮。

(3) 查看该触发器的方式同 AFTER 触发器。

由于表 TB_SelectCourse 中的外键字段 StuId 和 CourseClassId 存在级联删除和更新。所以创建上述 INSTEAD OF 触发器时会出错,必须将级联更新和删除后再创建。

任务 10.3　创建 DDL 触发器

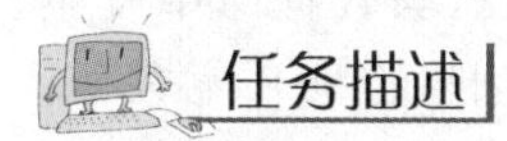

基于“高校课务管理系统”数据库,创建一个 DDL 触发器,禁止任何用户修改数据库中的表结构或删除表结构。

相关知识

当服务器或数据库中发生数据定义语言(DDL)事件时将调用 DDL 触发器,它们可以用于在数据库中执行管理任务。此类触发器与 DML 触发器相同之处是两者都需要事件进行触发,不同之处是 DDL 触发器不会响应针对表或视图的 UPDATE、INSERT 或 DELETE 语句,而是响应 DDL 语句而被激发,如 CREATE、ALTER、DROP、GRANT、DENY、REVOKE 和 UPDATE STATISTICS 等语句。DDL 触发器可用于管理任务,例如审核和控制数据库操作。

DDL 触发器主要用于以下方面。

(1) 防止对数据库或表架构进行某些更改。

(2) 防止数据库或数据表被误操作删除。

(3) 要记录数据库架构中的更改或事件。

10.3.1　定义 DDL 触发器

使用 T-SQL 语句创建 DML 触发器的基本语法如下。

```
CREATE TRIGGER 触发器名称
ON [ALL SERVER|DATABASE]
```

```
FOR|AFTER 激活 DDL 触发器的事件
AS
  SQL 语句
```

在创建 DDL 触发器时,需要明确以下内容。

(1) 触发器名称。

(2) ALL SERVER | DATABASE,DDL 触发器作用范围(整个服务器或当前数据库)。

(3) FOR|AFTER,指定触发器触发的时机,其中 FOR 也是创建 AFTER 触发器。

(4) 激活 DDL 触发器的事件包括两种,在 DDL 触发器作用在当前数据库情况下可以使用以下事件: CREATE_DATABASE、CREATE_TABLE、ALTER_TABLE 等。

10.3.2 DDL 触发器触发机制

DDL 触发器是一种特殊的触发器,它在响应 DDL 语句时触发,当数据库中发生 CREATE TABLE 事件时,都会触发为响应 CREATE TABLE 事件创建的 DDL 触发器;每当服务器中发生 CREATE LOGIN 事件时,都会触发为响应 CREATE LOGIN 事件创建的 DDL 触发器。

数据库范围内的 DDL 触发器都作为对象存储在创建它们的数据库中,服务器范围内的 DDL 触发器作为对象存储在 MASTER 数据库中。

任务分析与实施

(1) 打开 SSMS 窗口,在查询编辑器中输入以下代码。

```
USE DB_TeachingMS
GO
IF EXISTS (SELECT * FROM sys.triggers
          WHERE parent_class = 0 AND name = 'TR_TableSafety')
  DROP TRIGGER TR_TableSafety ON DATABASE
GO
CREATE TRIGGER TR_TableSafety
ON DATABASE
FOR DROP_TABLE, ALTER_TABLE
AS
  PRINT '您必须先删除触发器 TR_TableSafety 才能对数据表进行操作'
  ROLLBACK
```

(2) 单击“执行”按钮。

(3) 在 SSMS 中的“对象资源管理器”窗口中选择“数据库”选项,定位到“可编程性”项,打开“数据库触发器”窗口,在“摘要”对话框中看到相应的触发器列表。

(4) 双击要查看的触发器名,SSMS 自动弹出一个“查询编辑器”对话框,该对话框中显示的是该触发器的内容。

注意：因为 DDL 触发器不在架构范围内，所以不会在 SYS. OBJECTS 目录视图中出现，无法使用 OBJECT_ID 函数来查询数据库中是否存在 DDL 触发器。必须使用相应的目录视图来查询架构范围以外的对象。对于 DDL 触发器，可使用 SYS. TRIGGERS。

同时，DDL 触发器无法作为 INSTEAD OF 触发器使用。

任务 10.4　修改和禁用触发器

任务描述

分别对任务 10.1 和任务 10.3 中创建的 DML 和 DDL 触发器进行修改，修改任务 10.1 中的触发器执行语句，用另一种形式书写更新的 T-SQL 语句。在任务 10.3 的触发条件中增加 CREATE_TABLE，并对触发器执行语句作相应修改。然后分别禁用这两个触发器。

相关知识

10.4.1　修改触发器

在 SSMS 中修改触发器之前，必须要先查看触发器的内容，可在“查询编辑器”对话框中显示的就是用来修改触发器的代码。编辑完代码之后，单击“执行”按钮运行。

修改触发器(3 类触发器)的 T-SQL 语法如下。

```
ALTER TRIGGER  触发器名称
ON 数据表或视图名
FOR|AFTER [INSERT|UPDATE|DELETE]
AS
  SQL 语句
ALTER TRIGGER  触发器名称
ON 数据表或视图名
INSTEAD OF [INSERT|UPDATE|DELETE]
AS
  SQL 语句
ALTER TRIGGER  触发器名称
ON [ALL SERVER|DATABASE]
FOR|AFTER  激活 DDL 触发器的事件
AS
  SQL 语句
```

从上述代码可以看出，修改触发器与创建触发器的语法几乎一致，只是简单地把CREATE改为ALTER。

如果只要修改触发器的名称，也可以使用存储过程SP_RENAME。其语法如下。

```
SP_RENAME 旧触发器名 新触发器名
```

10.4.2 禁用和启用触发器

启用触发器并不是要重新创建它，而是将被禁用的触发器启用。禁用触发器与删除触发器不同，禁用的触发器仍以对象形式存在于当前数据库中，但不激发。

在SSMS中禁用或启用DML触发器的方法是，先查到相应的触发器列表，右击要操作的触发器，在弹出的快捷菜单中选择"禁用"命令，即可禁用该触发器。启用DML触发器与上类似，只是在弹出的快捷菜单中选择"启用"命令。DDL触发器的禁用或启用只能通过T-SQL语句实现。

可以使用DISABLE TRIGGER和ENABLE TRIGGER来禁用和启用DML、DDL触发器。其T-SQL语法如下。

```
DISABLE TRIGGER DML 触发器名 ON 表名          -- 禁用 DML 触发器
ENABLE TRIGGER  DML 触发器名 ON 表名          -- 启用 DML 触发器
DISABLE TRIGGER DDL 触发器名 ON 数据库名      -- 禁用 DDL 触发器
ENABLE TRIGGER  DDL 触发器名 ON 数据库名      -- 启用 DDL 触发器
```

若要修改或启用DML触发器，用户必须至少对于创建触发器所在的表或视图拥有ALTER权限。若要修改或启用具有服务器作用域(ON ALL SERVER)的DDL触发器，用户必须在此服务器上拥有CONTROL SERVER权限。若要修改或启用具有数据库作用域(ON DATABASE)的DDL触发器，用户至少应在当前数据库中具有ALTER ANY DATABASE DDL TRIGGER权限。

10.4.3 删除触发器

在SSMS中删除触发器，必须要先查到触发器列表，右击要删除的触发器，在弹出的快捷菜单中选择"删除"命令，此时将会弹出"删除对象"对话框，在该对话框中单击"确定"按钮，删除操作完成。也可以用以下T-SQL语句删除触发器。

```
DROP TRIGGER 触发器名
```

如果一个数据表被删除，那么SQL Server会自动将与该表相关的触发器删除。

任务分析与实施

(1) 打开SSMS窗口，在查询编辑器中输入以下代码。

```
USE DB_TeachingMS
GO
ALTER TRIGGER TR_SelectCourse
ON TB_SelectCourse AFTER INSERT
AS
  UPDATE TB_CourseClass SET SelectedNumber = SelectedNumber + 1
  FROM TB_CourseClass TCC, INSERTED
  WHERE TCC.CourseClassId = INSERTED.CourseClassId
ALTER TRIGGER TR_TableSafety
ON DATABASE
FOR CREATE_TABLE,DROP_TABLE, ALTER_TABLE
AS
  PRINT '您必须先删除触发器 TR_TableSafety 才能创建、修改和删除表'
  ROLLBACK
```

(2) 单击“执行”按钮。

(3) 在 SSMS 中可以查看这两个触发器的内容已经发生改变。

(4) 用下面的 T-SQL 语句禁用这两个触发器。

```
DISABLE TRIGGER TR_SelectCourse ON TB_SelectCourse
DISABLE TRIGGER TR_TableSafety ON DATABASE
```

任务拓展

如果要禁用或启用服务器作用域中创建的所有 DDL 触发器,可用 ALL 来代替触发器名,其 T-SQL 语法如下。

```
DISABLE TRIGGER ALL ON ALL SERVER        -- 禁用所有 DDL 触发器
ENABLE  TRIGGER ALL ON ALL SERVER        -- 启用所有 DDL 触发器
```

注意:对于 DML 触发器,可以使用 SP_SETTRIGGERORDER 来指定要对表执行的第一个和最后一个 AFTER 触发器。对一个表只能指定第一个和最后一个 AFTER 触发器。如果在同一个表上还有其他 AFTER 触发器,这些触发器将随机执行。如果 ALTER TRIGGER 语句更改了第一个或最后一个触发器,将删除所修改触发器上设置的第一个或最后一个属性,并且必须使用 SP_SETTRIGGERORDER 重置顺序值。

情境 11　处理事务与锁

任务 11.1　定 义 事 务

任务描述

高校课务管理系统规定只允许每位学生每学期选修两门课程，如果超出两门课程则系统通过判断自动进行处理，取消错误的选课操作。

相关知识

数据库事务(Database Transaction)是指作为单个逻辑工作单元执行的一系列操作。这一系列的操作要么全部执行，要么全部不执行。

作为一个事务，必须满足 4 个方面的属性，即 ACID 属性：原子性、一致性、隔离性和持久性。

(1) 原子性(Atomic)。事务必须是原子工作单元，对于其数据修改，要么全部执行，要么全部不执行。

(2) 一致性(Consistent)。事务在完成时，必须使所有的数据都保持一致状态。在相关数据库中，所有规则都必须应用于事务的修改，以保持所有数据的完整性。

(3) 隔离性(Insulation)。由并发事务所作的修改必须与任何其他并发事务所作的修改隔离。事务查看数据时数据所处的状态，要么是另一并发事务修改它之前的状态，要么是另一事务修改它之后的状态，事务不会查看中间状态的数据。

(4) 持久性(Duration)。事务完成之后，它对于系统的影响是永久性的。

SQL Server 用 TRANSACTION 关键字来实现对一个事务操作的提交或回滚。具体语法结构如下。

```
BEGIN TRANSACTION
  SQL 语句块
COMMIT [TRANSACTION | ROLLBACK TRANSACTION]
```

BEGIN TRANSACTION 语句显式地通知 SQL Server，它应该将下一条 COMMIT TRANSACTION 语句或 ROLLBACK TRANSCATION 语句以前的所有操作作为单个事务。如果 SQL Server 遇到的是一条 COMMIT TRANSACTION 语句，那么保存(提

交)自最近一条 BEGIN TRANSACTION 语句以后对数据库所做的所有工作。如果 SQL Server 遇到的是一条 ROLLBACK TRANSACTION 语句,则抛弃(回滚)所有这些操作所做的工作,恢复到数据的初始状态。

任务分析与实施

打开 SSMS 窗口,在查询编辑器中输入以下代码。

```
USE DB_TeachingMS
GO
BEGIN TRAN
INSERT  TB_SelectCourse VALUES('S050803104','T080050401',GETDATE())
INSERT  TB_SelectCourse VALUES('S050803104','T080040401',GETDATE())
INSERT  TB_SelectCourse VALUES('S050803104','T080030401',GETDATE())
DECLARE @CountNum int
SET @CountNum = (SELECT COUNT( * ) FROM TB_SelectCourse WHERE StuId = 'S050803104')
IF @CountNum > 2
  BEGIN
     ROLLBACK TRAN
     PRINT '选课门数超过 2 门,操作无效,请重新选课! '
   END
ELSE
   BEGIN
     COMMIT TRAN
     PRINT ' 选课成功,请按时上课!'
   END
```

这里,学生选修了 3 门课程,系统自动检查选修门数超出上限,于是执行事务的回滚操作。其中,在选课表中执行 3 条 INSERT 语句,这 3 条语句被封装为一个整体作为一个事务进行处理,如果事务回滚,则这 3 条插入语句一条都不执行,如果事务执行提交操作,则这 3 条插入语句都将被执行。

事务编写原则如下。

(1) 事务尽可能简短。

(2) 在事务中访问的数据量要尽量少。

(3) 浏览数据时尽量不要打开事务。

(4) 在事务处理期间尽量不要请求用户输入。

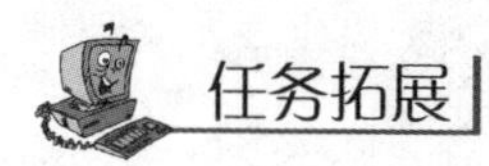

任务拓展

显式的事务可以嵌套,即在一个事务中可以嵌套另外一个事务。例如:

```
BEGIN TRAN                                          --外层事务开始
INSERT TB_Dept (DeptId,DeptName) VALUES('09','管理系')
IF @@ERROR > 0 OR @@ROWCOUNT <> 1
```

```
  GOTO TRANROLLBACK
INSERT TB_Dept(DeptId,DeptName) VALUES('10','体育部')
IF   @@ERROR > 0   OR   @@ROWCOUNT <> 1
  GOTO TRANROLLBACK
SELECT * FROM TB_Dept                    --查看系部表记录
BEGIN TRAN                               --内层事务开始
DELETE  FROM TB_Dept WHERE DeptId = '08'
IF  @@ERROR > 0 OR @@ROWCOUNT <> 1
  ROLLBACK TRAN                          --内层事务回滚
ELSE
  COMMIT TRAN                            --内层事务提交
SELECT   *   FROM   TB_Dept
IF @@ERROR > 0
  BEGIN
    TRANROLLBACK:ROLLBACK TRAN
  END
ELSE
  COMMIT TRAN                            --外层事务结束
```

执行上述嵌套事务代码,返回结果如图 11-1 所示。

```
结果  消息

(1 行受影响)

(1 行受影响)

(8 行受影响)
消息 547,级别 16,状态 0,第 14 行
DELETE 语句与 REFERENCE 约束"FK__TB_Spec__DeptId__1273C1CD"冲突。该冲突发生于数据库"db_TeachingMs",表"dbo.TB_Spec", column 'DeptId'。
语句已终止。

(6 行受影响)
```

图 11-1 嵌套事务

执行外层事务,向系部表中添加管理系和体育部两条新记录。内层事务中删除语句执行失败,事务回滚至外层事务开始前的状态。查看系部表 TB_Dept 中的记录,管理系和体育部两条新记录没有添加成功。

从上例得出,在包含嵌套的事务结构中,内层事务如果回滚,则外层事务与内层事务之间执行的操作也将回滚;在内层事务执行回滚之后至外层事务定义结束之间的操作将不受影响。

任务 11.2 并 发 与 锁

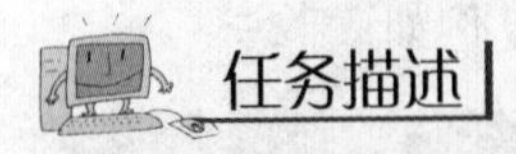

任务描述

当使用选课系统进行课程选修时,大量的学生要在指定时间段完成课程的查询和选课,那么同一时间对开课安排表、选课表进行数据的读、写操作量就会很大,那么在这些表

上的操作会不会造成数据库访问方面的问题？下面讨论的数据的并发性和锁对象可以帮助解决以上问题。

11.2.1　并发问题

多个用户访问一个数据库时，它们的事务同时使用相同行的数据可能会发生以下问题。

1. 丢失更新

当两个或多个事务选择同一行并对该行进行数据更新时，会发生丢失更新的问题。每个事务都不知道其他事务的存在，最后更新的数据将重写由其他事务所做的更新，这将导致数据丢失。

2. 脏读

一个事务正在访问并修改数据库中的数据但是没有提交，另外一个事务可能读取到这些已作出修改但未提交的数据。

3. 不能重复读

A 事务两次读取同一数据，B 事务也读取这一数据，但是 A 事务在第二次读取前 B 事务已经更新了这一数据。所以对于 A 事务来说，第一次和第二次读取到的这一数据可能就不一致了。

4. 幻读

当对某行执行插入或删除操作，而该行属于某个事务正在读取的行的范围时，会发生幻读的问题。

11.2.2　封锁技术

数据库管理系统引入锁的机制来解决并发访问带来的问题。锁是用来同步多个用户同时访问同一个数据项的一种机制。在事务对数据项进行操作之前，它必须保护自己不受其他事务对同一数据项进行修改的影响。事务通过锁定数据项来达到此目的。

为了将锁定的成本减至最小，SQL Server 采用多粒度锁定的方式，允许在一个事务中锁定不同类型的资源。SQL Server 可以锁定以下资源（按粒度增加的顺序列出），如表 11-1 所示。

表 11-1 SQL Server 可以锁定的资源

资源	描 述
RID	行标识符,用于单独锁定表中的一行
KEY	键,索引中的行锁,用于保护可串行事务中的键范围
PG	页,8KB 的数据页或索引页
EXT	扩展盘区,相邻的 8 个数据页或索引页构成一组
TAB	表,包括所有数据和索引在内的整个表
DB	数据库

SQL Server 使用不同锁模式锁定资源,这些锁模式确定了并发事务访问资源的方式。下面是几种常用的锁模式。

1. 共享锁(S)

共享锁用于只读数据的操作,如 SELECT 语句。共享锁允许并发事务读取一个资源,当该资源存在共享锁时,其他事务都不能修改数据。除非将事务隔离级别设置为可重复读或更高级别。

2. 排他锁(X)

用于数据的修改操作,例如 INSERT、UPDATE、DELETE,它确保不会同时对同一资源进行多重更新。排他锁可以防止并发事务对资源进行访问,其他事务不能读取或修改排他锁锁定的数据。

3. 更新锁(U)

更新锁用于可更新的资源中,防止多个会话在读取、锁定以及随后可能进行的资源更新时发生的死锁。一次只有一个资源可以获得资源的更新锁,如果事务修改资源,则更新锁转换为排他锁;否则,锁转换为共享锁。

11.2.3 死锁

封锁机制的引入能解决并发用户的数据一致性问题,但因此会引起事务间的死锁问题。死锁主要是由于两个或多个事务竞争资源而引起的直接或间接的相互等待造成的。

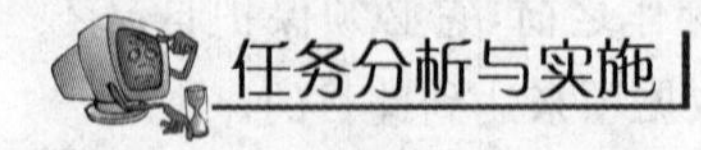

1. 查看锁

在"新建查询"窗口执行如下 SQL 语句。

```
USE db_TeachingMs
GO
EXEC sp_lock
```

返回结果如图 11-2 所示。

结果 消息

	spid	dbid	ObjId	IndId	Type	Resource	Mode	Status
1	53	7	0	0	DB		S	GRANT
2	54	7	0	0	DB		S	GRANT
3	56	1	1467152272	0	TAB		IS	GRANT
4	56	7	0	0	DB		S	GRANT

图 11-2　显示当前数据所持有的锁的信息

2. 死锁

(1) 在“新建查询”窗口 1 中输入下面的语句。

```
USE DB_TeachingMS
GO
BEGIN TRAN
UPDATE  TB_Student  SET Sex = 'F' WHERE StuId = 'S040201104'
WAITFOR DELAY '00:00:10'
SELECT * FROM  TB_Class WITH (TABLOCKX)
COMMIT TRAN
```

(2) 在“新建查询”窗口 2 中输入下面的语句。

```
USE DB_TeachingMS
GO
BEGIN TRAN
SELECT * FROM  TB_Class WITH (TABLOCKX)
WAITFOR DELAY '00:00:10'
UPDATE  TB_Student  SET Sex = 'M' WHERE StuId = 'S040201101'
COMMIT TRAN
```

(3) 先执行窗口 1 的代码,再立即执行窗口 2 的代码,结果如图 11-3 所示。

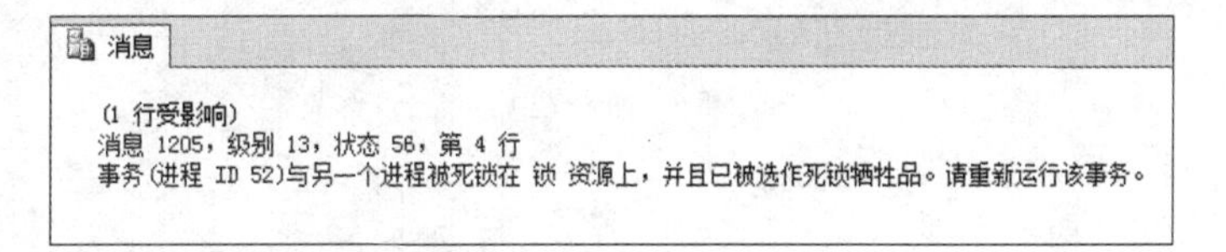

图 11-3　进程死锁

分析原因:窗口 1 事务执行更新学生表记录,系统自动给 TB_Student 中指定学号为 S040201104 的行数据加锁。延时 10 秒后执行 TB_Class 的查询,系统自动给表加排他锁。此时,窗口 2 事务同时执行查看 TB_Class 表的记录,并给 TB_Class 加了排他锁。

此时，事务 1 要想结束执行，必须要访问 TB_Class 的资源，而 TB_Class 表资源又被事务 2 占用，要想事务 2 释放资源，那么事务 2 又需要访问 TB_Student 的资源，而此时 TB_Student 表资源又被事务 1 占用。这样，两个事务相互等待对方释放资源，从而产生了死锁现象。

3. 避免死锁的方法

(1) 最大限度地减少保持事务打开的时间长度。

(2) 按同一个顺序访问对象。

(3) 避免事务中的用户交互。

(4) 保持事务简短并在一个批处理。

情境 12　高校课务管理系统开发

本情境主要介绍利用 WinForm 技术进行数据库 Windows 应用程序快速开发。实现学生登录、学生选课和学生成绩查询的功能。

任务 12.1　学生登录界面设计

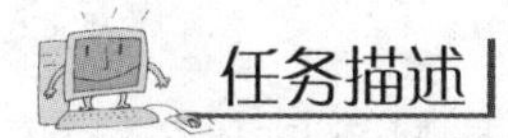

高校课务管理系统网站构建好了以后，为了让学生正常访问，必须建立一个登录验证界面。学生用学号进行登录，并输入自己的密码，系统对输入的“学号”和“密码”进行验证，验证通过后进入学生选课及成绩查询页面。

学生模块登录流程如图 12-1 所示。

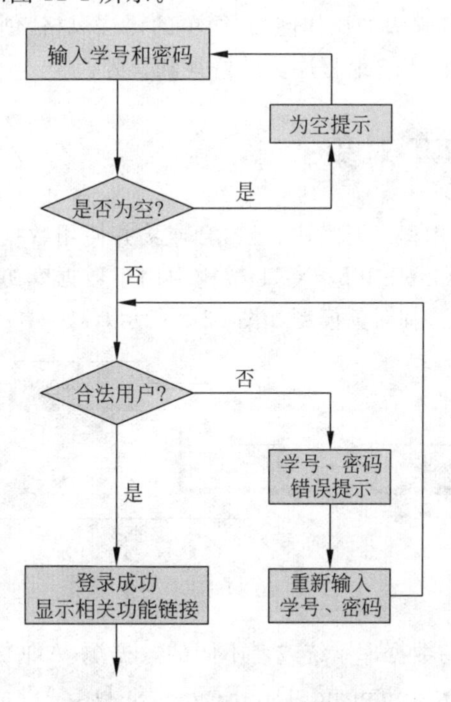

图 12-1　学生模块网站登录流程

相关知识

WinForm 技术是基于.NET 开发平台对 Windows Form 对象开发的一种统称。Windows 窗体可用于设计窗体和可视控件,以创建丰富的基于 Windows 的应用程序。其数据提供程序提供方便连接 OLEDB 和 ODBC 数据源的数据控件,包括 Microsoft SQL Server、Microsoft Access、Jet、DB2 以及 Oracle 等。

12.1.1 NET 框架开发环境

NET 框架包含大量用于满足开发人员编程需要的类库。.NET 框架具有两个主要组件库:公共语言运行库(Common Language Runtime Library,CLR)和.NET 框架类库(Framework Class Library,FCL)。CLR 是.NET 框架的基础,是执行管理代码的代理,它提供内存管理、线程管理和远程处理等核心服务。FCL 是一个综合性的面向对象的可重用类型集合,用户可以使用它开发多种应用程序。

C#语言是开发 WinForm 窗体应用程序的首选语言之一。C#是 Microsoft 公司在 C++和 Java 两种语言的基础上针对.NET 框架开发的一种语言,它是一种集简单、面向对象、类型安全和平台独立等特点于一身的新型组件编程语言。C#的语法风格源自 C/C++语言,融合了 Visual Basic 语言简单易用和 C++语言功能强大的特点,是 Microsoft 为奠定其下一代互联网霸主地位而开发的.NET 平台的主流语言。

C#语言推出后,以其强大的操作能力,简单的语法风格,创新的语言特性,便捷的面向组件编程的支持,深受世界各地程序员的好评和喜爱。

12.1.2 ADO.NET 对象

在 WinForm 窗体应用程序开发中,经常会连接并使用数据库,对数据库中的数据进行各种操作和显示。ADO.NET 是.NET 架构中用于数据库访问的组件,是专门为基于消息的应用程序而设计的,其对象模型如图 12-2 所示。

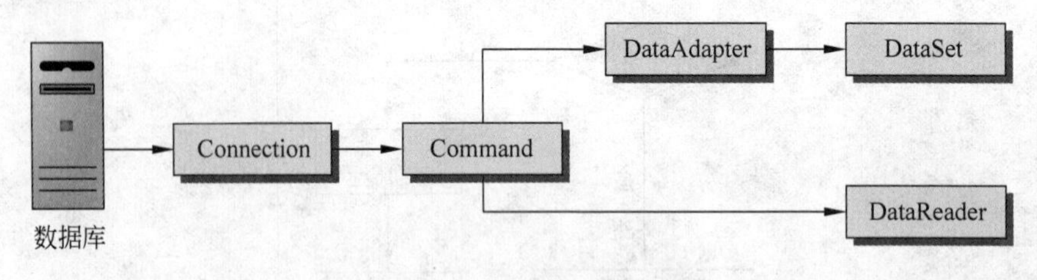

图 12-2 ADO.NET 对象模型

为了访问各种不同的数据库系统或者不同的数据源,ADO.NET 提供了 4 种常用的核心对象,即 Connection、Command、DataReader 和 DataAdapter。它们的具体功能如表 12-1 所示。

表 12-1　ADO.NET 核心对象

对象	说　明
Connection	建立与特定数据源连接
Command	对数据源执行命令
DataReader	从数据源中读取只进且只读的数据流
DataAdapter	用数据源填充 DataSet 并解析更新

这里重点介绍 Connection、Command 和 DataReader 3 个对象。

1. Connection 对象

Connection 类主要处理对数据库的连接和管理数据库事务，它是操作数据库的基础，是应用程序和数据源之间唯一的会话。连接 SQL Server 数据库的对象是 SqlConnection 对象，可以使用 SqlConnection 对象的属性 ConnectionString 获取或设置用于打开 SQL Server 数据库的连接字符串。连接字符串中包含连接数据库的信息，如登录用户名、密码等。

SqlConnection 对象的常用属性和方法如表 12-2 所示。

表 12-2　SqlConnection 对象的常用属性和方法

名　称	类别	说　明
ConnectionString	属性	获取或设置用户打开 SQL Server 数据库的连接字符串
ConnectionTimeout	属性	获取或设置在尝试建立连接时所等待的时间
DataBase	属性	获取或设置当前数据库或连接打开后要使用的数据库的名称
DataSource	属性	获取要连接 SQL Server 数据库所在的服务器
ServerVersion	属性	获取或设置包含客户端连接的 SQL Server 实例的版本字符串
State	属性	获取或设置连接的当前状态
Open	方法	打开数据库连接
Close	方法	关闭数据库连接

2. Command 对象

对数据库的操作有查询、插入、更新和删除等，这些操作都是 ASP.NET 开发中经常用到的。在创建 Connection 对象后，就需要创建 Command 对象实现对数据库的操作，操作 SQL Server 数据库的对象为 SqlCommand 对象。

SqlCommand 对象的常用属性如表 12-3 所示。

属性中的 CommandText 是命令字符串，它包含执行命令的文本内容，通常是 SQL 语句或数据源中的存储过程名称，由 CommandType 属性的值（Text 或 Stored Procedure）确定。

SqlCommand 对象还包含一些常用的方法，如表 12-4 所示。

表 12-3 SqlCommand 对象的常用属性

属 性	说 明
CommandText	获取或设置要对数据源执行的 T-SQL 语句或存储过程
CommandTimeout	获取或设置在终止执行命令的尝试并生成错误之前的等待时间
CommandType	获取或设置一个值，该值指定如何解释 CommandType 属性
Connection	获取或设置 SqlCommand 的实例使用的 SqlConnection
Parameters	获取 SqlParameterCollection

表 12-4 SqlCommand 对象常用方法

属 性	说 明
Cancel	试图取消 SqlCommand 的执行
CreateParameter	创建 SqlParameter 对象的新实例
Dispose	释放由 Component 占用的资源
ExecuteNonQuery	对 Connection 执行 T-SQL 语句并返回受影响的行数
ExecuteReader	将 CommandText 发送到 Connection，并生成一个 SqlDataReader 对象
ExecuteScalar	执行查询，并返回查询结果集中第一行的第一列，忽略其他行和列
ExecuteXmlReader	将 CommandText 发送到 Connection，并生成一个 XmlReader 对象

3. DataReader 对象

数据读取器 DataReader 对象是一个简单的数据集，用于从数据源中检索只读、只进的数据流。数据流是未缓冲的，所以在检索大量数据时，DataReader 对象在内存中始终只有一行，所以使用 DataReader 可提高应用程序的性能并减少系统开销。

DataReader 对象具有以下特性。

(1) 只能读取数据，没有创建、修改和删除数据库记录的功能。

(2) 是一种只进的读取数据方式，不能回头读取上一条记录。

(3) 不能在 IIS 中保持数据，而是把数据传递到显示位置。

DataReader 对象的主要属性和方法如表 12-5 所示。

表 12-5 DataReader 对象的常用属性和方法

名 称	类别	说 明
HasRows	属性	DataReader 中是否包含一行或多行记录
IsClosed	属性	获取一个值，该值指示数据读取器是否已经关闭
FiledCount	属性	当前行中的列数
GetValue	属性	获取以本机格式表示的值所指定的列的值
Close	方法	关闭 SqlDataReader 对象
GetBoolean	方法	获取指定列的布尔形式的值
GetDataTypeName	方法	获取源数据类型的名称
GetName	方法	获取指定列的名称
GetValues	方法	获取当前行的集合中的所有属性列
Read	方法	使用 SqlDataReader 对象前进到下一记录
IsDBNull	方法	获取一个值，该值指示列中是否包含不存在的或缺少的值

同样地，操作 SQL Server 数据库的对象为 SqlDataReader 对象，要创建 SqlDataReader 对象，必须调用 SqlCommand 对象的 ExecuteReader()方法。

12.1.3　三层架构

在项目开发的过程中，把整个项目分为三层架构，其中包括表示层(UI)、业务逻辑层(BLL)和数据访问层(DAL)。三层的作用分别如下。

表示层：为用户提供交互操作界面，不论是对于 Web 还是 WinForm 都是如此，就是用户界面操作。

业务逻辑层：负责关键业务的处理和数据的传递。复杂的逻辑判断和涉及数据库的数据验证都需要在此作出处理。根据传入的值返回用户想得到的值，或者处理相关的逻辑。

数据访问层：负责数据库数据的访问。主要为业务逻辑层提供数据，根据传入的值来操作数据库，增、删、改或者进行其他操作。

三层架构具有以下优点。

(1) 开发人员可以只关注整个结构中的某一层。

(2) 可以很容易地用新的实现来替换原有层次的实现。

(3) 可以降低层与层之间的依赖。

(4) 有利于标准化。

(5) 有利于各层逻辑的复用。

任务分析与实施

(1) 使用 Visual Studio 2010 创建 Windows 窗体应用程序，开发过程采用三层架构模式。其中，Model 层是贯穿三层架构中的一个实体类，命名为 Model，命名空间默认值设置为 Models，其中封装的每个类都对应一个实体，通常就是数据库中的一个表。如数据库中的学生表(TB_Student)封装为 Student，将表中的每个字段都封装成共有的属性。本系统的三层架构模式如图 12-3 所示。

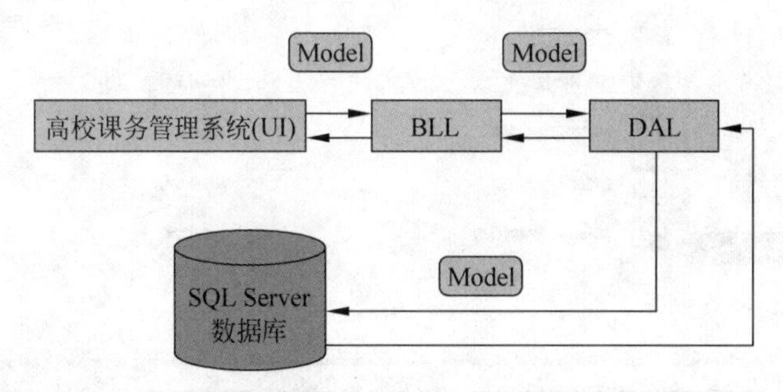

图 12-3　高校课务管理系统开发三层架构示意图

(2) 打开 Visual Studio 2010，新建项目“Windows 窗体应用程序”，修改解决方案名称和项目名称为 TeachingMS，新建项目界面如图 12-4 所示。

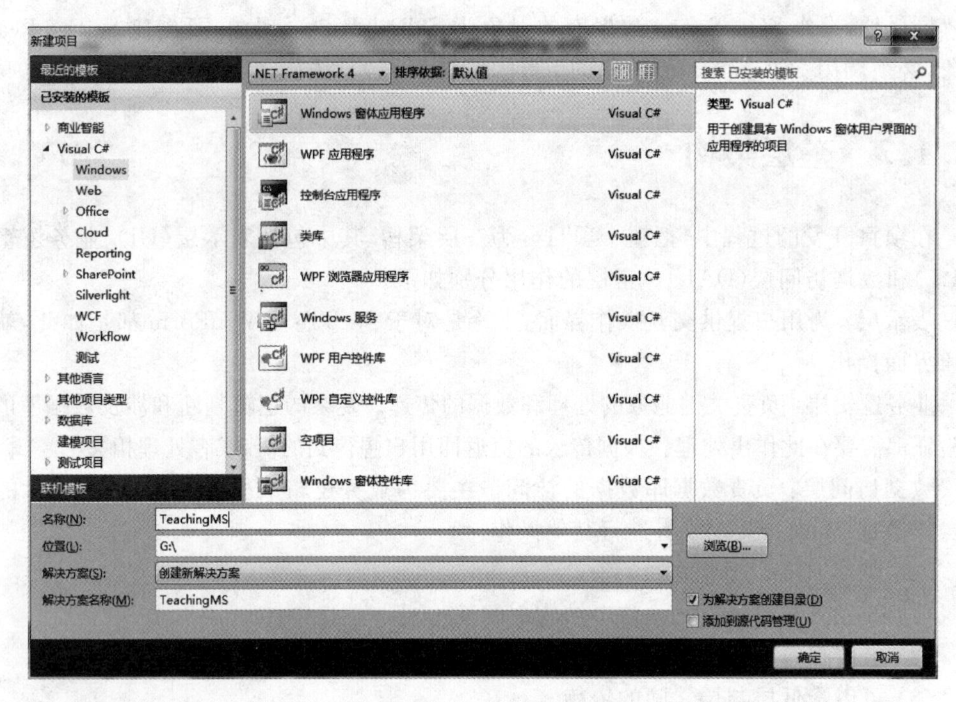

图 12-4　高校课务管理系统新建项目界面

(3) 在解决方案上右击，选择“添加”命令，在“添加新项目”对话框中选择建立 Windows 类库，项目名称为 Model，如图 12-5 所示。

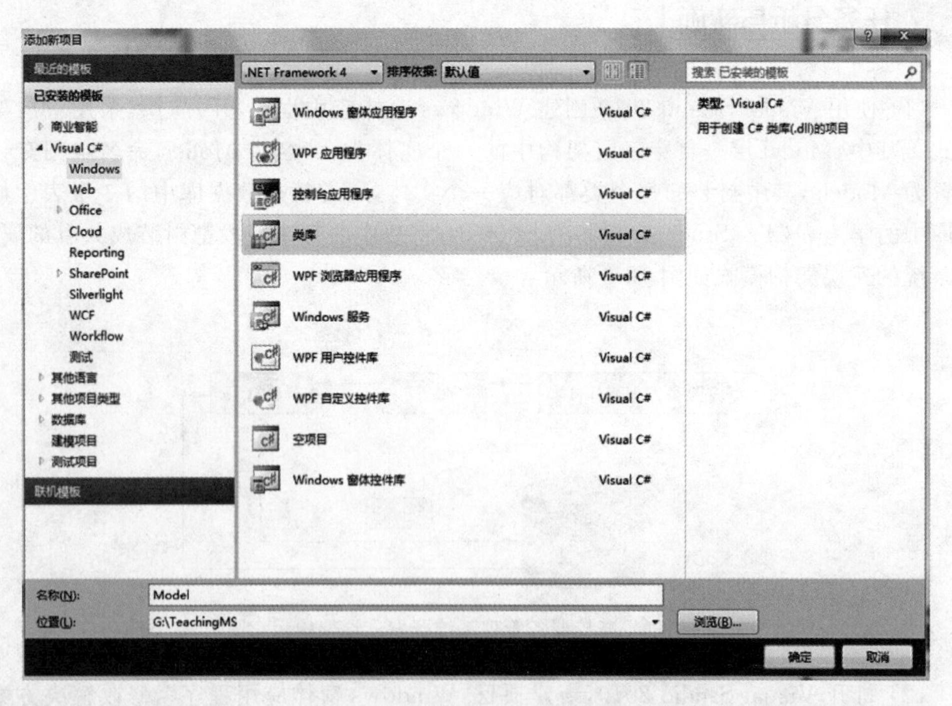

图 12-5　“添加新项目”对话框

(4) 在解决方案中继续添加项目 DAL 层,添加对项目 Model 的引用,添加微软 EnterpriseLibrary. Data 类库的引用。

(5) 继续添加项目 BLL 层,添加对项目 Model、DAL 的引用。

(6) 同理,继续完成在项目 TeachingMS 中添加对项目 Model、BLL 的引用。

(7) 学生登录界面设计,如图 12-6 所示。

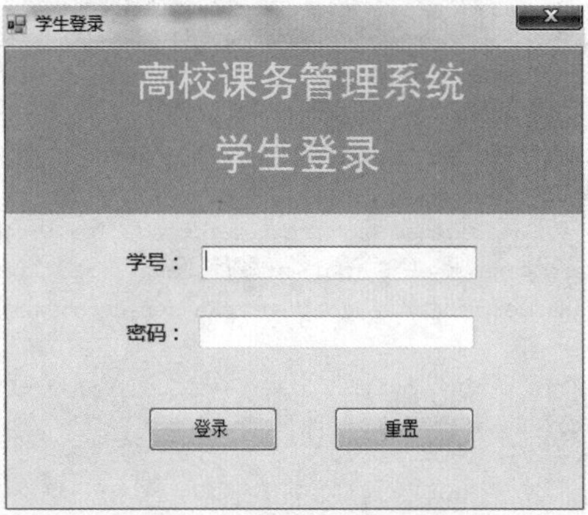

图 12-6　学生登录界面设计

实现代码如下。

(1) 在 Model 层中添加 StudentInfo 类,代码如下。

```
using System;
using System.Collections.Generic;
using System.Linq;
using System.Text;
namespace Model
{
    public class StudentInfo
    {
        public string StuId { get; set; }
        public string StuName { get; set; }
        public string SpecId { get; set; }
        public string DeptId { get; set; }
        public string ClassId { get; set; }
        public string Sex  { get; set; }
        public DateTime  Birthday { get; set; }
        public string SPassword { get; set; }
        public string Address { get; set; }
        public string ZipCode { get; set; }
        public string StuMemo { get; set; }
    }
}
```

(2) 在 DAL 层添加类 StudentAccess，在类中添加方法 StudentInfo GetStudent (string stuId)，代码如下。

```
public class StudentAccess
{
    Public   static   StudentInfo   GetStudent(string stuId)
    {
       StringBuilder strSql = new StringBuilder();
        strSql.Append(" SELECT * FROM TB_Student ");
        strSql.Append(" WHERE ");
        strSql.Append(" StuId = ").Append("'").Append(stuId).Append("'");
        strSql.Append(";");
        Database db = DatabaseFactory.CreateDatabase("TeachingMs");
        DbCommand dbcommand = db.GetSqlStringCommand(strSql.ToString());
        using (IDataReader reader = db.ExecuteReader(dbcommand))
        {
            StudentInfo data = null;
            if (reader.Read())
            {
                data = new StudentInfo();
                data.StuId = reader["StuId"].ToString();
                data.ClassId = reader["ClassId"].ToString();
                data.StuName = reader["StuName"].ToString();
                data.SPassword = reader["SPassword"].ToString();
                data.Address = reader["Address"].ToString();
                data.ZipCode = reader["ZipCode"].ToString();
                data.Sex = reader["Sex"].ToString();
                data.DeptId = reader["DeptId"].ToString();
                data.SpecId = reader["SpecId"].ToString();
                data.Birthday = DateTime.Parse(reader["Birthday"].ToString());
                data .StuMemo = reader["StuMemo"].ToString();
            }
            return data;
        }
    }
}
```

(3) 在 BLL 层添加类 StudentBiz，在类中添加学生登录的验证方法 int StudentLogin (string StuId, string Password)，代码如下。

```
public class StudentBiz
{
    public static int StudentLogin(string StuId, string Password)
    {
        StudentInfo s = StudentAccess.GetStudent(StuId);
        if (s == null)
            return 1;              //学生不存在
        else
```

```
        if (s.SPassword != Password)
            return 2;           //密码不正确
        else
            return 0;           //登录成功
    }
}
```

(4) 添加"登录"按钮 btnLogin_Click 的响应事件，代码如下。

```
private void  btnLogin_Click(object sender, EventArgs e)
{
    string StuId = this.txb_StuId.Text;
    string Password = this.txb_Password.Text;
    int result = StudentBiz.StudentLogin(StuId, Password);
    if (result == 0)
    {
       MessageBox.Show("登录成功!");
    }
    else
        if (result == 1)
        {
            MessageBox.Show("学号错误,请重新输入!");
        }
        else
        {
            MessageBox.Show("密码错误,请重新输入!?");
        }
}
```

任务 12.2　高校课务管理系统主窗体的实现

任务描述

当学生成功登录系统后进入高校课务管理系统的主窗体界面。在主窗体中使用菜单方式显示学生用户可以进行查询和维护的所有功能，如课程修改，课程退选，成绩查询等。本任务实现主窗体界面的设计。窗体设计页面如图 12-7 所示。

任务分析与实施

(1) 新建窗体 MainFrm，窗体的 FormBoderStyle 属性设置为 FixedSingle，IsMdiContainer 设置为 true。

图 12-7 系统主界面设计

(2) 添加对第三方控件 DevComponents. DotNetBar2 的引用,完成主界面菜单的实现效果。在工具箱上右击,选择“选择项”命令,如图 12-8 所示。在“选择工具箱项”对话框中单击“浏览”按钮,找到存放第三方控件 DevComponents. DotNetBar2 的文件夹,完成控件工具的添加。其中,该第三方控件工具可以在相关网站下载保存。

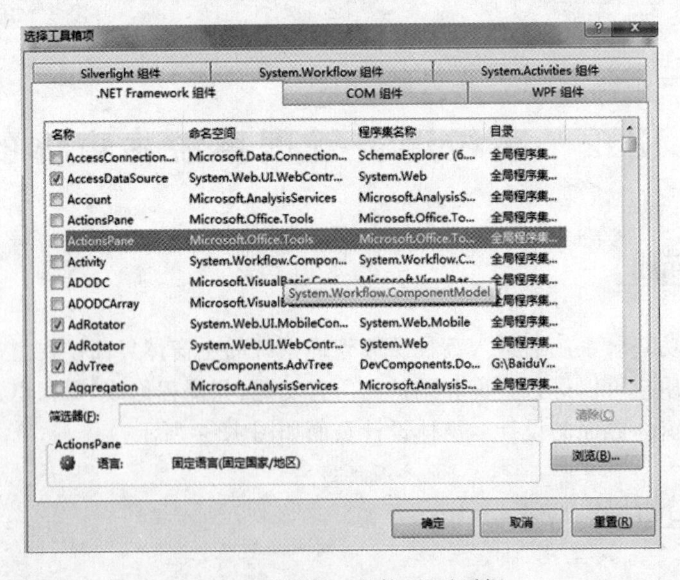

图 12-8 “选择工具箱项”对话框

(3) 在主窗体上拖入控件 DotNetBar，按照界面设计要求添加 4 个 SideBarPanelItem，分别设置 Name、Text 和 Image 属性。

(4) 在 SideBarPanelItem 上右击，选择 Create Button 命令创建按钮，设置按钮的 Name、Text 和 Image 属性。其中，FixedImageSize 设置为 30,30。为每个按钮添加响应事件。

(5) 当用户登录系统成功后，弹出主窗体，修改 Program.cs，代码如下。

```
static class Program
{
    /// <summary>
    /// 应用程序主入口点
    /// </summary>
    [STAThread]
    static void Main()
    {
        Application.EnableVisualStyles();
        Application.SetCompatibleTextRenderingDefault(false);
        //Application.Run(new LoginFrm());
        MainFrm frm = new MainFrm();                //创建主窗体
        LoginFrm loginFrm = new LoginFrm();         //创建登录窗体
        loginFrm.Frm = frm;                         //
        if (loginFrm.ShowDialog() == DialogResult.OK)
        {
           Application.Run(frm);                    //运行主窗体
        }
        else
        {
            Application.Exit();                     //程序退出
        }
    }
}
```

(6) 用户登录成功后，学生的学号要保存起来，以传递给其他窗体使用。因此，在 MainFrm 中添加 StuId 属性。

```
private string _stuId;
public string StuId
{
    get { return _stuId; }
    set { _stuId = value; }
}
```

修改“登录”按钮响应事件，代码如下。

```
private void  btnLogin_Click(object sender, EventArgs e)
{
    string StuId = this.txb_StuId.Text;
```

```
    string Password = this.txb_Password.Text;
    int result = StudentBiz.StudentLogin(StuId, Password);
    if (result == 0)
    {
        _frm.StuId = StuId;
        this.DialogResult = DialogResult.OK;
        this.Close();
    }
    else
        if (result == 1)
        {
            MessageBox.Show("学号错误,请重新输入!");
        }
        else
        {
            MessageBox.Show("密码错误,请重新输入!?");
        }
}
```

任务 12.3 选课功能实现

任务描述

从主界面进入“课程选课”界面,显示如图 12-9 所示的学生选课内容。界面中显示学生学号、姓名、所在班级和可以选修的所有课程。单击“确定选课”按钮后,可以将勾选的课程添加到选课表中。

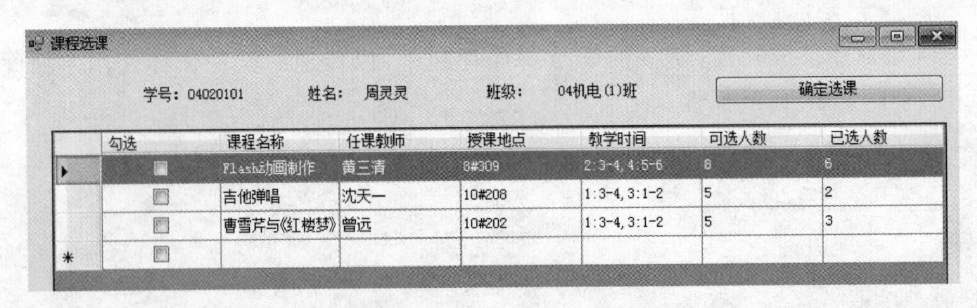

图 12-9 “课程选课”界面

任务分析与实施

(1) 在选课窗体中显示学号、姓名和班级信息。

(2) 运用存储过程对象实现可选课程的查询,并将查询结果显示在选课窗体中。

① 界面设计。新建窗体 SelectCourseFrm,拖入 DataGridView,设置 Columns 属性,如表 12-6 所示。

表 12-6　选课表 DataGridView 控件对象和属性设置

ColumnType	HeaderText	DataPropertyName	Visible	Name
DataGridViewCheckBoxColumn	勾选		true	selected
DataGridViewTextBoxColumn	课程班编号	CourseClassId	false	courseclassid
DataGridViewTextBoxColumn	课程名称	CourseName	true	coursename
DataGridViewTextBoxColumn	任课教师	TeacherName	true	teachername
DataGridViewTextBoxColumn	授课地点	TeachingPlace	true	teachingplace
DataGridViewTextBoxColumn	教学时间	TeachingTime	true	teachingtime
DataGridViewTextBoxColumn	可选人数	MaxNumber	true	maxnumber
DataGridViewTextBoxColumn	已选人数	SelectedNumber	true	selectednumber

② 在 SQL Server 新建查询中为高校课务管理系统数据库创建存储过程 Proc_StuCourseClass。该存储过程主要实现根据学生学号查询该生允许选修的所有课程情况,具体代码如下。

```
CREATE  PROCEDURE  Proc_StuCourseClass @StuId CHAR(8)
AS
  SELECT CourseClassId,CourseName,TeacherName,TeachingPlace,
         TeachingTime, MaxNumber,SelectedNumber
  FROM TB_CourseClass TCC,TB_Course TC,TB_Teacher TT
  WHERE TCC.CourseId = TC.CourseId AND TCC.TeacherId = TT.TeacherId
        AND FullFlag = 'U' AND CourseClassId NOT IN
        (SELECT CourseClassId FROM TB_SelectCourse WHERE StuId = @StuId)
GO
```

同时,创建存储过程 Proc _SelectCourse。该存储过程主要实现根据学生学号和勾选课程的课程编码字符串进行课程选修,具体代码如下。

```
CREATE PROCEDURE Proc_SelectCourse @StuId CHAR(10),
                                   @CourseClassIds varchar(100)
AS
DECLARE @CourseClassId char(10),@Position tinyint
SET @Position = 1
WHILE @Position < LEN(@CourseClassIds)
    BEGIN
      SET @CourseClassId = SUBSTRING(@CourseClassIds,@Position,10)
      INSERT INTO TB_SelectCourse (StuId,CourseClassId)
      VALUES(@StuId,@CourseClassId)
      SET @Position = @Position + 11
    END
GO
```

③ 在 DAL 层下 CourseClassAccess 类中新增方法 GetStuCourseClass()和 SelectCourse(),代码如下。

```
public static DataTable  GetStuCourseClass(string stuid)
{
    Database db = DatabaseFactory.CreateDatabase("TeachingMs");
    DbCommand dbcommand = db.GetStoredProcCommand("Proc_StuCourseClass");
    SqlParameter sp = new SqlParameter("@StuId",SqlDbType .Char,10);
    sp.Value = stuid;
    dbcommand.Parameters.Add(sp);
    DataSet ds = db.ExecuteDataSet(dbcommand);
    return ds.Tables [0];
}
public static void  SelectCourse(string stuid,string CourseClassIds)
{
    Database db = DatabaseFactory.CreateDatabase("TeachingMs");
    DbCommand dbcommand = db.GetStoredProcCommand("Proc_SelectCourse");
    SqlParameter[] sps = new SqlParameter[]
        {  new SqlParameter("@StuId", SqlDbType.Char, 10),
           new SqlParameter("@CourseClassIds",SqlDbType.Char ,100)
        };
    sps[0].Value = stuid;
    sps[1].Value = CourseClassIds;
    dbcommand.Parameters.AddRange(sps);
    db.ExecuteNonQuery(dbcommand);
}
```

通过调用 SP_StuCourseClass 和 SP_SelectCourse 存储过程,实现学生对课程进行选修。

④ 在 BLL 层中的 CourseClassBiz 中添加方法 GetStuCourseClass()和 GetStuSelectedCourse(),代码如下。

```
public static DataTable GetStuCourseClass(string stuid)
{
    return CourseClassAccess.GetStuCourseClass(stuid);
}

public static DataTable GetStuSelectedCourse (string stuid)
{
    return CourseClassAccess.GetStuSelectedCourse(stuid);
}
```

⑤ 当窗体加载时,绑定 DataGridView 到数据源,显示该生可选课程。

```
private void SelectCourseFrm_Load(object sender, EventArgs e)
{
    StudentInfo s = StudentBiz.GetStudent(_stuid);
```

```
        if (s != null)
        {
            this.lblStuId.Text = s.StuId;
            this.lblStuName.Text = s.StuName;
            ClassInfo c = ClassBiz.getclass(s.ClassId);
            if (c != null)
            {
                this.lblClass.Text = c.ClassName;
            }
            this. GridCourseClass.AutoGenerateColumns = false;
            this. GridCourseClass.DataSource = CourseClassBiz.GetStuCourseClass(_stuid);
        }
    }
```

(3) 添加“确定”按钮事件代码，完成向选课表中添加选课记录。

```
private void button1_Click(object sender, EventArgs e)
{
    string CourseClassIds = "";
    for (int i = 0; i < this.gridCourseClass.Rows.Count; i++)
    {
        DataGridViewCheckBoxCell checkCell =
                (DataGridViewCheckBoxCell)this.gridCourseClass.Rows[i].Cells[0];
        Boolean flag = Convert.ToBoolean(checkCell.Value);
        if (flag == true)      //查找被选择的数据行
        {
            if (CourseClassIds == "")
            {
                CourseClassIds = this.gridCourseClass.Rows[i].
                                 Cells["courseclassid"].Value.ToString();
            }
            else
            {
                CourseClassIds = CourseClassIds + "," + this.gridCourseClass.Rows[i].
                                 Cells["courseclassid"].Value.ToString();
            }
        }
    }
    if (CourseClassIds == "")
    {
      MessageBox.Show("请选择要选修的课程!");
    }
    else
    {
        try
        {
          CourseClassBiz.SelectCourse(_stuid, CourseClassIds);
          this.gridCourseClass.DataSource = CourseClassBiz.GetStuSelectedCourse(_stuid);
```

```
                MessageBox.Show("选课成功!");
            }
            catch (Exception ex)
            {
                MessageBox.Show("选课失败!" + ex.ToString());
            }
        }
    }
```

实训四　数据查询

实训目的

(1) 掌握 SELECT...WHERE...ORDER BY...语句的用法。

(2) 掌握运用 GROUP BY、HAVING 子句进行统计查询。

(3) 掌握多表联合查询方法：交叉连接、内连接、外连接和合并查询。

(4) 学习子查询的使用方法。

(5) 掌握视图的概念和优点，以及创建、修改和删除视图的方法。

实训任务

(1) 查询所有学生的学号、姓名、性别和年龄，按"学号"字段的值以降序排列查询结果。

(2) 查询学校所有姓"王"和"陈"的学生信息，按姓名和性别排序。

(3) 查询统计各个系的总人数，显示系部编码和系部人数。

(4) 检索成绩表，查询各门课程的课程编号和平均成绩。

(5) 检索成绩表，查询课程编号、学号和课程成绩的明细并汇总总成绩。

(6) 查询存在成绩不及格学生的课程班相关信息。

(7) 创建课程成绩高于 60 分的学生视图，显示学号、姓名、班级名称。然后使用该视图查询班级名称为 04 网络技术(1)班的各门课程高于 60 分的学生情况。

实训五　存储过程与触发器应用

实训目的

(1) 掌握 T-SQL 语言中注释、常量、变量的用法。

(2) 掌握 T-SQL 语言中运算符和表达式的用法。

(3) 掌握 T-SQL 语句中流程控制语句的使用。

(4) 掌握 AFTER/FOR 触发器创建与维护的方法。

(5) 掌握 INSTEAD OF 触发器创建与维护的方法。

(6) 掌握 DDL 触发器创建与维护的方法。

(7) 掌握禁用和启用各类触发器的方法。

实训任务

（1）创建一个存储过程 PROCStudentQuery，该存储过程返回所有学生学号、姓名、班级名称、所属系部等，该存储过程不使用任何参数。给出调用语句。

（2）创建一个带输入输出参数的存储过程。当输入某个系系号时，能输出该系学生最大年龄和最小年龄。给出调用语句。

（3）根据 TeachingMS 中的 TB_Grade 创建一个 UPDATE 触发器，实现当修改平时、期中或期末成绩时，自动修改 TB_Grade 中的总评成绩。

（4）创建一个 INSTEAD OF 触发器，完成对 TB_Teacher 限制，当有人试图删除和修改记录时，提醒“教师记录不能删除和修改”。

（5）创建一个保护 DB_TeachingMS 的触发器，完成对数据库中表的保护，当有人试图删除该库中的表时，提醒“本数据库中的表不能删除”。

第3篇

数据库安全管理与维护

【学习情境】

情境 13　Windows 身份登录用户的数据库安全管理
情境 14　SQL Server 身份登录用户的数据库安全管理
情境 15　高校课务管理系统数据库备份与导入导出

【学习目标】

(1) 了解 SQL Server 2012 的安全机制。
(2) 掌握 SQL Server 2012 的登录模式。
(3) 掌握数据库用户的创建与维护。
(4) 了解架构的概念及架构创建方法。
(5) 掌握数据库用户权限的设置与维护。
(6) 了解固定服务器和数据库角色及其应用。
(7) 掌握自定义数据库角色的创建。

情境 13　Windows 身份登录用户的数据库安全管理

高校课务管理系统数据库 DB_TeachingMS 创建完成后，必须设法使之免遭非法用户的侵入和访问，保证数据库的安全性。SQL Server 2012 提供了从操作系统、服务器、数据库到数据对象的多级别的安全保护，并涉及数据库登录、用户、权限等安全性方面的设置。

任务 13.1　创建 Windows 验证模式登录名

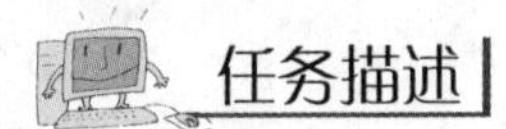

任务描述

项目经理李老师要求曾丹丹同学为高校课务管理系统数据库的两个教师分别用向导方式和 T-SQL 方式创建名为 Teacher_Yao 和 Teacher_Zhang 的 SQL Server 身份验证模式的登录名。

相关知识

13.1.1　SQL Server 安全机制

SQL Server 2012 的安全机制可以分为以下 5 个等级。

(1) 客户机安全机制。

(2) 网络传输安全机制。

(3) 服务器级别安全机制。

(4) 数据库级别安全机制。

(5) 数据库对象级别安全机制。

以上的每个等级就好像一道安全大门，用户必须打开每一道门才能到达下一个安全等级。如果通过了所有的门，用户就可以实现对数据库中的数据的访问。这种关系如图 13-1 所示。

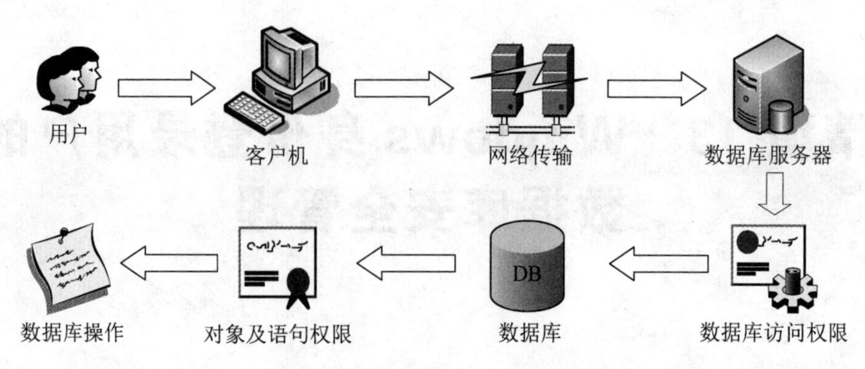

图 13-1　SQL Server 安全机制

1. 客户机安全机制

用户在使用客户计算机通过网络对 SQL Server 服务器进行访问时，首先要获得客户计算机操作系统的使用权。

2. 网络传输安全机制

通常情况下，在能够实现网络互联的前提下，用户没有必要对运行 SQL Server 服务器的主机进行直接登录，而是通过网络连接远程登录到 SQL Server 服务器上。此时，用户要取得访问 SQL Server 服务器所在网络的权限。

3. 服务器级别安全机制

SQL Server 的服务器级别安全建立在控制服务器的登录的基础上，SQL Server 一般采用 Windows 身份验证和 SQL Server 身份验证两种登录模式。无论使用哪种登录方式，用户在登录时提供的登录账号和密码决定了用户能否获得 SQL Server 的访问权限。

4. 数据库级别安全机制

这个级别的安全性主要通过数据库用户进行控制，要想访问一个数据库，必须拥有该数据库的一个用户身份。数据库用户是通过登录名进行映射的，可以属于固定的数据库角色或自定义数据库角色。

5. 数据库对象级别安全机制

这个级别的安全性通过设置数据库对象的访问权限进行控制。数据库对象的安全性是 SQL Server 安全机制的最后一个安全等级。数据库对象的访问权限定义了数据库用户对数据库中数据对象的引用、数据操作语句的许可权限，这可以通过定义对象和语句的许可权限来实现。在创建数据库对象时，SQL Server 自动把该数据库对象的拥有权赋予给它的所有者(创建者)。

13.1.2　登录账户和身份验证方式

在 SQL Server 中，登录账户（登录名）是用来登录 SQL Server 服务器的账户，一个合法的登录账户只表明该使用数据库的人员通过了 SQL Server 服务器的验证，但不能表明他可以对相应的数据库和数据库对象进行操作。

SQL Server 有两种身份验证方式：Windows 身份验证和 SQL Server 身份验证。

Windows 身份验证：当用户通过 Windows 用户账户连接时，SQL Server 使用操作系统中的 Windows 标记的账户名和密码。也就是说，用户身份由 Windows 进行确认，SQL Server 不要求提供密码，也不执行身份验证。Windows 身份验证是默认身份验证模式，并且比 SQL Server 身份验证更为安全。

SQL Server 身份验证：当使用 SQL Server 身份验证时，在 SQL Server 中创建的登录名并不基于 Windows 用户账户。用户名和密码均通过 SQL Server 创建并存储在 SQL Server 中。通过 SQL Server 身份验证进行连接的用户每次连接时必须提供其凭据（登录名和密码）。

SQL Server 允许两种身份验证模式：Windows 身份验证模式和混合身份验证模式。所谓 Windows 身份验证模式，是指 SQL Server 只采用 Windows 身份验证进行用户登录验证，而混合身份验证模式是指 SQL Server 同时采用 Windows 身份验证和混合身份验证进行用户登录验证。

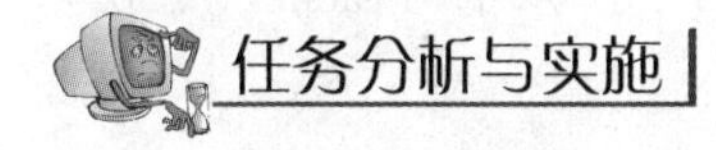

1. 创建 Windows XP 操作系统用户

(1) 选择“开始”→“设置”→“控制面板”命令，弹出“控制面板”窗口。

(2) 双击“管理工具”目录下的“计算机管理”图标，弹出如图 13-2 所示的“计算机管理”窗口。

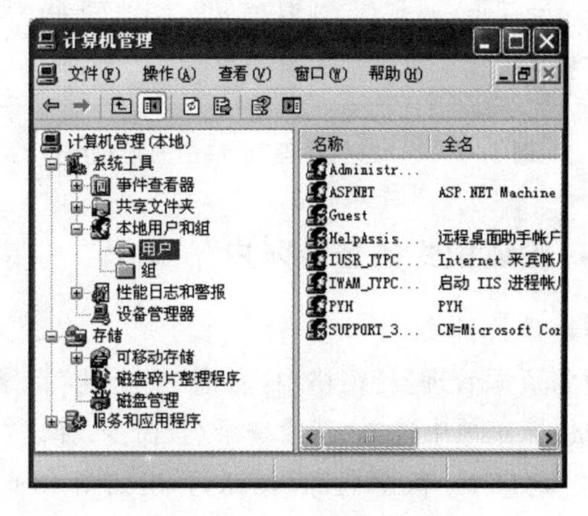

图 13-2　“计算机管理”窗口

(3) 单击“本地用户和组”节点，右击“用户”图标，弹出快捷菜单，选择“新建用户”命令，弹出“新用户”对话框。在“用户名”文本框中输入 Teacher_Yao，在“全名”文本框中输入 Teacher_Yao，在“密码”与“确认密码”文本框中输入 TYPassword。

(4) 取消勾选“用户下次登录时须更改密码”复选框，同时勾选“密码永不过期”复选框，如图 13-3 所示，然后单击“创建”按钮。用同样的方式再创建一个 Teacher_Zhang 用户。

图 13-3 “新用户”对话框

(5) 关闭“新用户”对话框，在“用户”界面有如图 13-4 所示的 Teacher_Yao 和 Teacher_Zhang 账户。

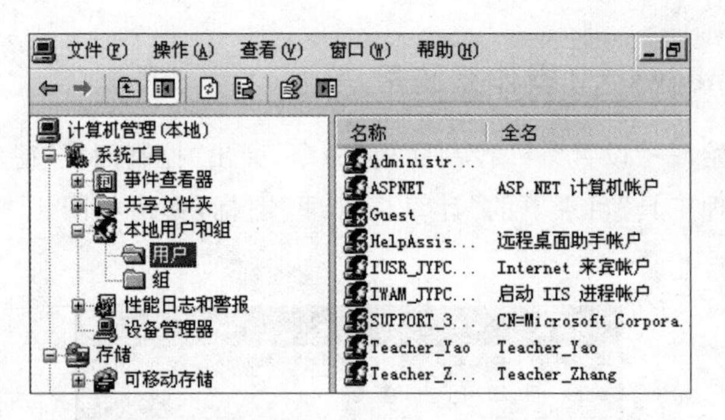

图 13-4 “计算机管理”窗口中的新建用户

2. 创建 Windows 验证模式的登录账户

(1) 以向导方式创建登录名 Teacher_Yao

① 在 SSMS 的“对象资源管理器”窗格中，右击“安全性”目录下的“登录名”节点，如图 13-5 所示，在弹出的快捷菜单中选择“新建登录名”命令，弹出“登录名-新建”窗口。

② 在“登录名-新建”窗口中，单击“搜索”按钮，弹出如图 13-6 所示的“选择用户或组”对话框。

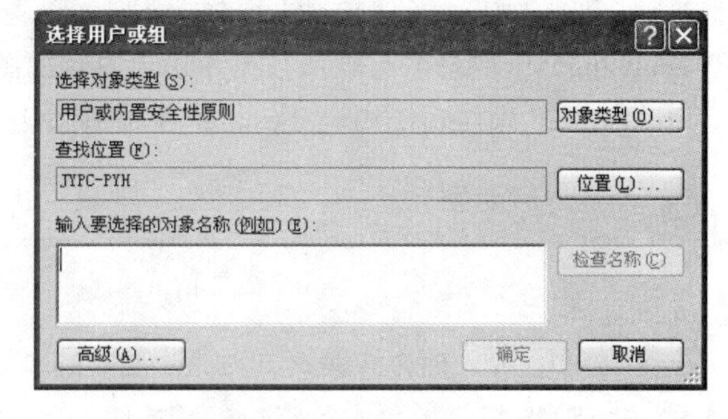

图 13-5　“登录名”右键快捷菜单　　　　图 13-6　“选择用户或组”对话框

③ 在“选择用户或组”对话框中，单击“高级”按钮，弹出“选择用户或组”对话框的高级窗口。在此窗口中单击“立即查找”按钮，则“选择用户或组”对话框的高级窗口的下部将列出 Windows XP 操作系统用户，如图 13-7 所示。

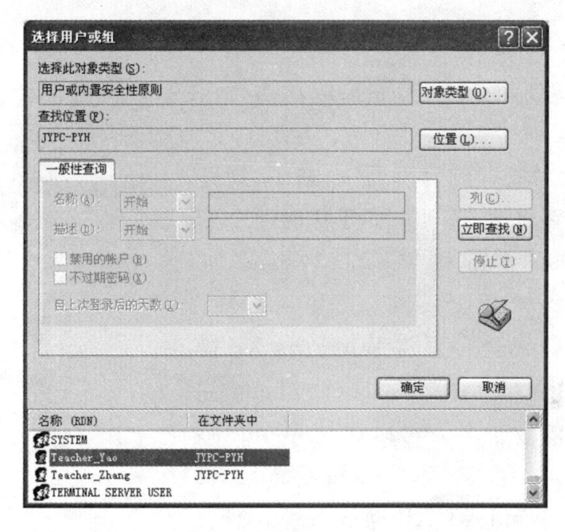

图 13-7　“选择用户或组”对话框的高级窗口

④ 选中用户 Teacher_Yao，然后单击“确定”按钮，回到如图 13-6 所示的“选择用户或组”对话框，在“输入要选择的对象名称”文本框中出现刚才选中的 Windows XP 操作系统用户 Teacher_Yao，如图 13-8 所示。

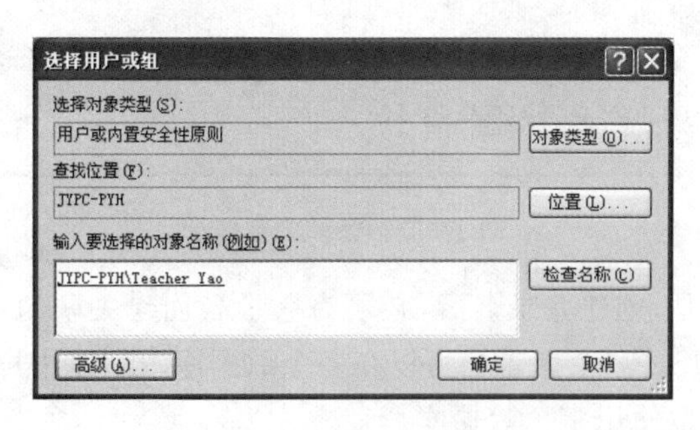

图 13-8　显示对象名称

⑤ 单击图 13-8 中的“确定”按钮，回到“登录名-新建”窗口，选择默认数据库为 DB_TeachingMS，登录名与默认数据库选项内容如图 13-9 所示。单击“确定”按钮，完成将 Windows XP 操作系统用户 Teacher_Yao 在 SQL Server 2012 中的登录名注册。

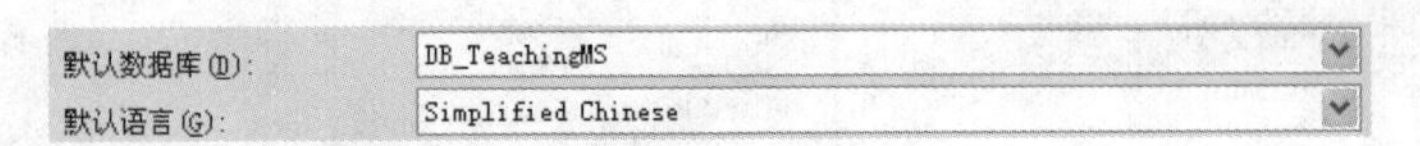

图 13-9 用户默认数据库和语言

(2) T-SQL 方式创建登录名 Teacher_Zhang

① 在 SSMS 窗口中单击“新建查询”按钮，打开一个查询输入窗口。

② 在窗口中输入如下创建登录名 Teacher_Zhang 的 T-SQL 语句。

```
USE master
GO
CREATE LOGIN [JYPC - PYH\Teacher_Zhang] FROM WINDOWS
GO
```

③ 单击“执行”按钮执行语句，如果成功执行，在结果窗格中显示“命令已成功完成”提示消息。

④ 在 SSMS 的“对象资源管理器”窗格中，展开“安全性”目录下的“登录名”节点，即可发现两个新创建的登录名 Teacher_Yao 和 Teacher_Zhang，如图 13-10 所示。

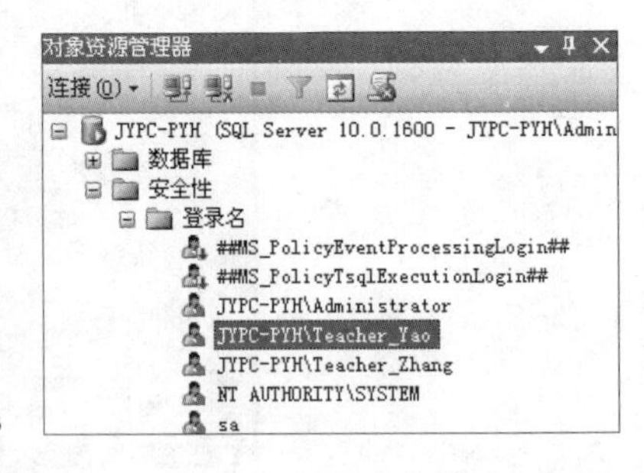

图 13-10 新创建的登录名

此时，SQL Server 已经分别将 Windows XP 操作系统的用户 Teacher_Yao 和 Teacher_Zhang 注册成了 SQL Server 的登录名。可以注销 Windows XP 操作系统的用户，重新用 Teacher_Yao 或 Teacher_Zhang 登录 Windows XP 操作系统。然后启动 SSMS，用登录名 Teacher_Yao 以 Windows 身份验证方式登录 SQL Server，不能正常登录，登录时出现如图 13-11 所示的错误。

图 13-11 登录出错提示

出现错误的原因是，创建登录名后，必须为登录名创建关联的数据库用户，否则登录名无法正常登录 SSMS。一个登录名可以在多个数据库中创建用户，这样，通过登录名登录 SQL Server 后，可以使用多个数据库。

任务 13.2　创建与登录名同名的数据库用户

任务描述

为了使任务 13.1 中创建的 Windows 验证模式的登录名能够正常登录到数据库服务器实例，项目经理李老师继续要求曾丹丹同学为刚刚创建的 Teacher_Yao 和 Teacher_Zhang 登录名分别用向导方式和 T-SQL 方式创建对应的同名数据库用户名 Teacher_Yao 和 Teacher_Zhang。

相关知识

在 SQL Server 中，登录账户(登录名)和数据库用户是两个不同的概念。登录名是用来登录 SQL Server 服务器的登录账户，而数据库用户是登录 SQL Server 服务器后用来访问某个具体数据库的用户账户。一个合法的登录名只表明该使用数据库的人员通过了数据库服务器的验证(Windows 身份验证或 SQL Server 身份验证)，但不能表明他可以对相应的数据库和数据库对象进行某些操作。一般一个登录名总是与一个或多个数据库用户相关联，这样才能访问对应的数据库。例如，系统登录名 sa 自动与每个数据库用户 dbo 相关联，所以 sa 登录 SQL Server 服务器后可以访问每个数据库。

13.2.1　数据库用户

要访问特定的数据库还必须具有对应的数据库用户名，而用户名在特定的数据库内创建时，必须关联一个登录名。创建后的用户名必须分配相应访问数据库对象的权限，这样，用这个用户关联的登录名登录 SQL Server 服务器的人员才能正常访问对应数据库中的对象。

可以这样想象，假设 SQL Server 是一个包含许多房间的大楼，每个房间代表一个数据库，房间里的柜子、抽屉等就是数据库中的对象。而登录名就相当于进入大楼的钥匙，每个房间的钥匙就是每个数据库的用户，而赋给数据库用户的权限就相当于每个柜子和抽屉的钥匙。对应关系如图 13-12 所示。

13.2.2　guest 用户

在 SQL Server 中，有一个特殊的数据库用户 guest，任何已经登录到 SQL Server 服务器的账户都可以访问有 guest 用户的数据库。

一个没有映射到数据库用户的登录账户试图登录到数据库时，SQL Server 将尝试用 guest 用户进行连接。可以通过为 guest 用户授权 connect 权限以启用 guest 用户。在考虑是否启用时一定要谨慎，因为这样会为数据库系统环境的安全带来隐患。不能删除 guest 用户，但可禁用除 master 或 temp 之外的任何数据库中的 guest 用户。

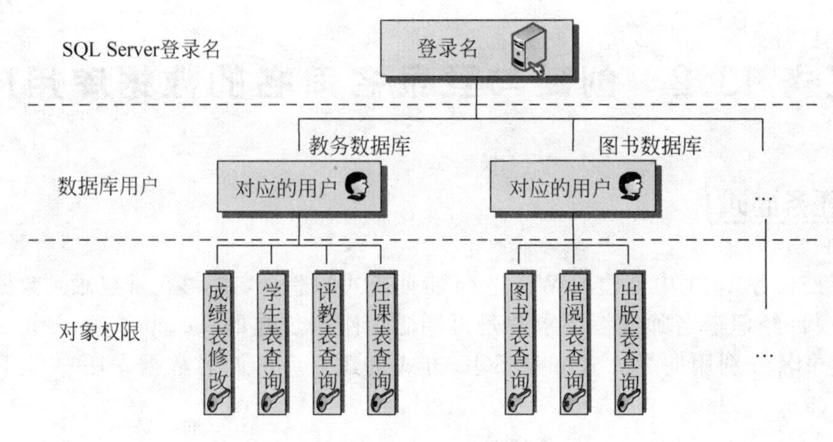

图 13-12　SQL Server 登录机制

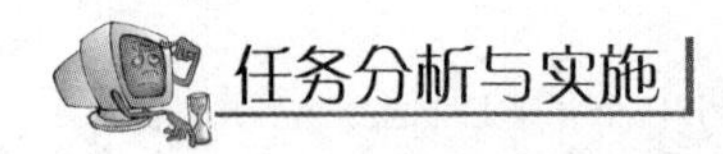

1. 向导方式创建数据库用户 Teacher_Yao

(1) 在 SSMS 中 DB_TeachingMS 数据库的“安全性”目录下的“用户”节点上右击，选择快捷菜单中的“新建用户”命令，弹出“数据库用户-新建”窗口，在“用户名”文本框中输入与登录名 Teacher_Yao 同名的数据库用户 Teacher_Yao，如图 13-13 所示。

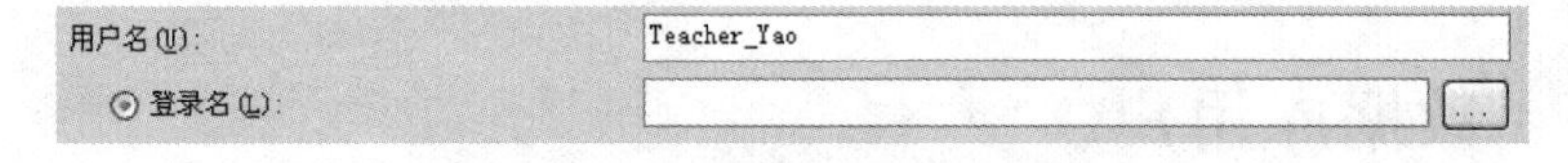

图 13-13　输入用户名

(2) 然后单击“登录名”文本框后面的 ... 按钮，弹出“选择登录名”对话框。然后单击“选择登录名”对话框中的“浏览”按钮，弹出“查找对象”对话框，在“匹配的对象”列表框中勾选 Teacher_Yao 登录名，如图 13-14 所示。

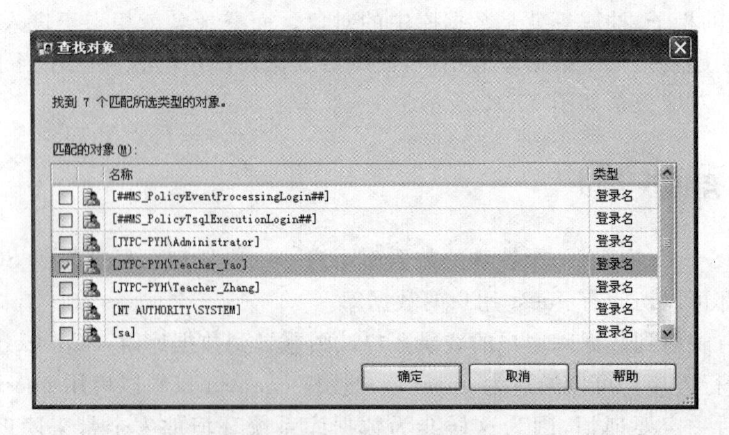

图 13-14　“查找对象”对话框

(3) 单击"查找对象"对话框中的"确定"按钮，回到"选择登录名"对话框，如图 13-15 所示。

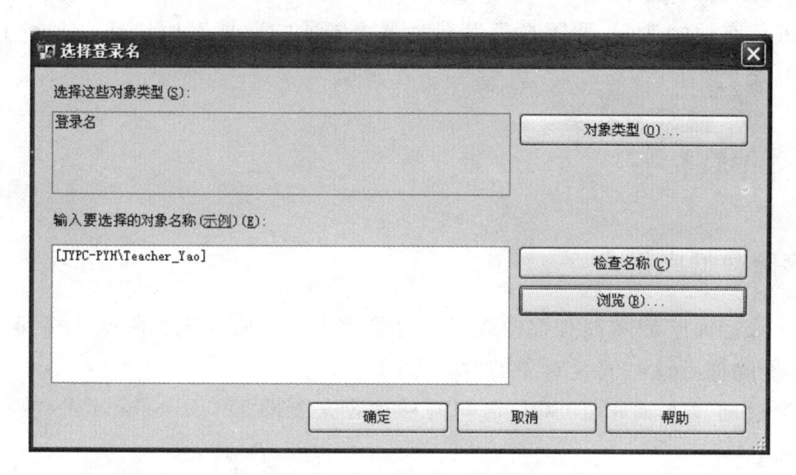

图 13-15　"选择登录名"对话框

(4) 单击"选择登录名"对话框中的"确定"按钮，回到"数据库用户-新建"窗口。可以发现"登录名"文本框内出现了 JYPC-PYH\Teacher_Yao。

(5) 单击"数据库用户-新建"窗口中的"确定"按钮，即可为登录名 Teacher_Yao 创建同名的数据库用户 Teacher_Yao。

2. T-SQL 方式创建数据库用户 Teacher_Zhang

(1) 在 SSMS 窗口中单击"新建查询"按钮，打开一个查询输入窗口。

(2) 在窗口中输入如下创建登录名 Teacher_Zhang 的同名数据库用户 Teacher_Zhang 的 T-SQL 语句。

```
USE DB_TeachingMS
GO
CREATE USER Teacher_Zhang FOR LOGIN [JYPC - PYH\Teacher_Zhang]
GO
```

(3) 单击"执行"按钮执行语句，如果成功执行，在结果窗格中显示"命令已成功完成"提示消息。

(4) 在 SSMS 的"对象资源管理器"窗格中，展开数据库 DB_TeachingMS 中的"安全性"目录下的"用户"节点，即可发现两个新创建的用户名 Teacher_Yao 和 Teacher_Zhang，如图 13-16 所示。

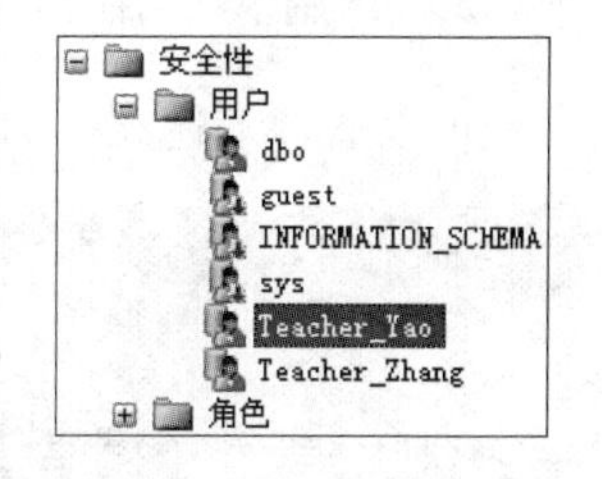

图 13-16　新建的用户

重新注销 Windows XP 操作系统的用户，用 Teacher_Yao 登录 Windows XP 操作系统。然后启动 SSMS，用登录名 Teacher_Yao 以 Windows 身份验证方式登录 SQL Server，可

以顺利登录到 SQL Server 服务器实例。

此时，可以尝试访问 SQL Server 服务器实例中的不同数据库，却发现不能对任何一个数据库进行有效的访问，原因是还没有对刚才创建的数据库用户 Teacher_Yao 赋予相应的访问权限。

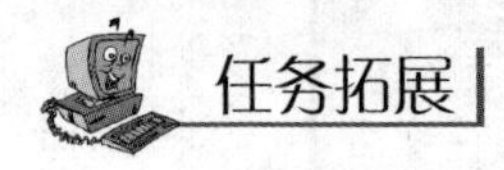

任务拓展

1. 删除数据库用户

不能从数据库中删除拥有架构或安全对象的用户。必须先删除或转移安全对象的所有权，才能删除拥有这些安全对象的数据库用户。

可以通过向导方式和 T-SQL 语句两种途径来删除 DB_TeachingMS 数据库的用户 Student_Sun。

(1) 向导方式

① 以默认的 Windows 登录名或 SQL Server 登录名 sa 登录 SSMS。

② 在 SSMS 的"对象资源管理器"窗格中，右击 DB_TeachingMS 数据库中的"安全性"目录下的"用户"子目录下的 Student_Sun 用户，选择快捷菜单中的"删除"命令，如图 13-17 所示，打开"删除对象"对话框。

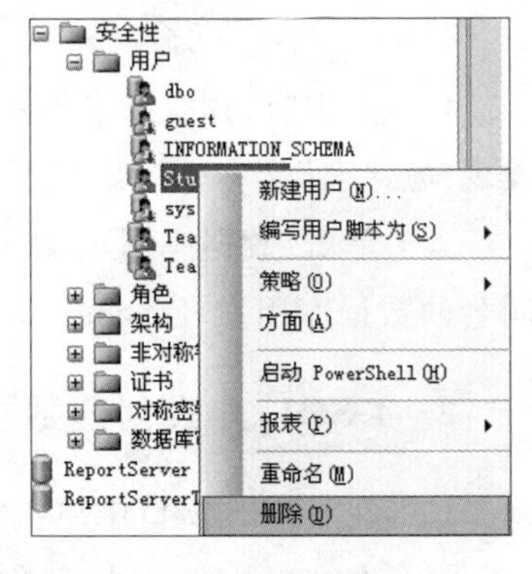

图 13-17 用户节点右键快捷菜单

③ 单击"删除对象"对话框中的"确定"按钮，即可删除数据库中的用户 Student_Sun。

(2) T-SQL 方式

① 以默认的 Windows 登录名或 SQL Server 登录名 sa 登录 SSMS。

② 单击"新建查询"按钮，在查询输入窗口中输入下述 T-SQL 语句。

```
USE DB_TeachingMS
GO
DROP USER Student_Sun
GO
```

2. 启用和禁用 guest 用户

可以通过下述 T-SQL 语句来启用和禁用 DB_TeachingMS 数据库中的 guest 用户。

```
--启用 guest 用户
USE DB_TeachingMS
GO
GRANT CONNECT TO guest
GO
```

```
--禁用 guest 用户
USE DB_TeachingMS
GO
DENY CONNECT TO guest
GO
```

任务 13.3　为数据库对象授权

任务描述

考虑教师在课程班授课结束后，要向 DB_TeachingMS 数据库的成绩表 TB_Grade 录入课程成绩，请为任务 13.2 中创建的数据库用户 Teacher_Yao 赋予 UPDATE 权限和 SELECT 权限；同时，给数据库用户 Teacher_Zhang 赋予创建表和创建存储过程的语句权限。

相关知识

当用户第一次登录到数据库时，没有任何权限来操作数据库中的数据，必须由数据库管理员赋予相应的权限后才能操控数据。例如，用户要访问 DB_TeachingMS 数据库中的 TB_Student 表，那么必须先赋予查询该表的权限；同样，如果要修改 TB_Student 表中的数据，就需要赋予修改该表的权限。

在 SQL Server 数据库中，权限分为对象权限和语句权限两种。

13.3.1　对象权限

对象权限就是用户在已经创建的对象上行使的权限，主要包括以下内容。

(1) SELECT：对表、视图等对象进行数据查询的权限。

(2) INSERT：对表、视图等对象进行数据插入的权限。

(3) UPDATE：对表、视图等对象进行数据修改的权限。

(4) DELETE：对表、视图等对象进行数据删除的权限。

(5) EXECUTE：执行存储过程或函数的权限。

(6) ALTER：对表、视图等对象进行结构更改的权限。

(7) REFERENCE：通过外键引用其他表的权限。

13.3.2　语句权限

SQL Server 除了提供对象的操作权限以外，还提供了创建对象的权限。创建数据库或者数据库中的对象所涉及的活动同样需要一定的权限。例如，用户需要在数据库中创建表、视图，那么这个用户就需要被赋予创建这些对象的权限。主要包括以下内容。

(1) CREATE TABLE：在数据库中创建表的权限。

(2) CREATE VIEW：在数据库中创建视图的权限。

(3) CREATE RULE：在数据库中创建规则的权限。

(4) CREATE PROCEDURE：在数据库中创建存储过程的权限。

(5) CREATE DEFAULT：在数据库中创建默认值的权限。

(6) CREATE DATABASE：创建数据库的权限。

(7) BACKUP DATABASE：备份数据库的权限。

(8) BACKUP LOG：备份数据库日志的权限。

赋予用户对象权限和语句权限可以通过 SSMS 图形化界面和 T-SQL 命令方式实现。而权限分为 3 种状态：授予、拒绝和撤销，可以使用下述 3 种语句来修改权限的状态。

(1) GRANT。授予权限以执行相关的操作。如果是授权给角色，则所有该角色的成员都继承此权限。

(2) REVOKE。撤销授予的权限，但不会显式地阻止用户或角色执行操作。用户或角色仍然能继承其他角色的授予权限。

(3) DENY。显式地拒绝执行操作的权限，并阻止用户或角色继承权限，该语句优先于其他授予的权限。

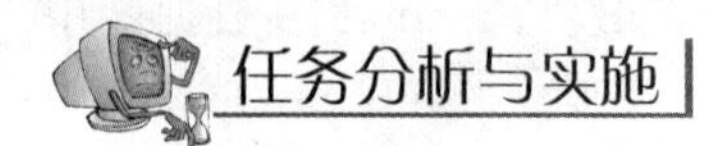

1. 对象权限授予

(1) 在 SSMS 的"对象资源管理器"窗格中的数据库 DB_TeachingMS 的"安全性"目录下的"用户"子目录下的 Teacher_Yao 用户节点上右击，选择快捷菜单中的"属性"命令，弹出"数据库用户-Teacher_Yao"窗口。

(2) 单击"数据库用户-Teacher_Yao"窗口左边"选择页"窗格的"安全对象"选项，"数据库用户-Teacher_Yao"窗口右边出现"安全对象"内容窗格。单击"搜索"按钮，弹出"添加对象"对话框，选择"特定对象"单选按钮，如图 13-18 所示。

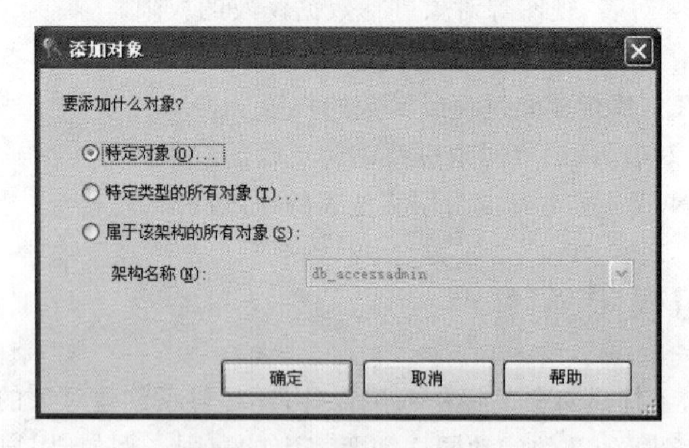

图 13-18 "添加对象"对话框

(3) 单击"添加对象"对话框中的"确定"按钮，弹出"选择对象"对话框。单击"对象类型"按钮，弹出"选择对象类型"对话框，勾选"表"复选框，如图 13-19 所示。

(4) 单击"选择对象类型"对话框中的"确定"按钮，回到"选择对象"对话框，可以看到

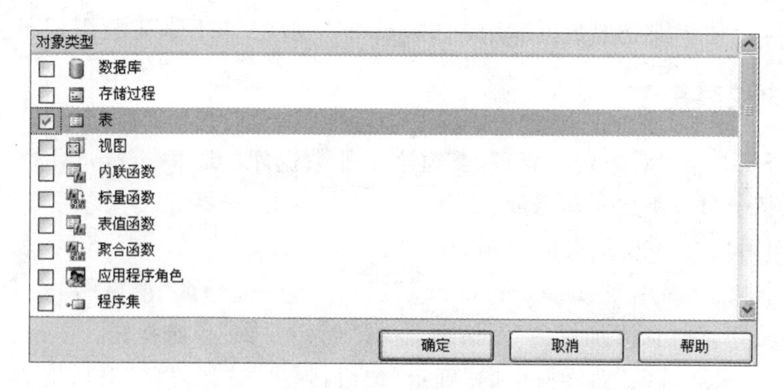

图 13-19　选择对象类型

“选择这些对象类型”窗格中已经添加了内容“表”。单击“浏览”按钮，弹出“查找对象”对话框。

(5) 在“查找对象”对话框中勾选[dbo].[TB_Grade]复选框，如图 13-20 所示。单击“确定”按钮，再回到“选择对象”对话框，可以看到“输入要选择对象名称”窗格中已经添加了内容[dbo].[TB_Grade]。

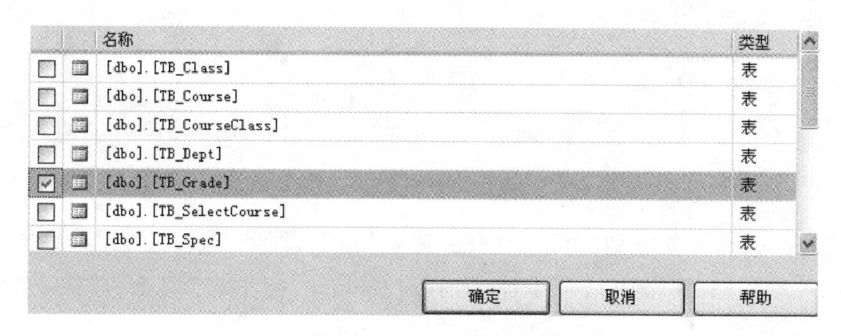

图 13-20　查找对象

(6) 单击“选择对象”对话框中的“确定”按钮，回到“数据库用户-Teacher_Yao”窗口，可以看到窗口右边的“安全对象”窗格中已经添加了表 TB_Grade，“dbo.TB_Grade 的权限”窗格中列出了各种可以授予的对象权限。

(7) 在“dbo.TB_Grade 的权限”窗格中勾选“更新”权限，如图 13-21 所示。单击“确定”按钮，即可完成数据库用户 Teacher_Yao 的 UPDATE 权限授予。

权限	授权者	授予	具有授予权限	拒绝
插入	dbo	☐	☐	☐
查看定义	dbo	☐	☐	☐
查看更改跟踪	dbo	☐	☐	☐
更改	dbo	☐	☐	☐
更新	dbo	☑	☐	☐
接管所有权	dbo	☐	☐	☐
控制	dbo	☐	☐	☐
删除	dbo	☐	☐	☐

图 13-21　对象权限授予

(8) 按照上述步骤完成数据库用户 Teacher_Yao 的 SELECT 权限授予。

2. 语句权限授予

(1) 在 SSMS 的“对象资源管理器”窗格中的数据库 DB_TeachingMS 的“安全性”目录下的“用户”子目录下的 DB_Admin 用户节点上右击，选择快捷菜单中的“属性”命令，弹出“数据库用户-Teacher_Zhang”窗口。

(2) 单击“数据库用户-Teacher_Zhang”窗口左边“选择页”窗格的“安全对象”选项，单击“搜索”按钮，弹出“添加对象”对话框，选择“特定对象”单选按钮。

(3) 单击“添加对象”对话框中的“确定”按钮，弹出“选择对象”对话框。单击“对象类型”按钮，弹出“选择对象类型”对话框，勾选“数据库”复选框，如图 13-22 所示。

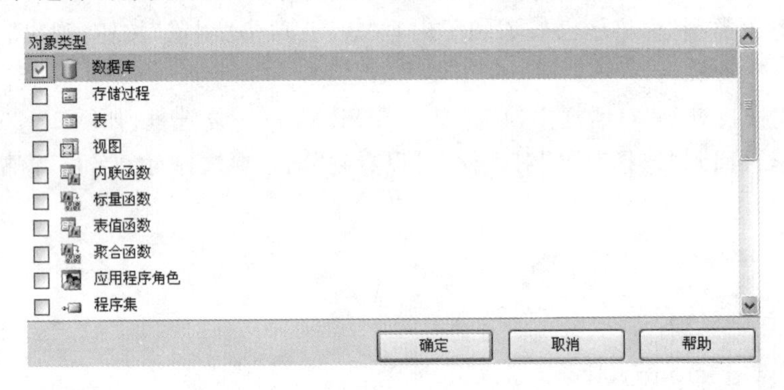

图 13-22　选择数据库对象类型

(4) 单击“选择对象类型”对话框中的“确定”按钮，回到“选择对象”对话框，可以看到“选择这些对象类型”窗格中已经添加了内容“数据库”。单击“浏览”按钮，弹出“查找对象”对话框。

(5) 在“查找对象”对话框中勾选[DB_TeachingMS]复选框，如图 13-23 所示。单击“确定”按钮，再回到“选择对象”对话框，可以看到“输入要选择对象名称”窗格中已经添加了内容[DB_TeachingMS]。

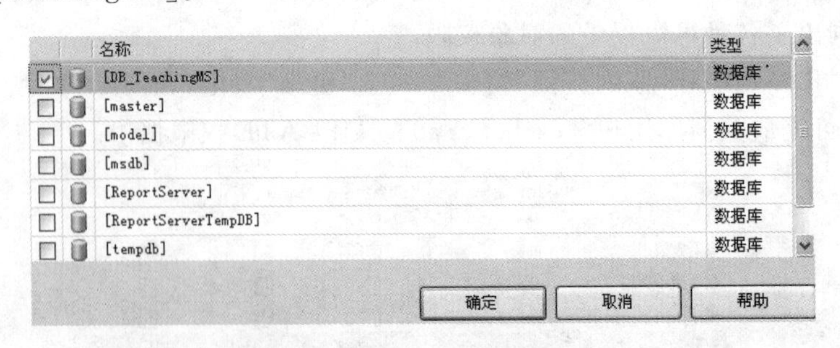

图 13-23　“查找对象”对话框

(6) 单击“选择对象”对话框中的“确定”按钮，回到“数据库用户-Teacher_Zhang”窗口，可以看到窗口右边的“安全对象”窗格中已经添加了数据库 DB_TeachingMS，“DB_TeachingMS 的权限”窗格中列出了各种可以授予的语句权限。

(7) 在“DB_TeachingMS 的权限”窗格中勾选“创建表”和“创建过程”权限，如图 13-24 所示。单击“确定”按钮，即可完成数据库用户 Teacher_Zhang 相应的语句权限授予。

权限	授权者	授予	具有授予权限	拒绝
创建表	dbo	☑	☐	☐
创建程序集	dbo	☐	☐	☐
创建队列	dbo	☐	☐	☐
创建对称密钥	dbo	☐	☐	☐
创建非对称密钥	dbo	☐	☐	☐
创建服务	dbo	☐	☐	☐
创建规则	dbo	☐	☐	☐
创建过程	dbo	☑	☐	☐

图 13-24　语句权限授予

T-SQL 方式授予用户对象权限和语句权限的方法如下。

(1) 在 SSMS 窗口中单击“新建查询”按钮，打开查询输入窗口。

(2) 在窗口中输入如下授予用户权限的 T-SQL 语句。

```
--授予用户对象权限
USE DB_TeachingMS
GO
GRANT UPDATE ON dbo.TB_Grade TO Teacher_Yao
GRANT SELECT ON dbo.TB_Grade TO Teacher_Yao
GO
--授予用户语句权限
GRANT CREATE TABLE TO Teacher_Zhang
GRANT CREATE PROCEDURE TO Teacher_Zhang
GO
```

(3) 单击“执行”按钮执行语句，如果成功执行，在结果窗格中显示“命令已成功完成”提示消息。

任务拓展

通过 REVOKE 语句删除某种权限可以停止以前授予或者拒绝给用户的权限。删除权限是删除已经授予的权限，并不妨碍用户、组或角色从更高级别继承得到的权限。DENY 语句用来拒绝授予用户权限，防止用户通过组或角色成员身份继承权限。

1. 删除对象权限

可以通过下述 T-SQL 语句删除赋予用户 Teacher_Yao 对成绩表 TB_Grade 的 SELECT 对象权限。

```
USE DB_TeachingMS
GO
REVOKE SELECT ON TB_Grade FROM Teacher_Yao
GO
```

2. 删除语句权限

可以通过下述 T-SQL 语句删除赋予用户 Teacher_Zhang 创建存储过程的语句权限。

```
USE DB_TeachingMS
GO
REVOKE CREATE PROCEDURE FROM Teacher_Zhang
GO
```

3. 拒绝授予对象权限

可以通过下述 T-SQL 语句拒绝用户 Teacher_Yao 对成绩表 TB_Grade 的 UPDATE 对象权限，此时用户 Teacher_Yao 也不能继承角色对成绩表 TB_Grade 的 UPDATE 权限。

```
USE DB_TeachingMS
GO
DENY UPDATE ON TB_Grade FROM Teacher_Yao
GO
```

情境 14　SQL Server 身份登录用户的数据库安全管理

任务 14.1　创建 SQL Server 验证模式的登录名

任务描述

项目经理董老师要求周丽为“高校课务管理系统”数据库的两个学生分别用向导方式和 T-SQL 方式创建名为 Student_Sun 和 Student_Li 的 SQL Server 身份验证模式的登录名，并为上述两个登录名创建同名的数据库用户名。

任务分析与实施

1. 向导方式创建登录名及同名数据库用户 Student_Sun

(1) 在 SSMS 的“对象资源管理器”窗格中，右击“安全性”目录下的“登录名”选项，在弹出的快捷菜单中选择“新建登录名”命令，单击“确定”按钮，弹出“登录名-新建”窗口。在“登录名”文本框中输入 Student_Sun，同时选择“SQL Server 身份验证”模式。

(2) 在“登录名-新建”窗口的“密码”和“确认密码”文本框中输入密码 PStudent_Sun，取消勾选“用户在下次登录时必须更改密码”复选框。同时，将“默认数据库”设为 DB_TeachingMS 数据库，如图 14-1 所示。

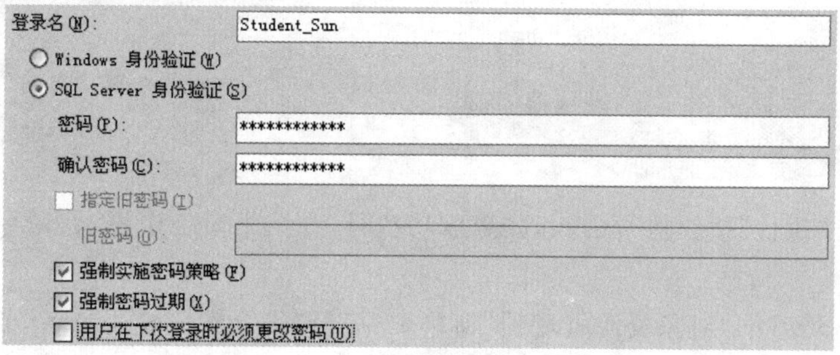

图 14-1　“登录名-新建”窗口

(3) 选择“登录名-新建”窗口左边“选择页”窗格中的“用户映射”选项，在“映射到此登录名的用户”列表框中勾选 DB_TeachingMS 数据库，如图 14-2 所示。

(4) 单击“登录名-新建”窗口中的“确定”按钮，即可创建名为 Student_Sun 的 SQL Server 身份验证模式的登录名。同时，通过用户映射为登录名 Student_Sun 在数据库 DB_TeachingMS 中创建了一个同名用户 Student_Sun。

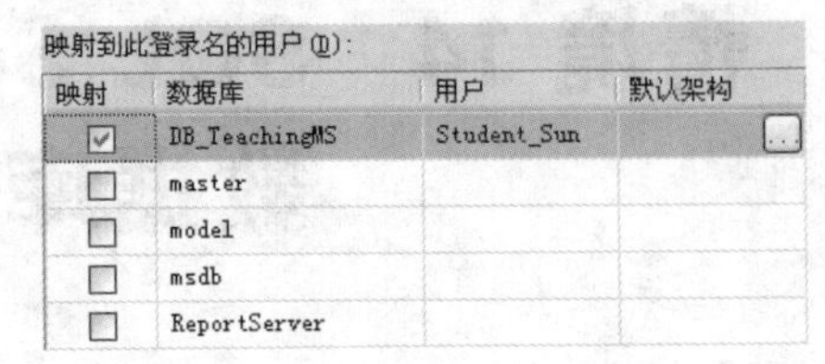

图 14-2　登录名数据库映射

(5) 在 SSMS 的“对象资源管理器”窗格中，展开“安全性”目录下的“登录名”节点，即可发现新创建的登录名 Student_Sun，如图 14-3 所示。

(6) 在 SSMS 的“对象资源管理器”窗格中，展开数据库 DB_TeachingMS 目录下的“安全性”→“用户”节点，即可发现新创建的用户名 Student_Sun，如图 14-4 所示。

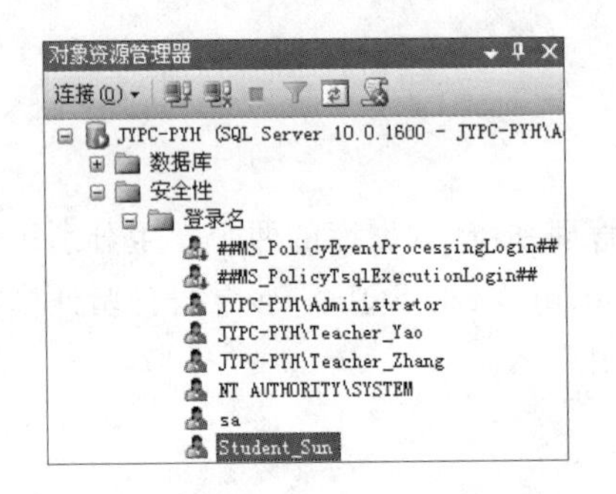

图 14-3　新建的 SQL Server 登录名

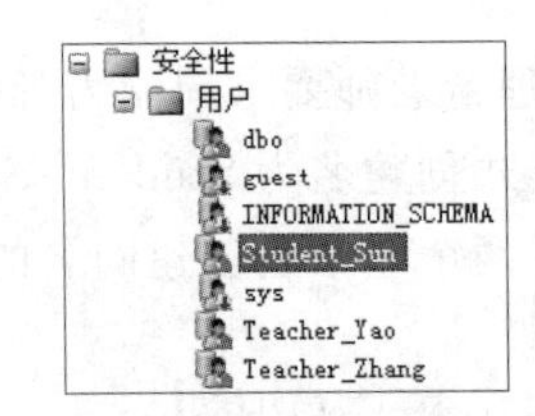

图 14-4　新建的数据库用户

2. 以 T-SQL 方式创建登录名及同名数据库用户 Student_Li

(1) 在 SSMS 窗口中的“新建查询”窗口输入如下创建 SQL Server 验证模式的登录名 Student_Li 的 T-SQL 语句。

```
USE master
GO
CREATE LOGIN Student_Li
WITH PASSWORD = 'PStudent_Li', DEFAULT_DATABASE = DB_TeachingMS
GO
USE DB_TeachingMS
GO
CREATE USER Student_Li FOR LOGIN Student_Li
GO
```

(2) 单击“执行”按钮执行语句，如果成功执行，在结果窗格中显示“命令已成功完成”提示消息。

(3) 在 SSMS 的“对象资源管理器”窗格中，展开“安全性”→“登录名”节点，即可发现新创建的登录名 Student_Li。展开数据库 DB_TeachingMS 目录下的“安全性”→“用户”节点，可发现新创建的用户名 Student_Li。

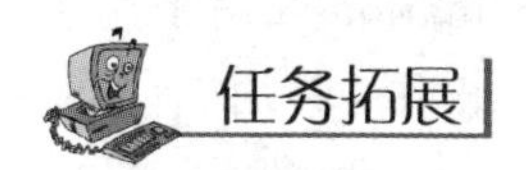

任务拓展

删除 SQL Server 登录名

不能删除正在使用的登录名，也不能删除拥有任何安全对象、服务器级别对象或 SQL 代理作业的登录名。可以删除数据库用户映射到的登录名，但是这会创建孤立用户。

可以通过向导方式和 T-SQL 语句两种途径来删除登录名 Teacher_Yao。

(1) 向导方式

① 以默认的 Windows 登录名或 SQL Server 登录名 sa 登录 SSMS。

② 在 SSMS 的"对象资源管理器"窗格中，展开"安全性"目录下的"登录名"子目录，右击 JYPC-PYH\Teacher_Yao 登录名，选择快捷菜单中的"删除"命令，如图 14-5 所示，打开"删除对象"对话框。

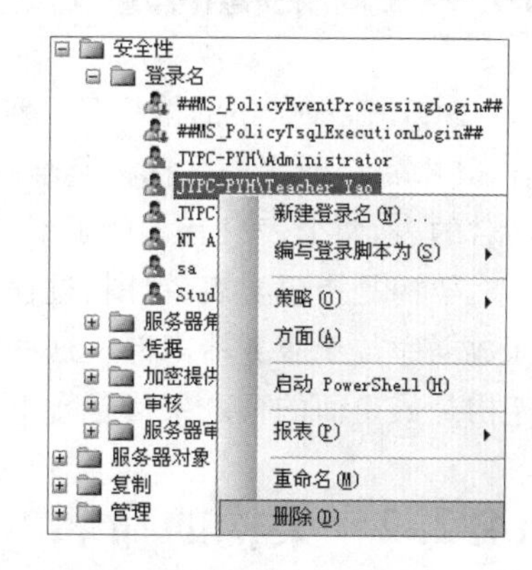

图 14-5　登录名节点右键快捷菜单

③ 单击"删除对象"对话框中的"确定"按钮，即可删除登录名 Teacher_Yao。

(2) T-SQL 方式

① 以默认的 Windows 登录名或 SQL Server 登录名 sa 登录 SSMS。

② 单击"新建查询"按钮，在查询分析器中输入下述 T-SQL 语句。

```
USE DB_TeachingMS
GO
DROP LOGIN [JYPC - PYH\Teacher_Yao]
GO
```

③ 单击"执行"按钮执行语句，如果成功执行，在结果窗格中显示"命令已成功完成"提示消息。此时，登录名 JYPC-PYH\Teacher_Yao 已经被删除。

注意：由于登录名中存在转义字符，所有上面的 SQL 语句中要在登录名上加"[]"。

任务 14.2　创建学生评教架构及相应数据对象

任务描述

为 SQL Server 创建 3 个登录名：LoginAdmin_TeachingMS、LoginTeacher_TeachingMS 和 LoginStudent_TeachingMS，在数据库 DB_TeachingMS 中创建 3 个对应的用户 DB_Admin、CC_Teacher 和 CC_Student。然后通过用户 DB_Admin 创建一个名为 CC_

Evaluation 的架构。在创建此架构的同时，创建一个评教表 TB_Evaluation 和两个用户 CC_Teacher、CC_Student，并向用户 CC_Teacher 授予 SELECT 权限，向用户 CC_Student 权限授予 SELECT、INSERT、UPDATE 权限。

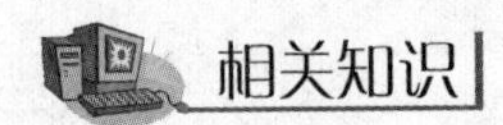

14.2.1 架构的定义

SQL Server 中的架构是一种新的命名规则，是形成单个命名空间的数据库对象的集合，其中每个元素的名称都是唯一的。例如，为了避免名称冲突，同一架构中不能有两个同名的表，两个表只有在位于不同的架构中时才可以同名。

架构是指包含表、视图、过程、函数等的容器，是一个命名空间。它位于数据库内部，而数据库位于服务器内部。这些实体就像嵌套框放置在一起。服务器是最外面的框，而架构是最里面的框。架构包含下面列出的所有安全对象，但是不包含其他框。

14.2.2 架构的命名

架构中的每个安全对象都必须有唯一的名称。架构中安全对象的完全指定名称包括此安全对象所在的架构的名称。因此，架构也是命名空间。SQL Server 中一个完整的、符合要求的对象名由用小数点隔开的 4 个部分构成，例如，[server.][database.][schema.]database-object，这个命名规则表示只有第四个元素 database-object 是必需的。

架构不再等效于数据库用户；现在，每个架构都是独立于创建它的数据库用户存在的不同命名空间。也就是说，架构只是对象的容器。任何用户都可以拥有架构，并且架构所有权可以转移。用户与架构分离体现在以下 4 个方面。

(1) 架构的所有权和架构范围内的安全对象可以转移。

(2) 对象可以在架构之间移动。

(3) 单个架构可以包含由多个数据库用户拥有的对象。

(4) 多个数据库用户可以共享单个默认架构。

SQL Server 中的默认架构主要用于确定没有使用完全限定名的对象的命名，它指定了服务器确定对象的名称时所查找的第一个架构。从 SQL Server 2005 开始，每个用户都拥有一个默认架构。可以使用 CREATE USER 或 ALTER USER 的 DEFAULT_SCHEMA 选项设置和更改默认架构。如果未定义 DEFAULT_SCHEMA，则数据库用户将使用 dbo 作为默认架构。

任务分析与实施

(1) 在 SSMS 窗口中单击“新建查询”按钮，打开查询输入窗口。

(2) 输入如下创建数据库用户的 T-SQL 语句。

```
--创建 3 个登录名
USE master
GO
CREATE LOGIN LoginAdmin_TeachingMS
WITH  PASSWORD = 'Pass_TeachingMS', DEFAULT_DATABASE = DB_TeachingMS
CREATE LOGIN LoginTeacher_TeachingMS
WITH PASSWORD = 'Pass_TeachingMS', DEFAULT_DATABASE = DB_TeachingMS
CREATE LOGIN LoginStudent_TeachingMS
WITH PASSWORD = 'Pass_TeachingMS', DEFAULT_DATABASE = DB_TeachingMS
GO
--创建与登录名关联的 3 个数据库用户
USE DB_TeachingMS
GO
CREATE USER DB_Admin FOR LOGIN LoginAdmin_TeachingMS
CREATE USER CC_Teacher FOR LOGIN LoginTeacher_TeachingMS
CREATE USER CC_Student FOR LOGIN LoginStudent_TeachingMS
GO
```

(3) 单击“执行”按钮执行语句，如果成功执行，在结果窗格中显示“命令已成功完成”提示消息。

(4) 在“对象资源管理器”窗格中，展开“安全性”→“登录名”节点，即可发现新创建的 3 个登录名。展开数据库 DB_TeachingMS 目录下的“安全性”→“用户”节点，可发现新创建的 3 个与相应登录名关联的数据库用户。

(5) 新建一个查询窗口，并输入如下创建架构的 T-SQL 语句。

```
USE DB_TeachingMS
GO
CREATE SCHEMA CC_Evaluation AUTHORIZATION DB_Admin
CREATE TABLE TB_Evaluation
( EvaluationId INT IDENTITY(1,1) PRIMARY KEY,
  CourseClassId CHAR(10) NOT NULL,
  StuId CHAR(8) NOT NULL,
  EScore REAL NOT NULL
)
GRANT SELECT TO CC_Teacher
GRANT SELECT, INSERT, UPDATE TO CC_Student
GO
```

(6) 单击“执行”按钮执行语句，如果成功执行，在结果窗格中显示“命令已成功完成”提示消息。

(7) 在“对象资源管理器”窗格中，展开数据库 DB_TeachingMS 目录下的“表”节点，可发现新创建的表 TB_Evaluation，而且该表在架构 CC_Evaluation 中，如图 14-6 所示。

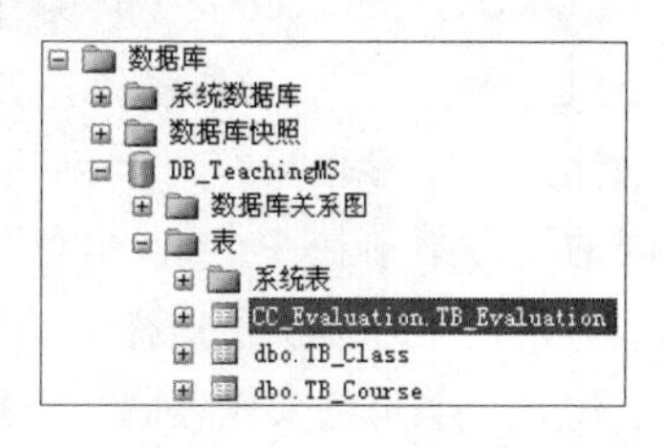

图 14-6　新建的架构

(8) 在数据库 DB_TeachingMS 目录下的“安全性”→“用户”节点中的用户 CC_Student 上右击，选择快捷菜单中的“属性”命令，打开“数据库用户”窗口，可以查看该用户的权限设置情况。

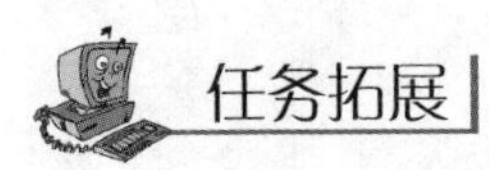

任务拓展

可以通过下述 T-SQL 语句来删除刚才创建的架构 CC_Evaluation，但是，要删除的架构不能包含任何对象。所以要删除架构 CC_Evaluation，必须先删除架构 CC_Evaluation 中的表 TB_Evaluation。

```
USE DB_TeachingMS
GO
DROP TABLE CC_Evaluation.TB_Evaluation
DROP SCHEMA CC_Evaluation
GO
```

注意： 如果要删除的架构中包含对象，则 DROP 语句删除架构将失败。

任务 14.3　为高校课务管理系统创建用户角色

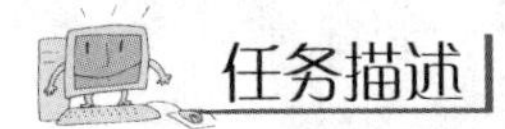

任务描述

考虑“高校课务管理系统”数据库由网络中心的两位教师和教务处的一位教师共同维护，他们 3 个人的维护权限相同，都可以在数据库中创建和删除表、视图、存储过程。请先分别为这 3 位老师创建名为 Admin_Wang、Admin_Liu 和 Admin_Chen 的登录名及对应的同名数据库用户，然后创建一个数据库角色 TMS_Admin，并为创建的数据库角色授予创建表、视图、存储过程的权限，最后将刚创建的 3 个用户添加到这个自定义的数据库角色中。

相关知识

在 SQL Server 安全体系中，还提供一种强大的工具，就是角色。角色是权限的集合，类似于 Windows 操作系统中组的概念。在实际工作中，有大量用户的权限是一样的，如果让数据库管理员在每次创建完账户以后再赋予权限，是非常烦琐的。而如果把权限相同的用户集中在一个组(角色)中管理，则要方便得多。

角色正好提供了这样的功能，对一个角色授予、撤销权限将适用于角色中所有成员。可以建立一个角色来代表同一类用户所要执行的工作，然后给角色授予适当的权限。当需要时，可以将用户作为一个成员添加到该角色；当不需要时，从该角色中删除该用户即可。

SQL Server 为服务器提供了固定服务器角色，在数据库级别提供了固定数据库角色。同时，用户可以修改固定数据库角色，也可以自己创建自定义数据库角色，然后分配权限给新建的用户自定义角色。

14.3.1　固定服务器角色

固定服务器角色的权限作用域为服务器范围，可以向服务器级角色中添加 SQL Server 登录名、Windows 用户账户和 Windows 组。固定服务器角色的每个成员都可以向其所属的角色添加其他登录名。用户不能修改和删除固定服务器角色，也不能创建新的服务器角色。SQL Server 系统中有 8 个服务器角色，具体如表 14-1 所示。

表 14-1　固定服务器角色说明

固定服务器角色	说　明
sysadmin	这个服务器角色的成员有权在 SQL Server 中执行任何任务。不熟悉 SQL Server 的用户可能会意外地造成严重问题，所以给这个角色分配用户时应该特别小心。通常情况下，这个角色仅适合数据库管理员(DBA)
securityadmin	这个服务器角色的成员将管理登录名及其属性。它们可以 GRANT、DENY 和 REVOKE 服务器级权限，也可以 GRANT、DENY 和 REVOKE 数据库级权限。另外，它们可以重置 SQL Server 登录名的密码
serveradmin	这个服务器角色的成员可以更改服务器范围的配置选项和关闭服务器。比如 SQL Server 可以使用多大内存或者何时关闭服务器，这个角色可以减轻管理员的一些管理负担
setupadmin	这个服务器角色的成员可以添加和删除连接服务器，并且也可以执行某些系统存储过程
processadmin	SQL Server 能够多任务化，也就是说，它可以通过执行多个进程做多件事件。例如，SQL Server 可以生成一个进程用于向高速缓存写数据，同时生成另一个进程用于从高速缓存中读取数据，这个角色的成员可以结束进程
diskadmin	这个服务器角色用于管理磁盘文件，比如镜像数据库和添加备份设备。这适合于助理 DBA
dbcreator	这个服务器角色的成员可以创建、更改、删除和还原任何数据库。这不仅是适合助理 DBA 的角色，也是适合开发人员的角色
bulkadmin	这个服务器角色的成员可以运行 BULK INSERT 语句。这条语句允许它们从文本文件中将数据导入 SQL Server 数据库中

14.3.2　固定数据库角色

固定数据库角色存在于每个数据库中，在数据库级别提供管理权限分组。管理员可将任何有效的数据库用户添加为固定数据库角色成员，每个成员都将获得固定数据库角色所拥有的权限。用户不能增加、修改和删除固定数据库角色。

SQL Server 系统中默认创建了 10 个固定数据库角色，具体如表 14-2 所示。

表 14-2 固定数据库角色说明

固定数据库角色	说明
db_owner	进行所有数据库角色的活动以及数据库中其他维护和配置活动。该角色的权限跨越所有其他的固定数据库角色
db_accessadmin	这些用户有权通过添加或者删除用户来指定谁可以访问数据库
db_securityadmin	这个数据库角色的成员可以修改角色成员身份和管理权限
db_ddladmin	这个数据库角色的成员可以在数据库中运行任何数据定义语言命令。这个角色允许它们创建、修改或者删除数据库对象而不必浏览里面的数据
db_backupoperator	这个数据库角色的成员可以备份该数据库
db_datareader	这个数据库角色的成员可以读取所有用户表中的所有数据
db_datawriter	这个数据库角色的成员可以在所有用户表中添加、删除或者更改数据
db_denydatareader	这个服务器角色的成员不能读取数据库内用户表中的任何数据，但可以执行架构修改(比如在表中添加列)
db_denydatawriter	这个服务器角色的成员不能添加、修改或者删除数据库内用户表中的任何数据
public	在 SQL Server 中每个数据库用户都属于 public 数据库角色。当尚未对某个用户授予或者拒绝对安全对象的特定权限时，该用户将继承授予该安全对象的 public 角色的权限。这个数据库角色不能被删除

14.3.3 应用程序角色

应用程序角色是一个数据库主体，它使应用程序能够用其自身的、类似用户的特权来运行。使用应用程序角色可以只允许通过特定应用程序连接的用户访问特定数据。与数据库角色不同的是，应用程序角色默认情况下不包含任何成员，而且不活动。应用程序角色使用两种身份验证模式，可以使用系统存储过程 sp_setapprole 来激活，并且需要密码。因为应用程序角色是数据库级别的对象，所以它们只能通过其他数据库中授予 guest 用户的权限来访问这些数据库。因此，任何禁用 guest 用户的数据库对其他数据库中的应用程序角色都不可访问。

14.3.4 用户自定义角色

有时，固定数据库角色可能不能满足需要。例如，有些用户可能只需要数据库的“选择和更新”权限，由于固定数据库角色中没有一个角色能提供这组权限，所以需要创建一个自定义的数据库角色。

在创建用户自定义的数据库角色后，要先给该角色指派相应的权限，然后将用户添加给角色。这样，这个用户就继承了这个角色的所有权限。这不同于固定数据库角色，因为固定数据库角色不需要指派权限，只要直接将用户添加到角色中。

任务分析与实施

(1) 在 SSMS 窗口中单击“新建查询”按钮，打开查询输入窗口。

(2) 在查询输入窗口中输入如下创建 3 个登录名和同名数据库用户的 T-SQL 语句。

```
--创建 3 个登录名
USE master
GO
CREATE LOGIN Admin_Wang
WITH PASSWORD = 'Pass_Wang', DEFAULT_DATABASE = DB_TeachingMS
CREATE LOGIN Admin_Liu
WITH PASSWORD = 'Pass_Liu', DEFAULT_DATABASE = DB_TeachingMS
CREATE LOGIN Admin_Chen
WITH PASSWORD = 'Pass_Chen', DEFAULT_DATABASE = DB_TeachingMS
GO
--创建与登录名关联的 3 个数据库用户
USE DB_TeachingMS
GO
CREATE USER Admin_Wang FOR LOGIN Admin_Wang
CREATE USER Admin_Liu FOR LOGIN Admin_Liu
CREATE USER Admin_Chen FOR LOGIN Admin_Chen
GO
```

(3) 单击"执行"按钮执行语句,如果成功执行,在结果窗格中显示"命令已成功完成"提示消息。

(4) 在查询输入窗口中输入如下创建自定义数据库角色的 T-SQL 语句。

```
--创建数据库角色
USE DB_TeachingMS
GO
EXEC sp_addrole TMS_Admin
GO
--给数据库角色赋权
GRANT CREATE TABLE TO TMS_Admin
GRANT CREATE VIEW TO TMS_Admin
GRANT CREATE PROCEDURE TO TMS_Admin
GO
--将用户添加到数据库角色中
EXEC sp_addrolemember 'TMS_Admin','Admin_Wang'
EXEC sp_addrolemember 'TMS_Admin','Admin_Liu'
EXEC sp_addrolemember 'TMS_Admin','Admin_Chen'
GO
```

(5) 单击"执行"按钮执行语句,如果成功执行,在结果窗格中显示"命令已成功完成"提示消息。

任务拓展

1. 从数据库角色中删除用户

可以通过下述 T-SQL 语句删除数据库角色 TMS_Admin 中的用户 Admin_Wang。

```
USE DB_TeachingMS
GO
EXEC sp_droprolemember 'TMS_Admin','Admin_Wang'
GO
```

2. 删除数据库角色

可以通过下述 T-SQL 语句删除数据库角色 TMS_Admin。

```
USE DB_TeachingMS
GO
EXEC sp_droprole 'TMS_Admin'
GO
```

注意：数据库角色成员必须为空后才能被删除，也就是说，在删除数据库角色之前，要将角色中的用户全部删除。

情境15　高校课务管理系统数据库备份与导入导出

创建高校课务管理系统数据库备份策略是学校数据库管理员的最重要工作环节。没有一个可靠的备份和恢复方案，重要的数据很可能会被意外地删除和破坏，严重的甚至会让所有数据丢失殆尽。SQL Server 2012 提供了高性能的数据备份和恢复功能，用户可以根据需要设计自己的备份策略。

任务15.1　创建高校课务管理系统数据库完全备份

任务描述

完全备份就是备份整个数据库，是数据库备份的基础，请用向导方式和T-SQL语句命令方式在创建备份设备的基础上，实现"高校课务管理系统"数据库的完全备份。

相关知识

数据库的备份是非常重要的。备份是数据的副本，用于在系统发生故障后还原和恢复数据，备份使用户能够在发生故障后还原数据。数据对于现代企业来说就是财富，现代企业中的所有数据都存储在计算机中，无法想象银行、民航等企业一旦丢失数据将会给社会造成多么大的损失。

以下因素可能造成数据库数据损失。

(1) 存储介质故障：磁带、硬盘和光盘等介质都有一定的寿命，在使用过程中会出现损坏，造成数据的丢失。

(2) 用户错误操作：用户无意或者恶意在数据库中进行了大量的非法操作，如删除了某些重要数据。

(3) 服务器崩溃：大型服务器和普通PC一样，也有硬件运行出故障的时候，也有崩溃的时候。

(4) 其他因素：一些难以预料的因素，如地震、火灾、电压不稳、计算机病毒和盗窃等。

总之，有各种各样的外在因素会造成数据库数据不可用，所以备份是系统管理员以及数据库管理员重要的工作之一。

15.1.1 备份类型

SQL Server 2012 提供了高性能的备份和恢复功能，用户可以根据需求设计自己的备份策略，以保护存储在 SQL Server 2012 数据库中的关键数据。SQL Server 2012 提供了 4 种数据库备份类型：完全备份、差异备份、日志备份和文件组备份。

完整数据库备份就是备份整个数据库。它备份数据库文件、文件的地址以及事务日志的某些部分(从备份开始时所记录的日志顺序号到备份结束时的日志顺序号)。这是任何备份策略中都要求完成的第一种备份类型，因为其他所有备份类型都依赖于完整备份。换句话说，如果没有执行完整备份，就无法执行差异备份和事务日志备份。

15.1.2 备份设备

备份存放在物理备份介质上，备份介质可以是磁带驱动器或者硬盘驱动器(位于本机或网络上的)。备份设备就是用来存储数据库、事务日志或文件、文件组备份的存储介质。

常见的备份设备可以分为 3 种类型：磁盘备份设备、磁带备份设备和逻辑备份设备。

1. 磁盘备份设备

磁盘备份设备就是存储在硬盘或其他磁盘介质上的文件。与常规操作系统文件相同，引用磁盘备份设备与引用任何其他操作系统文件一样。可以在服务器的本地磁盘上或网络共享资源的远程磁盘上定义磁盘备份设备，磁盘备份设备根据需要可大可小，最大可以达到磁盘备份设备文件所在磁盘的闲置空间大小。

2. 磁带备份设备

磁带备份设备的用法与磁盘设备相同，不过磁带设备必须物理连接到运行 SQL Server 2012 实例的服务器上。如果磁带备份设备在备份操作时已满，但还需要写入数据，SQL Server 2012 将提示更换新磁带并继续备份操作。

3. 逻辑备份设备

逻辑备份设备是物理备份设备的别名，通常比物理设备更能简单、有效地描述备份设备的特征。逻辑备份设备对于标识磁带备份设备尤为有用。逻辑备份设备名称将被永久保存在 SQL Server 的系统表中。

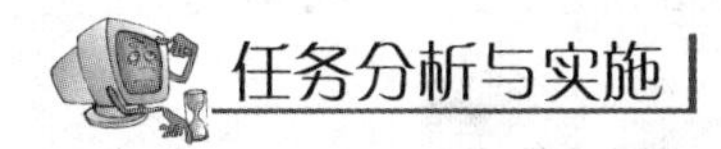

1. 向导方式

(1) 创建磁盘备份设备。

① 在 D 盘根目录创建名为 TS_Bak_Device 的文件夹。

② 在 SSMS 的"对象资源管理器"窗格中,展开"服务器对象"节点,然后右击"备份设备"选项。在弹出的快捷菜单中,选择"新建备份设备"命令,打开"备份设备"窗口。

③ 在"备份设备"窗口中的"设备名称"文本框中输入"课务管理系统备份",并单击"目标"栏"文件"文本框后面的 按钮,在弹出的"定位数据库文件"窗口中指定"课务管理系统备份"存放的文件夹 D:\TS_Bak_Device,并在窗口的"文件名"文本框中输入"课务管理系统备份.bak",单击"确定"按钮回到"备份设备"窗口,如图 15-1 所示。

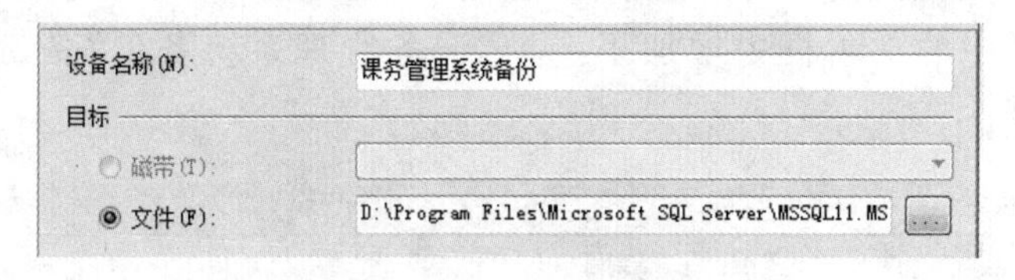

图 15-1　"备份设备"窗口

④ 单击"备份设备"窗口中的"确定"按钮,即可创建"课务管理系统备份"备份设备。展开"对象资源管理器"窗格中的"服务器对象"目录下的"备份设备"节点,即可发现新建的备份设备"课务管理系统备份"。

(2) 创建"高校课务管理系统"数据库完全备份。

① 在 SSMS 的"对象资源管理器"窗格中,展开"数据库"节点,右击 DB_TeachingMS 数据库,在弹出的快捷菜单中选择"属性"命令,打开"数据库属性"对话框。

② 在"数据库属性"对话框左边的"选择页"栏中单击"选项"节点,然后在窗口右边的"恢复模式"下拉列表框中选择"完整"选项,如图 15-2 所示,单击"确定"按钮完成设置。

图 15-2　"数据库属性"对话框

③ 右击 DB_TeachingMS 数据库,在弹出的快捷菜单中选择"任务"→"备份"命令,打开"备份数据库"窗口。

④ 在"备份数据库"窗口的"数据库"下拉列表框中选择 DB_TeachingMS 数据库,然后在"备份类型"下拉列表框中选择"完整"选项,保留"名称"栏中的默认内容。

⑤ 设置备份到磁盘的目标位置。单击窗口下部"目标"属性栏中的"删除"按钮删除系统默认的备份目标文件,然后单击"添加"按钮,打开"选择备份目标"对话框,选择"备份

设备"单选按钮，选择"课务管理系统备份"备份设备，如图 15-3 所示。

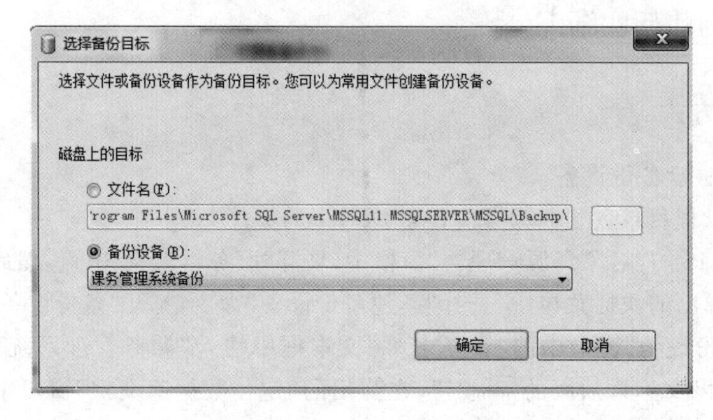

图 15-3 "选择备份目标"对话框

⑥ 单击"选择备份目标"对话框中的"确定"按钮，返回"备份数据库"对话框，可以看到"目标"属性栏中的文本框中增加了一个"课务管理系统备份"备份设备，如图 15-4 所示。

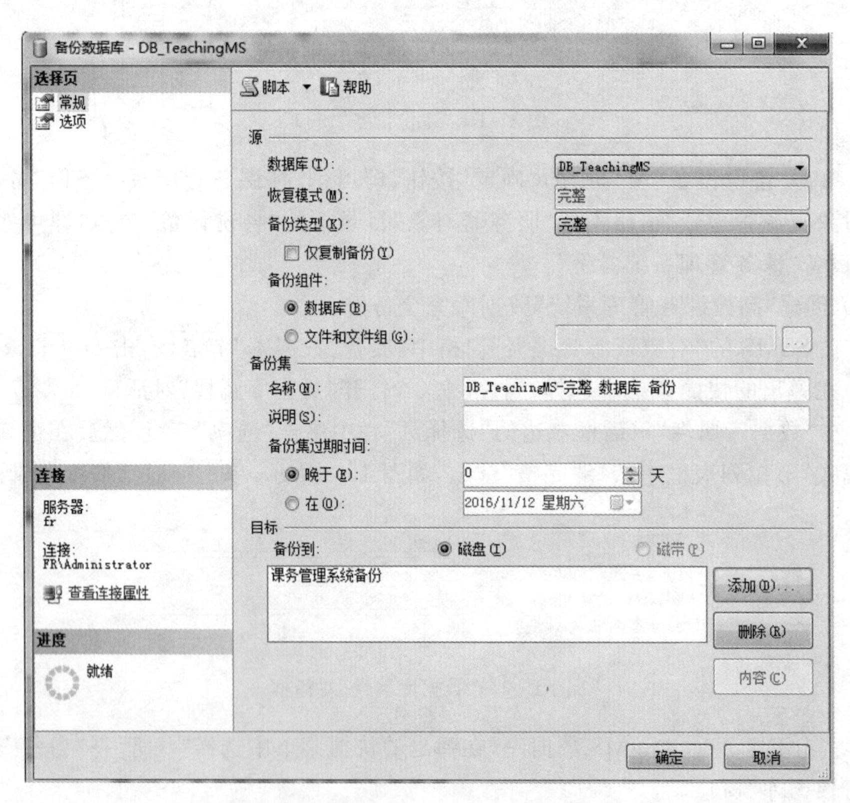

图 15-4 "备份数据库"窗口中的"常规"属性页

⑦ 单击"备份数据库"窗口左边"选择页"栏中的"选项"节点，选择窗口右边"覆盖媒体"属性栏中"覆盖所有现有备份集"选项，用于初始化新的备份设备或覆盖现有的备份

设备。

⑧ 勾选“可靠性”属性栏中“完成后验证备份”复选框，用来在备份结束后核对实际数据库与备份副本，确保在备份完成后两者一致。具体如图 15-5 所示。

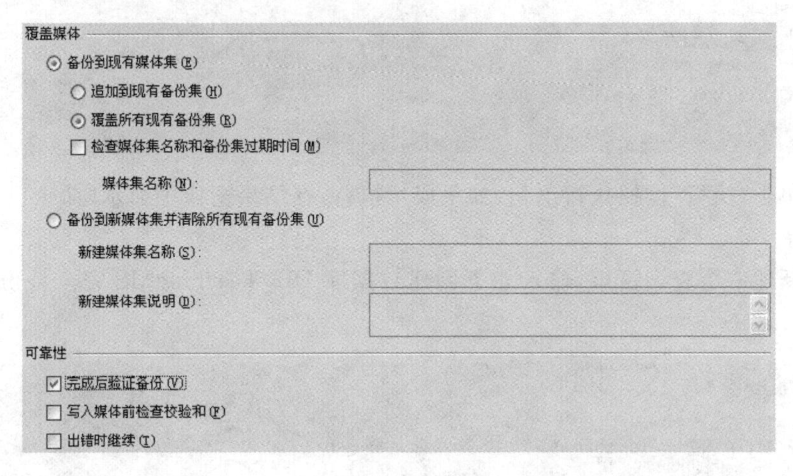

图 15-5　“备份数据库”窗口中的“选项”属性页

⑨ 单击“备份数据库”窗口中的“确定”按钮，即可完成对数据库 DB_TeachingMS 的完全备份。完成后系统弹出“备份完成”对话框，单击“确定”按钮。

⑩ 在“对象资源管理器”窗格中，右击“服务器对象”目录下的“备份设备”→“课务管理系统备份”节点，选择快捷菜单中的“属性”命令，打开“备份设备”窗口。

⑪ 在“备份设备”窗口中，选择窗口左边“选择页”栏中的“介质内容”选项，在窗口右边可以看到刚刚创建的 DB_TeachingMS 数据库的完全备份的相关信息，如图 15-6 所示。

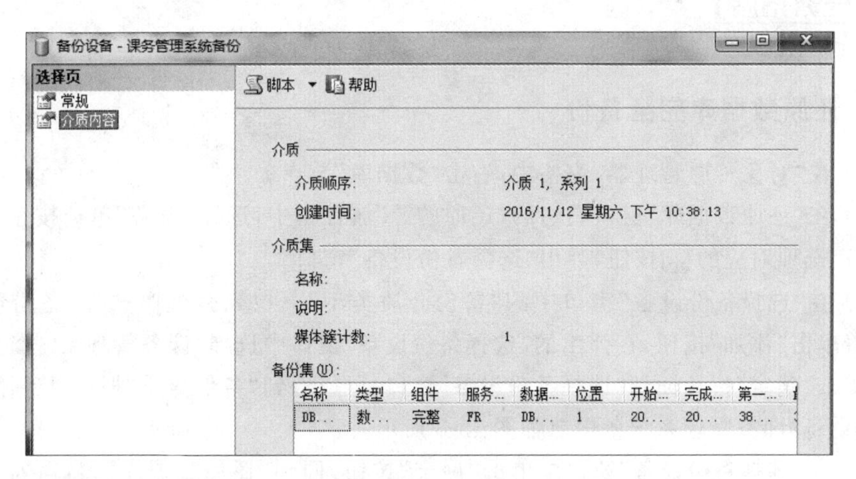

图 15-6　“备份设备”窗口中的“介质内容”属性页

2. T-SQL 方式

(1) 在 SSMS 窗口中单击“新建查询”按钮，打开一个查询输入窗口。

(2) 在窗口中输入如下用系统存储过程 sp_addumpdevice 来创建备份设备的 T-SQL 语句。

```
USE master
GO
EXEC sp_addumpdevice 'DISK', '课务管理系统备份',
     'D:\TS_Bak_Device\课务管理系统备份.bak'
GO
```

(3) 单击“执行”按钮执行语句，如果成功执行，在结果窗格中显示“命令已成功完成”提示消息。

(4) 新建一个查询窗口，输入如下创建数据库 DB_TeachingMS 完全备份的 T-SQL 语句。

```
USE master
GO
BACKUP DATABASE DB_TeachingMS TO 课务管理系统备份
GO
```

(5) 单击“执行”按钮执行语句，如果成功执行，在结果窗格中会出现如图 15-7 所示的提示信息。

```
已为数据库 'DB_TeachingMS'，文件 'TeachingMS_Data' (位于文件 1 上)处理了 240 页。
已为数据库 'DB_TeachingMS'，文件 'TeachingMS_Log' (位于文件 1 上)处理了 1 页。
BACKUP DATABASE 成功处理了 241 页，花费 0.323 秒(5.829 MB/秒)。
```

图 15-7　数据库完全备份提示信息

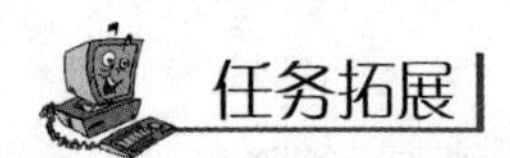

1. 还原数据库完全备份

(1) 在“对象资源管理器”窗格中，右击“数据库”节点。

(2) 在“还原数据库”窗口右边的“还原的源”属性栏中，选择“设备”单选按钮，然后单击“设备”选项对应的[...]按钮，弹出“选择备份设备”窗口。

(3) 在“选择备份设备”窗口中的“备份介质类型”下拉列表框中选择“备份设备”选项，接着单击“添加”按钮，在弹出的“选择备份设备”窗口中选择“课务管理系统备份”备份设备，单击“确定”按钮回到“选择备份设备”窗口，可以看到“备份介质”栏中已经添加了一个备份设备“课务管理系统备份”，如图 15-8 所示。

(4) 在“选择备份设备”窗口中单击“确定”按钮，回到“还原数据库”窗口，勾选“要还原的备份集”栏中的 DB_TeachingMS 数据库的完全备份集，如图 15-9 所示。

(5) 在“还原数据库”窗口左边的“选择页”栏中，单击“选项”节点。在窗口右边的“还原选项”栏中勾选“覆盖现有数据库”复选框，如图 15-10 所示。单击“还原数据库”窗口中的“确定”按钮，即可将 DB_TeachingMS 数据库从完全备份中恢复。

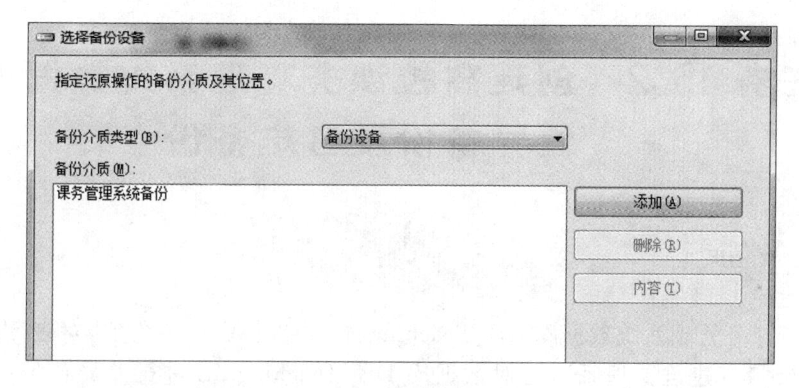

图 15-8　“选择备份设备”窗口

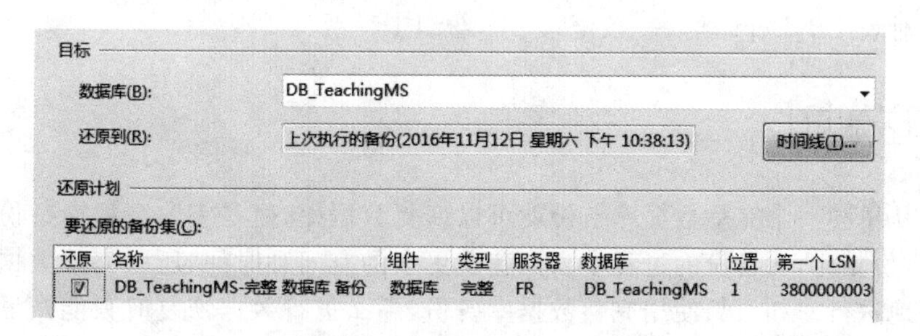

图 15-9　“还原数据库”窗口

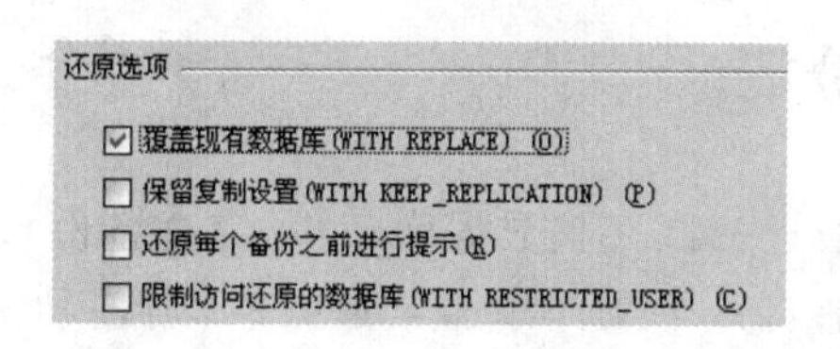

图 15-10　数据库恢复还原选项

2. 删除备份设备

如果要将前面创建的备份设备“课务管理系统备份”删除，可以通过下述两个途径实现。

(1) 在 SSMS 的“对象资源管理器”窗格中，右击“服务器对象”目录下的“备份设备”→“高校课务管理系统备份”节点，选择快捷菜单中的“删除”命令，打开“删除对象”对话框，单击“确定”按钮即可删除“课务管理系统备份”备份设备。

(2) 可以用下述 T-SQL 语句(基于系统存储过程 sp_dropdevice)实现。

```
USE master
GO
EXEC sp_dropdevice 课务管理系统备份
GO
```

任务 15.2 创建高校课务管理系统数据库差异备份及日志备份

任务描述

对高校课务管理系统数据库 DB_TeachingMS 先进行完全备份后，对表 TB_Dept 插入一条记录“16，建筑工程系”，再对数据库 DB_TeachingMS 进行差异备份；接着向表 TB_Dept 插入一条记录“17，生物工程系”，对数据库 DB_TeachingMS 再进行日志备份，然后继续对表 TB_Dept 插入一条记录“18，纺织工程系”。

相关知识

虽然从单独一个完整数据库备份就可以恢复数据库，但是完整数据库备份与差异备份、日志备份相比，在备份的过程中需要花费更多的空间和时间，所以完整数据库备份不可以频繁地进行。如果只使用完整数据库备份，那么进行数据恢复时只能恢复到最后一次完整数据库备份时的状态，该状态之后的所有改变都将丢失。

15.2.1 差异备份

差异备份是指将从最近一次完整数据库备份（完全备份）以后发生改变的数据进行备份。如果在完全备份后将某个文件添加至数据库，则差异备份会包括该新文件。这样可以方便地备份数据库，而无须了解各个文件。例如，如果在星期一执行了完整备份，并在星期二执行了差异备份，那么该差异备份将记录自星期一的完全备份以来发生的所有修改。而星期三的差异备份将记录自星期一的完全备份以来已发生的所有修改。差异备份每做一次就会变得更大一些，但仍然比完全备份小，因此差异备份比完全备份快。

15.2.2 日志备份

尽管日志备份依赖于完全备份，但它并不备份数据库本身。这种类型的备份只记录事务日志的适当部分，确切地说，自从上一个事务以来发生了变化的部分。日志备份比完全备份节省时间和空间，而且利用事务日志进行恢复时，可以指定恢复到某一个事务，比如可以将数据库恢复到某个破坏性操作执行前的一个事务，完全备份和差异备份则不能做到。但是与完全备份和差异备份相比，用日志备份恢复数据库要花费较长的时间，这是因为日志备份仅仅存放日志信息，恢复时需要按照日志重新插入、修改或删除数据。所以，通常情况下，日志备份经常与完全备份和差异备份结合使用。比如，每周进行一次完全备份，每天进行一次差异备份，每小时进行一次日志备份。这样，最多只会丢失一个小时的数据。

15.2.3 文件组备份

当一个数据库很大时，对整个数据库进行备份可能会花很多的时间，这时可以采用文件和文件组备份，即对数据库中的部分文件或文件组进行备份。

文件组是一种将数据库存放在多个文件上的方法，并允许控制数据库对象（比如表或视图）存储到这些文件中的哪些文件上。这样，数据库就不会受到只能存储在单个硬盘上的限制，而是可以分散到许多硬盘上，因而可以变得非常大。利用文件组备份，每次可以备份这些文件中的一个或多个文件，而不是同时备份整个数据库。

15.2.4 备份策略

备份是一种十分耗费时间和资源的操作，不能频繁操作。应该根据数据库使用情况确定一个适当的备份方案。数据库的备份是有一定策略的，在设计数据库备份策略时，要考虑当前系统的实际情况，以及可以容忍的数据损失。无论数据库的备份多么频繁，无论数据库的模型是哪种，都无法避免数据库恢复时造成数据的一定丢失。一般要根据用户的实际情况来制定数据库备份的间隔时间。

对于一些小型的数据库系统，如仓库物品存储系统，可能一个月备份一次就足够了，那么其允许的数据损失是一个月，如果在下一次备份之前数据库崩溃，则这段时间丢失的数据只能通过手工来补录。

对于一些重要的数据库系统，则两次备份的时间间隔要短得多，允许一个小时的数据丢失就已经是非常高的要求了，要求越短时间的数据丢失，其代价就越昂贵，数据库性能要求就越高。

一般来说，系统在夜间访问量是最少的，所以完全备份适合在夜间执行，完全备份的数据量比较大，时间比较长，所以要在系统访问量最少时执行。差异备份的数据量比完全备份少，时间相对来说少。日志备份数据量最小、时间最快。

所以，不应经常使用完全备份，要在完全备份的基础上适当地使用差异备份，经常使用日志备份。

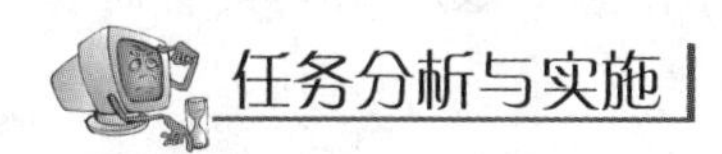

1. 向导方式

(1) 按照任务 15.1 中的方法，在备份设备“课务管理系统备份”中创建数据库 DB_TeachingMS 的完全备份。

(2) 用下述 T-SQL 语句向表 TB_Dept 中插入“建筑工程系”的系部记录。

```
INSERT INTO TB_Dept
VALUES('16','建筑工程系',GETDATE(),'省略')
```

(3) 右击 DB_TeachingMS 数据库,在弹出的快捷菜单中选择“任务”→“备份”命令,打开“备份数据库”窗口。在“备份类型”下拉列表框中选择“差异”选项,保留“名称”文本框中的默认内容。

(4) 在“备份数据库”窗口的“目标”属性栏中选择“课务管理系统备份”备份设备,如图 15-11 所示。

(5) 单击“备份数据库”窗口左边“选择页”栏中的“选项”节点,选择窗口右边“覆盖媒体”属性栏中的“追加到现有备份集”单选按钮,用于在原有备份的基础上追加备份。

(6) 勾选“可靠性”属性栏中的“完成后验证备份”复选框,用来在备份结束后核对实际数据库与备份副本,确保在备份完成后两者一致。具体如图 15-12 所示。

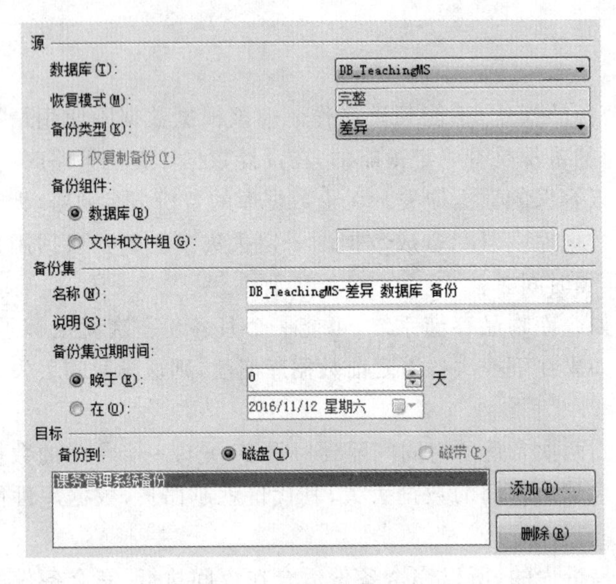

图 15-11 “备份数据库”窗口

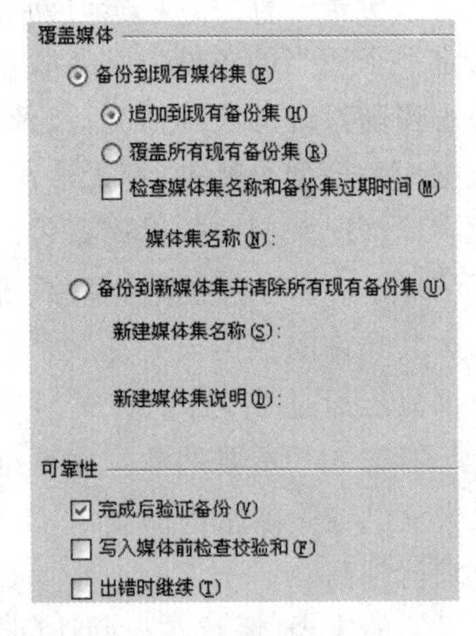

图 15-12 “备份数据库”窗口的“选项”属性页

(7) 单击“备份数据库”窗口中的“确定”按钮,即可完成对数据库 DB_TeachingMS 的完全备份。完成后系统弹出“备份完成”对话框,单击“确定”按钮。

(8) 在数据库 DB_TeachingMS 的差异备份结束后,用下述 T-SQL 语句接着向表 TB_Dept 中插入“生物工程系”的系部记录。

```
INSERT INTO TB_Dept
VALUES('17','生物工程系',GETDATE(),'省略')
```

(9) 按照步骤(3)~(7)在备份设备“课务管理系统备份”中创建数据库 DB_TeachingMS 的日志备份。

注意: 在步骤(3)中的“备份类型”下拉列表框中要选择“事务日志”选项。

(10) 在数据库 DB_TeachingMS 的日志备份结束后，用下述 T-SQL 语句继续向表 TB_Dept 中插入“纺织工程系”的系部记录。

```
INSERT INTO TB_Dept
VALUES('18','纺织工程系',GETDATE(),'省略')
```

(11) 在“对象资源管理器”窗格中，右击“服务器对象”目录下的“备份设备”→“课务管理系统备份”节点，选择快捷菜单中的“属性”命令，打开“备份设备”窗口。

(12) 在“备份设备”窗口中，单击窗口左边“选择页”栏中的“介质内容”项，在窗口右边可以看到刚刚创建的 DB_TeachingMS 数据库的完全备份的相关信息，如图 15-13 所示。

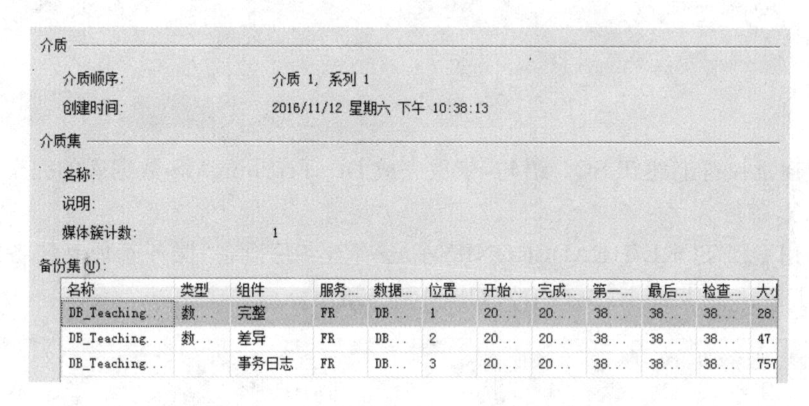

图 15-13　“备份设备”窗口中的备份集信息

2. T-SQL 方式

(1) 在 SSMS 窗口中单击“新建查询”按钮，打开一个查询输入窗口。

(2) 在窗口中输入如下创建数据库 DB_TeachingMS 完全备份、差异备份和日志备份的 T-SQL 语句。

```
--完全备份
USE master
GO
BACKUP DATABASE DB_TeachingMS TO 课务管理系统备份
GO
--插入记录
USE DB_TeachingMS
GO
INSERT INTO TB_Dept VALUES ('16','建筑工程系',GETDATE( ),'省略')
GO
--差异备份
USE master
GO
BACKUP DATABASE DB_TeachingMS TO 课务管理系统备份
```

```
WITH DIFFERENTIAL
GO
--插入记录
USE DB_TeachingMS
GO
INSERT INTO TB_Dept VALUES ('17','生物工程系',GETDATE( ),'省略')
GO
--日志备份
USE master
GO
BACKUP LOG DB_TeachingMS TO 课务管理系统备份
GO
--插入记录
USE DB_TeachingMS
GO
INSERT INTO TB_Dept VALUES ('18','纺织工程系',GETDATE( ),'省略')
GO
```

(3) 逐批执行上述 T-SQL 语句，依次完成 DB_TeachingMS 数据库的完全备份、差异备份和日志备份。

(4) 用 RESTORE HEADERONLY 命令查看备份设备“课务管理系统备份”中的备份信息，T-SQL 语句如下，执行结果如图 15-14 所示。

```
RESTORE HEADERONLY FROM 课务管理系统备份
GO
```

结果　消息

	BackupName	Backup...	BackupType	Expi...	C...	P..	Dev...	UserName	ServerName	DatabaseName
1	DB_TeachingMS-完整 数据库 备份	NULL	1	NULL	0	1	102	FR\Administrator	FR	DB_TeachingMS
2	DB_TeachingMS-差异 数据库 备份	NULL	5	NULL	0	2	102	FR\Administrator	FR	DB_TeachingMS
3	DB_TeachingMS-事务日志 备份	NULL	2	NULL	0	3	102	FR\Administrator	FR	DB_TeachingMS

图 15-14　DB_TeachingMS 数据库备份信息

任务拓展

在上述任务中完全备份、差异备份和日志备份操作的基础上，现在要将备份设备中的备份数据恢复到最近的状态。那么，首先要恢复数据库最近一次的完全备份，然后恢复差异备份和日志备份。因为差异备份是在完全备份的基础上进行的，而日志备份是在最近的一次备份(差异备份)的基础上进行的。

如果要将刚才创建的数据库完全备份、差异备份和日志备份从备份设备“课务管理系统备份”中逐一恢复出来，可以通过向导方式和 T-SQL 两种途径实现。

1. 向导方式

(1) 按照任务 15.1 任务拓展中还原数据库完全备份的步骤(1)～(4)，在“还原数据库”窗口中的“选择用于还原的备份集”栏中勾选 DB_TeachingMS 数据库的完全备份集、差异备份集和日志备份集，如图 15-15 所示。

还原	名称	组件	类型	服务器	数据库	位置	第一个 LS
☑	DB_TeachingMS-完整 数据库 备份	数据库	完整	FR	DB_TeachingMS	1	3800000
☑	DB_TeachingMS-差异 数据库 备份	数据库	差异	FR	DB_TeachingMS	2	3800000
☑	DB_TeachingMS-事务日志 备份	日志	事务日志	FR	DB_TeachingMS	3	3800000

图 15-15　勾选还原备份集

(2) 在“还原数据库”窗口左边的“选择页”栏中，单击“选项”节点。在窗口右边的“还原选项”栏中勾选“覆盖现有数据库”复选框。然后，单击“还原数据库”窗口中的“确定”按钮，即可将 DB_TeachingMS 数据库从备份中恢复。

2. T-SQL 方式

(1) 先删除数据库 DB_TeachingMS。

(2) 在 SSMS 中的查询窗口中输入下述 T-SQL 语句，从图 15-15 可以看出数据库完全备份在第 1 备份集上。下面 T-SQL 语句中的 FILE=1 就是说明从第 1 备份集上进行数据库还原。而 NORECOVERY 关键字指定不发生回滚，在这种情况下，还原顺序可还原其他备份。

```
USE master
GO
RESTORE DATABASE DB_TeachingMS FROM 课务管理系统备份
WITH FILE = 1, NORECOVERY
GO
```

(3) 单击“执行”按钮执行语句，如果完全备份成功执行，在结果窗格中会出现如图 15-16 所示的提示信息。

(4) 展开并刷新“对象资源管理器”窗格中的“数据库”节点，可以看见还原的 DB_TeachingMS 数据库显示“正在还原...”，且不可操作，如图 15-17 所示。

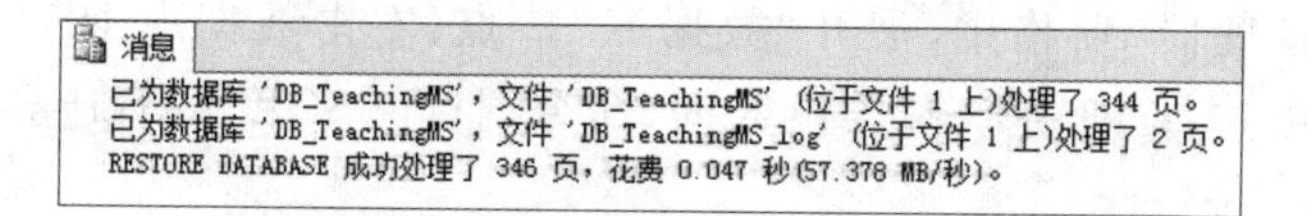
消息
已为数据库 'DB_TeachingMS'，文件 'DB_TeachingMS' (位于文件 1 上)处理了 344 页。
已为数据库 'DB_TeachingMS'，文件 'DB_TeachingMS_log' (位于文件 1 上)处理了 2 页。
RESTORE DATABASE 成功处理了 346 页，花费 0.047 秒(57.378 MB/秒)。

图 15-16　数据库从完全备份中成功恢复的提示信息

数据库
系统数据库
数据库快照
DB_TeachingMS (正在还原...)
ReportServer
ReportServerTempDB
安全性

图 15-17　完全备份中恢复的数据库 DB_TeachingMS

(5) 在查询窗口中输入下述 T-SQL 语句，从第 2 备份集上进行数据库差异备份还原。

```
RESTORE DATABASE DB_TeachingMS FROM 课务管理系统备份
WITH FILE = 2, NORECOVERY
GO
```

(6) 单击“执行”按钮执行语句，如果差异备份成功执行，在结果窗格中会出现相应的提示信息。

尝试：将上述还原完差异备份数据库的 T-SQL 语句中的关键字 NORECOVER 改为 RECOVERY，并对还原的数据库中的表 TB_Dept 进行查询，看看插入的记录“'16'，'建筑工程系'”是否存在。然后，在此还原的基础上继续执行日志备份恢复，会出现什么结果？

(7) 在查询窗口中输入下述 T-SQL 语句，从第 3 备份集上进行数据库事务日志备份还原。

```
RESTORE LOG DB_TeachingMS FROM 课务管理系统备份
WITH FILE = 3, RECOVERY
GO
```

(8) 单击“执行”按钮执行语句，如果日志备份成功执行，在结果窗格中会出现相应的提示信息。此时，恢复了差异备份便恢复了数据库。

任务 15.3 将教师表数据导入其他 SQL Server 数据表

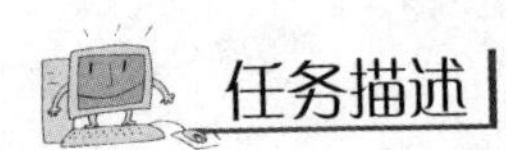

任务描述

人事部门在数据库 DB_TeachingMS 所在的 SQL Server 服务器上也建立了一个数据库 DB_HumanMS。现在，需要将 DB_TeachingMS 数据库 TB_Dept 表中的数据导入 DB_HumanMS 数据库中，并创建结构相同的同名表 TB_Dept。

任务分析与实施

(1) 在 SSMS 的“对象资源管理器”窗格中，展开“数据库”节点，右击数据库 DB_TeachingMS，在弹出的快捷菜单中选择“任务”→“导出数据”命令，打开“SQL Server 导入和导出向导”窗口，单击“下一步”按钮。

(2) 保留“选择数据源”界面中的默认设置，如图 15-18 所示，单击“下一步”按钮。

(3) 在“选择目标”界面中，在“数据库”下拉列表框中选择 DB_HumanMS 数据库，其他采用默认选项，如图 15-19 所示，单击“下一步”按钮。如果要将数据导出到网络上其他 SQL Server 服务器数据库中，可在图 15-19 中的“服务器名称”下拉列表框中进行选择。

(4) 在“指定表复制或查询”界面中，选择“复制一个或多个表或视图的数据”单选按钮，如图 15-20 所示，单击“下一步”按钮。

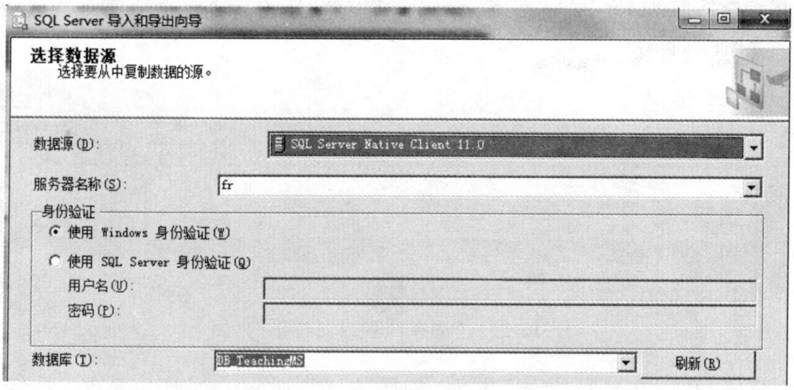

图 15-18　“选择数据源”界面

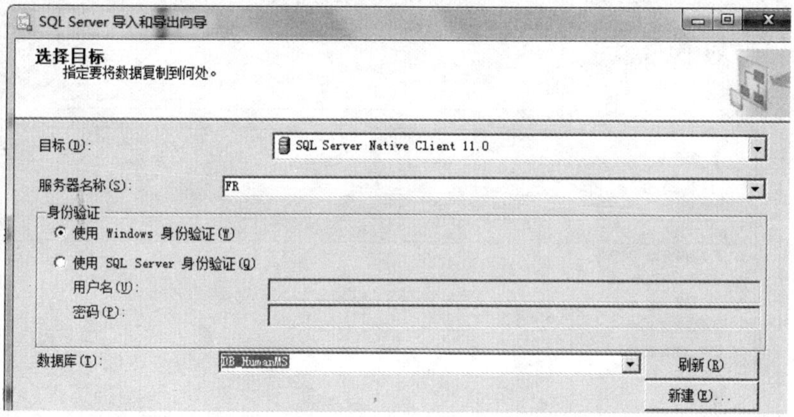

图 15-19　“选择目标”界面

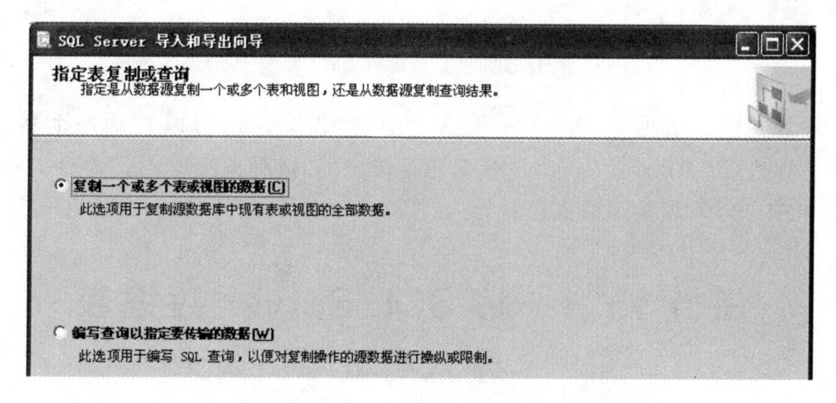

图 15-20　“指定表复制或查询”界面

(5) 在“选择源表或源视图”界面中，勾选表[dbo].[TB_Dept]，如图 15-21 所示，单击“下一步”按钮。

(6) 在“保存并运行包”界面中，单击“下一步”按钮，进入“完成该向导”界面，单击“完成”按钮。

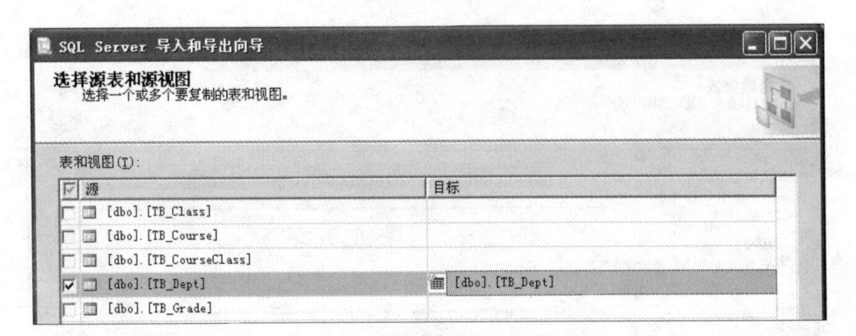

图 15-21 “选择源表或源视图”界面

(7) 系统显示“正在执行操作”界面,如图 15-22 所示。操作完成后,系统显示“执行成功”界面,并显示相关执行信息,单击“关闭”按钮。

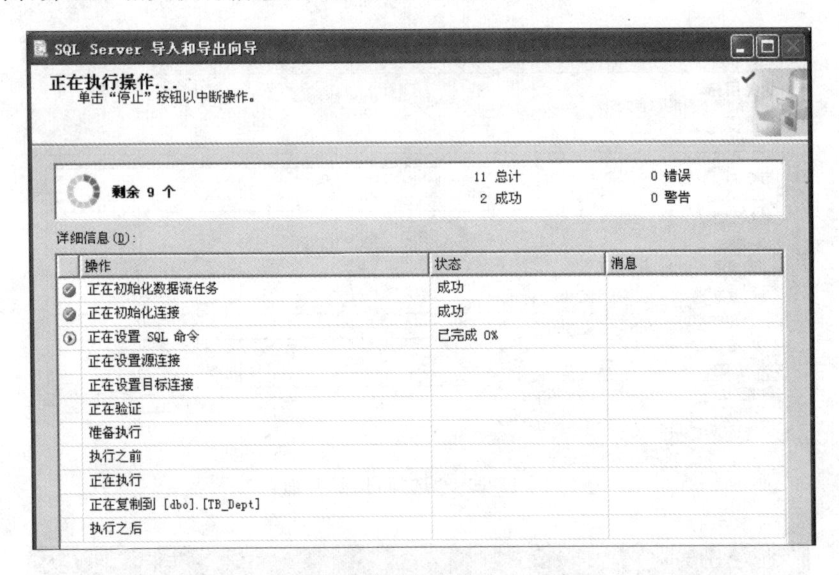

图 15-22 “正在执行操作”界面

(8) 展开并刷新数据库 DB_HumanMS 中的“表”节点,可以看到一个新创建的表 TB_Dept。在表 TB_Dept 上右击,选择快捷菜单中的“选择前 1000 行”命令,在右边的查询结果窗口中可以发现系部数据已经导入进来。

任务 15.4 将 SQL Server 数据表导入导出到 Excel 中

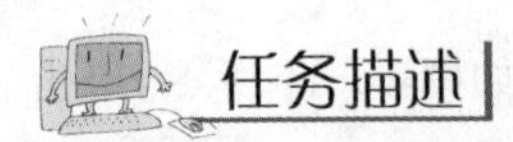

新生入学注册时,教务处可以直接从招生办公室获得所有新生的大部分相关学籍信息(Excel 数据表),并将它们直接导入表 TB_Student 中。同时,在新生报到结束后,教务处要

将表 TB_Student 中的新生信息导出 Excel 数据表中，并按班级分发给各系的班主任。

现在，先在数据库 DB_TeachingMS 中创建一个结构与表 TB_Student 相同的表 TB_Student_New，然后将文件 D:\NewStudentInfo.xls(Excel 2010 版本)中的数据导入数据库 DB_TeachingMS 的表 TB_Student_New 中，将表 TB_Student 中的数据导出文件 D:\StudentInfoOut.xls 中。

相关知识

在新安装的 SQL Server 的默认配置中，很多功能并未启用。SQL Server 仅有选择地安装并启动关键服务和功能，以最大限度地减少可能受到恶意用户攻击的功能数。系统管理员可以在安装时更改这些设置，也可以有选择地启用或禁用运行中的 SQL Server 实例的功能。

可以使用 SQL Server Management Studio 或 sp_configure 系统存储过程通过配置选项来管理和优化 SQL Server 资源。大多数常用的服务器配置选项可以通过 SQL Server Management Studio 来使用；而所有配置选项都可通过 sp_configure 来访问。

若要配置高级选项，必须先在将 show advanced options 选项设置为 1 时运行 sp_configure，然后运行 RECONFIGURE。

15.4.1　sp_configure 系统存储过程

sp_configure 可以显示或更改当前服务器的全局配置，语法格式如下。

```
sp_configure [ [ @configname = ] 'option_name'  [ , [ @configvalue = ] 'value' ] ]
```

其中，参数意义如下。

[@configname =] 'option_name'：配置选项的名称。

[@configvalue =] 'value'：新的配置设置。value 的数据类型为 int，默认值为 NULL。

sp_configure 执行后返回代码值：0(成功)或 1(失败)。

15.4.2　Ad Hoc Distributed Queries 高级选项

1. 即席分布式查询

默认情况下，SQL Server 不允许使用 OPENROWSET 和 OPENDATASOURCE 进行即席分布式查询。此选项设置为 1 时，SQL Server 允许进行即席访问。如果此选项未设置或设置为 0，则 SQL Server 不允许进行即席访问。

即席分布式查询使用 OPENROWSET 和 OPENDATASOURCE 函数连接到使用 OLE DB 的远程数据源。OPENROWSET 和 OPENDATASOURCE 只应在引用不常访问的 OLE DB 数据源时使用。

2. xp_cmdshell 高级选项

xp_cmdshell 用来生成 Windows 命令 shell 并以字符串的形式传递以便执行，任何输出都作为文本的行返回。

```
xp_cmdshell { command_string } [ , no_output ]
```

其中，参数意义如下。

command_string：包含要传递到操作系统的命令的字符串。command_string 的数据类型为 varchar(8000)或 nvarchar(4000)，无默认值。command_string 不能包含一对以上的双引号。如果 command_string 中引用的文件路径或程序名中存在空格，则需要使用一对引号。

no_output：可选参数，指定不应向客户端返回任何输出。

xp_cmdshell 执行后返回代码值：0(成功)或 1(失败)。

xp_cmdshell 生成的 Windows 进程与 SQL Server 服务器账户具有相同的安全权限，以同步方式操作。在命令 shell 执行完毕之前，不会将控制权返回给调用方。

SQL Server 2012 中引入的 xp_cmdshell 选项是服务器配置选项，使系统管理员能够控制是否可以在系统上执行 xp_cmdshell 扩展存储过程。默认情况下，xp_cmdshell 选项在新安装的软件上处于禁用状态，但是可以使用基于策略的管理或运行 sp_configure 系统存储过程来启用它。

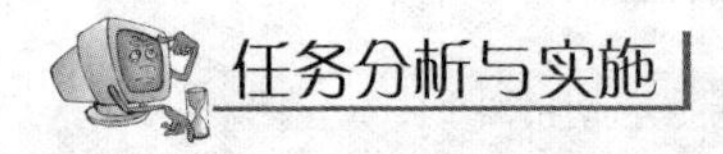

1. Excel 数据导入 SQL Server

(1) 在 SSMS 窗口中单击“新建查询”按钮，打开查询输入窗口。

(2) 在查询输入窗口中输入如下启用高级选项 Ad Hoc Distributed Queries 的 T-SQL 语句。

```
--允许配置高级选项,0→1
sp_configure 'show advanced options',1
--重新配置
RECONFIGURE
GO
--启用 Ad Hoc Distributed Queries 高级选项,0→1
sp_configure 'Ad Hoc Distributed Queries',1
--重新配置
RECONFIGURE
GO
```

(3) 单击“执行”按钮执行语句，如果成功执行，在结果窗格中显示如图 15-23 所示的提示消息。

```
配置选项 'show advanced options' 已从 1 更改为 1。请运行 RECONFIGURE 语句进行安装。
配置选项 'Ad Hoc Distributed Queries' 已从 0 更改为 1。请运行 RECONFIGURE 语句进行安装。
```

图 15-23　启用 Ad Hoc Distributed Queries 高级选项提示信息

(4) 新建一个查询窗口，并输入如下将 Excel 数据导入 SQL Server 中的 T-SQL 语句。其中，NewStudentInfo.xls 是一个保存在 D 盘根目录下的已有文件。

```
-- Excel 导入 SQL
USE DB_TeachingMS
GO
SELECT * INTO TB_Student_New FROM OpenDataSource( 'Microsoft.ACE.OLEDB.12.0',
    'Data Source = "D:\NewStudentInfo";User ID = Admin;Password = ;
    Extended properties = Excel 5.0')...[Sheet1 $ ]
GO
```

(5) 单击“执行”按钮执行语句，如果成功执行，在结果窗格中显示“×××行受影响”的提示消息。

(6) 打开 DB_TeachingMS 数据库中的 TB_Student_New 表，可以看到 Excel 文件中的新生数据已经导入进来了。

注意：步骤(4)的 T-SQL 代码中的 Sheet1 为 Excel 文件的一个工作表的名字。但是如果 Excel 为空行，则自动插入空行。另外，数据导入时，Excel 文件必须关闭。

2. SQL Server 导出 Excel

(1) 在新建的查询窗口中，输入如下启用高级选项 xp_cmdshell 的 T-SQL 语句。

```
-- 允许配置高级选项,0→1
sp_configure 'show advanced options',1
-- 重新配置
RECONFIGURE
GO
-- 启用 xp_cmdshell 高级选项,0→1
sp_configure 'xp_cmdshell',1
-- 重新配置
RECONFIGURE
GO
```

(2) 单击“执行”按钮执行语句，如果成功执行，在结果窗格中显示如图 15-24 所示的提示消息。

```
配置选项 'show advanced options' 已从 0 更改为 1。请运行 RECONFIGURE 语句进行安装。
配置选项 'xp_cmdshell' 已从 0 更改为 1。请运行 RECONFIGURE 语句进行安装。
```

图 15-24　启用 xp_cmdshell 高级选项提示信息

(3) 接着新建一个查询窗口，并输入如下将 SQL Server 数据导出 Excel 中的 T-SQL 语句。

```
-- SQL 导出 Excel
EXEC master..xp_cmdshell 'bcp DB_TeachingMS.dbo.TB_Student out D:\StudentInfoOut.xls
    -c -q -S"fr" -U"sa" -P"123"'
```

参数：S 是 SQL 服务器名；U 是登录名；P 是密码。

(4) 单击“执行”按钮执行语句，如果成功执行，在结果窗格中显示如图 15-25 所示的相关消息。

(5) 打开文件 D:\StudentInfoOut.xls，可以发现 DB_TeachingMS 数据库 TB_Student 表中的数据已经导出对应的 Excel 文件中。

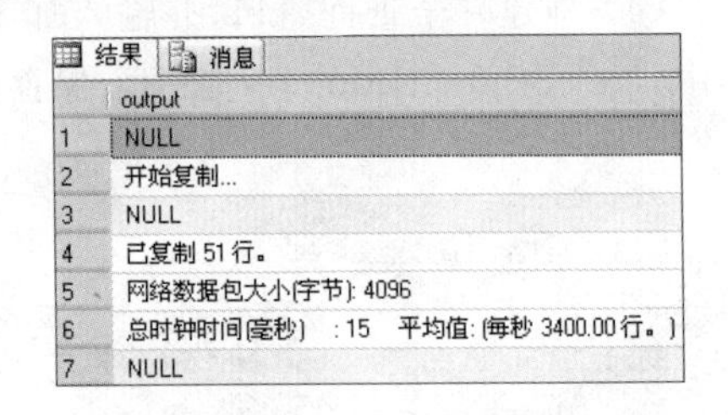

图 15-25　数据导出 Excel 成功提示信息

3. 禁用高级选项

由于 xp_cmdshell 可以执行任何操作系统命令，所以一旦 SQL Server 管理员账号(如 sa)被攻破，那么攻击者就可以利用 xp_cmdshell 在 SQL Server 中执行操作系统命令，如创建系统管理员，也就意味着系统的最高权限已在别人的掌控中。

完成 SQL Server 和 Excel 之间的数据导入导出后，从安全角度考虑，要将 xp_cmdshell 禁用，可以通过下述 T-SQL 语句将刚才启用的高级选项功能禁用。

```
--禁用 Ad Hoc Distributed Queries 高级选项,1→0
EXEC sp_configure 'Ad Hoc Distributed Queries',0
RECONFIGURE
GO
--禁用 xp_cmdshell 高级选项,1→0
EXEC sp_configure 'xp_cmdshell',0
RECONFIGURE
GO
-- 禁止配置高级选项,1→0
EXEC sp_configure 'show advanced options',0
RECONFIGURE
GO
```

执行上述禁用高级选项的 T-SQL 语句后，SQL Server 系统给出如图 15-26 的提示信息。

```
配置选项 'Ad Hoc Distributed Queries' 已从 1 更改为 0。请运行 RECONFIGURE 语句进行安装。
配置选项 'xp_cmdshell' 已从 1 更改为 0。请运行 RECONFIGURE 语句进行安装。
配置选项 'show advanced options' 已从 1 更改为 0。请运行 RECONFIGURE 语句进行安装。
```

图 15-26　禁用高级选项提示信息

实训六　数据库安全管理

实训目的

(1) 理解 SQL Server 2012 的安全模型和安全机制。

(2) 掌握登录管理,用户管理,创建登录用户、数据库用户,对用户权限进行管理的方法。

(3) 理解角色概念,会创建并使用角色对用户进行管理。

(4) 理解架构的概念、作用、创建方法。

实训任务

(1) 在 Windows 操作系统下创建一个 Windows 账户 Teacher,再用 SQL 语句创建登录名为 Teacher 的登录账户(Windows 验证模式),默认数据库为 DB_TeachingMS,然后为该登录账户创建 DB_TeachingMS 数据库中的同名用户 Teacher。最后对 Teacher 用户赋予 CREATE TABLE 和 CREATE VIEW 权限。

(2) 用 SQL 语句创建由用户 Teacher 拥有的、包含表 TB_Teacher 和 TB_Class 的 Sch_Teacher 架构,TB_Teacher 和 TB_Class 表的结构自定义。

(3) 用 SQL 语句创建一个用户自定义角色 Teachers,然后向角色 Teachers 授予 CREATE TABLE 和 CREATE PROC 权限,然后将 Teacher 用户添加进角色 Teachers 中。

实训七　数据库备份与恢复

实训目的

(1) 理解数据库备份的概念及分类。

(2) 掌握数据库备份恢复的方法。

(3) 掌握数据转换导入、导出的方法。

实训任务

(1) 数据库备份与恢复。

① 使用 SSMS 将 DB_TeachingMS 备份(完全备份)到 C:\DataBackup 文件夹中,备份名称为"DB_TeachingMS+当前日期. bak"(如 DB_TeachingMS160526. bak)。

② 使用 T-SQL 语句删除表 TB_Teacher。

③ 使用 T-SQL 语句实现 DB_TeachingMS 的完全备份,将备份文件保存到 D:\DataBackup 中,备份名为"Teacher_SystemSql+当前日期. bak"。

④ 首先删除数据库 DB_TeachingMS,然后在 SSMS 中创建一个空数据库 DB_TeachingMS,在新创建数据库上实现数据库还原(将任务③备份的数据库还原)。

⑤ 使用 T-SQL 语句实现将 DB_TeachingMS 数据库还原到任务①备份的状态,写出完整的操作语句。

⑥ 使用 T-SQL 语句创建一个备份设备(DB_TeachingMS_Device),保存在 D:\

DataBackup_Device 文件夹中。

⑦ 将 DB_TeachingMS 完全备份到任务⑥创建的备份设备(DB_TeachingMS_Device)上。

⑧ 删除 TB_Grade 中的数据,然后对 DB_TeachingMS 进行差异备份,仍然备份到创建的备份设备(DB_TeachingMS_Device)上。

⑨ 对 DB_TeachingMS 进行日志备份,然后删除 TB_Grade 表。

⑩ 使用刚才所做的备份,将数据库恢复到最新状态。首先,使用 T-SQL 语句,将数据库恢复到最近一次的完全备份。其次,恢复最近一次数据库的差异备份。最后,恢复最近一次数据库的日志备份。

(2) 数据导出。

① 将 TB_Dept 数据表的内容导出 Excel 中。

② 创建一个数据表 TB_DeptNew,表结构和 TB_Dept 表一样,然后将部门表中的数据导入 TB_DeptNew 表中。

附录　SQL Server 2012 常用函数

一、字符转换函数

1. ASCII()

返回字符表达式最左端字符的 ASCII 码值。在 ASCII()函数中，纯数字的字符串可不用''括起来，但含其他字符的字符串必须用''括起来使用，否则会出错。

2. CHAR()

将 ASCII 码转换为字符。如果没有输入 0～255 的 ASCII 码值，CHAR()返回 NULL。

3. LOWER()和 UPPER()

LOWER()将字符串全部转为小写；UPPER()将字符串全部转为大写。

4. STR()

把数值型数据转换为字符型数据。

STR(<float_expression>[,length[,<decimal>]])，其中，length 指定返回的字符串的长度，decimal 指定返回的小数位数。如果没有指定长度，默认的 length 值为 10，decimal 默认值为 0。当 length 或者 decimal 为负值时，返回 NULL；当 length 小于小数点左边(包括符号位)的位数时，返回 length 个"*"；先取 length，再取 decimal；当返回的字符串位数小于 length 时，左边补足空格。

二、去空格函数

1. LTRIM()

把字符串头部的空格去掉。

2. RTRIM()

把字符串尾部的空格去掉。

三、取子串函数

1. LEFT( )

LEFT(＜character_expression＞,＜integer_expression＞),返回 character_expression 左起 integer_expression 个字符。

2. RIGHT( )

RIGHT(＜character_expression＞,＜integer_expression＞),返回 character_expression 右起 integer_expression 个字符。

3. SUBSTRING( )

SUBSTRING(＜expression＞,＜starting_ position＞,length),返回从字符串左边第 starting_ position 个字符起 length 个字符的部分。

四、字符串比较函数

1. CHARINDEX( )

返回字符串中某个指定的子串出现的开始位置。

CHARINDEX(＜'substring_expression'＞,＜expression＞),其中,substring_expression 是所要查找的字符表达式,expression 可为字符串也可为列名表达式。如果没有发现子串,则返回 0 值。此函数不能用于 text 和 image 数据类型。

2. PATINDEX( )

返回模式在指定表达式中第一次出现的起始位置;如果在所有有效的文本和字符数据类型中都找不到该模式,则返回 0。

PATINDEX(＜'%substring_expression%'＞,＜column_name＞),其中,子串表达式前后必须有百分号"%",否则返回值为 0。与 CHARINDEX 函数不同的是,PATINDEX 函数的子串中可以使用通配符,且此函数可用于 char、varchar 和 text 数据类型。

五、字符串操作函数

1. QUOTENAME( )

返回被特定字符括起来的字符串。

QUOTENAME(<'character_expression' >[, quote_ character]),其中,quote_ character 标明括号内字符串所用的字符,默认值为"[]"。

2. REPLICATE()

返回一个重复 character_expression 指定次数的字符串。

REPLICATE(character_expression integer_expression),如果 integer_expression 值为负,则返回 NULL。

3. REVERSE()

将指定的字符串的字符排列顺序反向。

REVERSE(<character_expression>),其中,character_expression 可以是字符串、常数或一个列的值。

4. REPLACE()

返回被替换了指定子串的字符串。

REPLACE(<string_expression1>,<string_expression2>,<string_expression3>),用 string_expression3 替换 string_expression1 中的子串 string_expression2。

5. SPACE()

返回一个指定长度的空白字符串。

SPACE(<integer_expression>),如果 integer_expression 的值为负,则返回 NULL。

6. STUFF()

用另一子串替换字符串指定位置、长度的子串。

STUFF(<character_expression1> , <start_ position> , <length> ,<character_expression2>),如果起始位置为负或长度值为负,或者起始位置大于 character_expression1 的长度,则返回 NULL 值。如果 length 长度大于 character_expression1 中 start_ position 以右的长度,则 character_expression1 只保留首字符。

六、数据类型转换函数

1. CAST()

CAST(<expression> AS <data_ type>[length])

2. CONVERT()

CONVERT(<data_ type>[length], <expression> [, style])

(1) data_type 为 SQL Server 系统定义的数据类型，用户自定义的数据类型不能在此使用。

(2) length 用于指定数据的长度，默认值为 30。

(3) 把 char 或 varchar 类型转换为诸如 int 或 smallint 这样的 integer 类型，结果必须是带正号或负号的数值。

(4) text 类型到 char 或 varchar 类型的转换最多为 8000 个字符，即 char 或 varchar 数据类型的最大长度。

(5) image 类型存储的数据转换到 binary 或 varbinary 类型，最多为 8000 个字符。

(6) 把整数值转换为 money 或 smallmoney 类型，按定义的国家的货币单位来处理，如人民币、美元、英镑等。

(7) bit 类型的转换把非零值转换为 1，并仍以 bit 类型存储。

(8) 试图转换到不同长度的数据类型，会截断转换值并在转换值后显示"+"，以标识发生了这种截断。

(9) 用 CONVERT()函数的 style 选项能以不同的格式显示日期和时间。style 是将 datatime 和 smalldatetime 类型数据转换为字符串时所选用的由 SQL Server 系统提供的转换样式编号，不同的样式编号有不同的输出格式。

七、日期函数

1. DAY(date_expression)

返回 date_expression 中的日期值。

2. MONTH(date_expression)

返回 date_expression 中的月份值。

3. YEAR(date_expression)

返回 date_expression 中的年份值。

4. DATEADD()

DATEADD(<datepart>,<number>,<date>)，返回指定日期 date 加上指定的额外日期间隔 number 产生的新日期。

5. DATEDIFF()

DATEDIFF(<datepart>,<date1>,<date2>)，返回两个指定日期在 datepart 方面的不同之处，即 date2 与 date1 的差值，其结果是一个带有正负号的整数。

6. DATENAME()

DATENAME(<datepart>,<date>),以字符串的形式返回日期的指定部分。此部分由 datepart 来指定。

7. DATEPART()

DATEPART(<datepart>,<date>),以整数值的形式返回日期的指定部分。此部分由 datepart 来指定。

DATEPART(dd,date)等同于 DAY(date)。

DATEPART(mm,date)等同于 MONTH(date)。

DATEPART(yy,date)等同于 YEAR(date)。

8. GETDATE()

以 DATETIME 的默认格式返回系统当前的日期和时间。

八、统计函数

1. AVG()

返回数值列的平均值。NULL 值不包括在计算中。

2. COUNT()

返回在给定的选择中被选的行数。

3. FIRST()

返回指定的字段中第一个记录的值。可使用 ORDER BY 语句对记录进行排序。

4. LAST()

返回指定的字段中最后一个记录的值。可使用 ORDER BY 语句对记录进行排序。

5. MAX()

返回一列中的最大值。NULL 值不包括在计算中。

6. MIN()

返回一列中的最小值。NULL 值不包括在计算中。

7. TOTAL()

返回数值列的总和。

九、数学函数

1. ABS(numeric_expr)

返回指定数值表达式的绝对值。

2. CEILING(numeric_expr)

返回大于或等于给定数字表达式的最小整数。

3. FLOOR(numeric_expr)

返回小于或等于给定数字表达式的最大整数。

4. EXP(float_expr)

取指数,返回 e 的一个幂。

5. POWER(numeric_expr,power)

返回给定表达式的指定次方的值。

6. RAND([int_expr])

返回 0～1 的随机 float 值。

7. ROUND(numeric_expr,int_expr)

返回数字表达式并四舍五入为指定的长度或精度。

8. SIGN(int_expr)

根据给定表达式的值为正数、零和负数,返回对应的 1、0 和－1。

9. SQRT(float_expr)

返回给定表达式的平方根。

十、系统函数

1. USER_NAME()

返回当前数据库用户关联的数据库用户名。

2. DB_NAME()

返回数据库名。

3. OBJECT_NAME(obj_id)

返回数据库对象的名称。其返回值为 nchar 类型。

4. COL_NAME(obj_id,col_id)

返回表中指定字段的名称,即列名。其返回值为 sysname 类型。

5. COL_LENGTH(objname,colname)

返回表中指定字段的长度值。其返回值为 int 类型。

参考文献

[1] 潘永惠. 数据库系统设计与项目实践——基于 SQL Server 2008[M]. 北京：科学出版社，2011.

[2] 秦婧，等. SQL Server 2012 王者归来：基础、安全、开发及性能优化[M]. 北京：清华大学出版社，2014.

[3] 徐人凤，曾建华. SQL Server 2008 数据库及应用[M]. 北京：高等教育出版社，2014.

[4] 洪运国. SQL Server 2012 数据库管理教程[M]. 北京：航空工业出版社，2013.

[5] 陈林琳，蒋丽丽，解二虎. SQL Server 2008 数据库设计教程[M]. 镇江：江苏大学出版社，2013.

[6] 陈会安. SQL Server 2012 数据库设计与开发实务[M]. 李景池，王永皎，译. 北京：清华大学出版社，2013.

[7] (美)勒布兰克. SQL Server 2012 从入门到精通[M]. 潘玉琪，译. 北京：清华大学出版社，2013.

[8] 王姗，萨师煊. 数据库系统概论[M]. 5 版. 北京：高等教育出版社，2014.

[9] 李春葆，陈良臣，曾平，等. 数据库原理与技术：基于 SQL Server 2012[M]. 北京：清华大学出版社，2015.

[10] 厄尔曼，等. 数据库系统基础教程[M]. 岳丽华，等，译. 北京：机械工业出版社，2009.